普通高等教育"十一五"国家级规划教材配套教材

基础化学实验

（第二版）

罗世忠　魏庆莉　王小燕　解从霞　主编

科学出版社
北　京

内 容 简 介

本书是"普通高等教育'十一五'国家级规划教材"《基础化学教程(无机与分析化学)(第二版)》(傅洵等,2012,科学出版社)的配套实验教材。全书将原无机化学与分析化学实验的基本内容统一安排,既强化基础,又注重能力和创新精神的培养。主要内容包括:基础化学实验基本知识与技术,基本实验(基本操作训练、化学基本原理的应用及常数测定、定量分析、元素及其化合物的性质),综合实验、准设计性实验和准研究性实验。准设计性实验和准研究性实验不仅有利于学生创新能力的培养,而且能提高学生撰写科技论文的能力。

本书适用于普通高等学校化学、应用化学、材料科学、化学工程与工艺、环境科学、轻化工程等相关专业的本科生,也可供相关专业教师及学生参考。

图书在版编目(CIP)数据

基础化学实验 / 罗世忠等主编. —2版. —北京:科学出版社,2016.3
普通高等教育"十一五"国家级规划教材配套教材
ISBN 978-7-03-047756-9

Ⅰ.①基… Ⅱ.①罗… Ⅲ.①化学实验-高等学校-教材 Ⅳ.①O6-3

中国版本图书馆 CIP 数据核字(2016)第 053090 号

责任编辑:陈雅娴 杨向萍 / 责任校对:张小霞
责任印制:赵 博 / 封面设计:迷底书装

科学出版社 出版
北京东黄城根北街16号
邮政编码:100717
http://www.sciencep.com
三河市骏杰印刷有限公司 印刷
科学出版社发行 各地新华书店经销
*
2008年9月第 一 版 开本:787×1092 1/16
2016年3月第 二 版 印张:15
2019年6月第十三次印刷 字数:368 000

定价: 38.00 元

(如有印装质量问题,我社负责调换)

第二版前言

基础化学实验是中学生进入大学后接触的第一门化学实验课。实验内容与理论教学既相互独立、自成教学体系，又互为依托、相辅相成、各有特色。通过实验，学生能加深对化学基本概念和原理的理解。本书第一版于2008年出版，经过几年的使用，受到广大师生的好评。结合多年的实验教学经验，基于“厚基础、宽专业、大综合”的教育理念，编者进行了再版修订，删除了部分传统实验内容，增加了准研究性实验内容，不仅能使学生全面了解所学的理论知识和基本操作技能，而且通过查阅文献能够扩大学生的知识面，提高学生分析问题、解决问题及撰写科技论文的能力。学生进入高年级后普遍反映，准设计性实验和准研究性实验的开设为后续的设计性实验乃至毕业设计的顺利进行打下了扎实的基础。

编者多年从事基础化学实验教学，结合多年的教学经验并参阅兄弟院校已出版的实验教材及相关论著修订本书。本书内容包括：基础化学实验基本知识与技术，基本实验（基本操作训练、化学基本原理的应用及常数测定、定量分析、元素及其化合物的性质，共41个实验），综合实验（6个）、准设计性实验（5个）和准研究性实验（4个）。不同专业可以根据专业特点，选择相应的实验项目。

本书的主要特点包括：

（1）强化基础教学，注重基本技能的训练。基本实验部分精选经典实验，在确保训练学生基本技能的前提下，增加了反映高新技术与实际应用相关的内容。强调实验的可操作性、适用性，注重实验的科学化、现代化、系列化、应用化、微型化和绿色化。内容涉及基本操作训练、无机合成、组分提纯、定性和定量分析与化学常数的测定。

（2）注重能力和创新精神的培养。本书除基本实验和综合实验内容外，还编排了准设计性实验和准研究性实验。准设计性实验介于综合实验和设计性实验之间，可以使综合实验设计化，设计性实验指导化。学生在充分查阅文献、运用已有的理论知识反复推敲后，在教师的指导下设计出最佳方案。准研究性实验介于设计性实验和研究性实验之间。该类实验不仅能使学生较全面地巩固所学的理论知识和基本操作技能，而且通过查阅文献能扩大知识面，提高分析处理数据及撰写科技论文的能力，为学生在大学四年级进行毕业设计打下良好的基础，有利于提高教学质量。

本次修订由罗世忠、魏庆莉、王小燕和解从霞担任主编，参加编写的还有王春芙、李会平、于莹。编写分工如下：魏庆莉（第1章、第2章2.1～2.5节），李会平（第2章2.6节），王小燕（第3章和第9章），罗世忠（第4、5章），王春芙（第6章），解从霞（第7、8章），于莹（附录）。全书由罗世忠统稿。

在本书编写过程中，青岛科技大学教务处给予了立项支持，科学出版社和青岛科技大学化学与分子工程学院给予了极大的帮助和支持。青岛科技大学傅洵教授对本书的编写提出了指导性意见和修改意见，在此一并表示感谢。同时感谢基础化学实验中心和基础化学原理教研室全体教师的大力支持和帮助。

由于编者业务水平和教学经验所限，书中难免有不妥与疏漏之处，敬请读者批评指正。

编　者

2015年12月于青岛

第一版前言

基础化学实验是一门独立的基础实验课程，是化学实验的重要分支，在课程体系和人才培养方面占有很大的比重和重要的地位，也是学生学习其他化学实验课的基础。基础化学实验是中学生进入大学后接触的第一门化学实验课，虽然该课程独立开设，但在内容上和无机与分析化学课程密切结合，实验课与理论课两者既相互独立、自成教学体系，又互为依托、相辅相成、各有特色。

基于对大学基础化学实验教学基本要求的深刻理解以及对普通高等学校一年级学生的基础知识及动手能力的了解，结合多年的教学经验，我们编写了《基础化学实验》。本书既强化基础，又注重能力和创新精神的培养。主要内容包括：基础化学实验基本知识与技术，基本实验(基本操作训练、化学基本原理的应用及常数测定、定量分析实验、元素及其化合物的性质实验，共 40 个实验)，综合性实验(6 个实验)和准设计性实验(8 个实验)。不同专业可以根据实际需要选择合适的实验项目。

本书的编写特点主要体现在：

(1) 强化基础，注重基本技能的训练。基本实验部分精选经典实验，在确保训练学生基本技能的前提下，增加了反映高新技术与实际应用相关的内容。强调实验的可操作性、适用性，注重实验的科学化、现代化、系列化、应用化、微型化和绿色化。内容涉及基本操作训练、无机合成、组分提纯、定性和定量分析与化学常数的测定。

(2) 注重能力和创新精神的培养。本书除基本实验和综合实验内容外，还编排了准设计性实验。准设计性实验介于综合性和设计性实验之间，可以使综合性实验设计化，设计性实验指导化。学生在充分查阅文献、运用已有的理论知识反复推敲后，在教师的指导下设计出最佳方案。该类实验不仅能使学生较全面地巩固所学的理论知识和基本操作技能，而且通过查阅文献能扩大知识面，提高用计算机分析及处理数据、综合整理实验报告及撰写科技论文的能力，为大学二年级进行设计性实验打下良好的基础，有利于提高教学质量。

本书由魏庆莉、罗世忠、解从霞担任主编，参加编写的还有王春芙、李会平、张振英和于莹。编写分工如下：魏庆莉(第 1 章、第 2 章 2.1～2.5 节)，李会平(第 2 章 2.6 节)，张振英(第 3 章)，罗世忠(第 4、5 章)，王春芙(第 6 章)，解从霞(第 7、8 章)，于莹(附录)。全书由魏庆莉统稿。

在本书编写过程中，青岛科技大学教务处给予了立项支持，科学出版社和青岛科技大学化学与分子工程学院给予了极大的帮助和支持，青岛科技大学傅洵教授对本书的编写提出了宝贵意见，在此一并表示感谢。同时感谢基础化学实验中心和基础化学教研室全体教师的大力支持和帮助。在编写过程中，编者还参阅了兄弟院校已出版的多本相关实验教材，谨表谢意。

由于编者业务水平和教学经验所限，书中难免有不妥与错误之处，欢迎读者批评指正。

编　者

2008 年 5 月于青岛

目　　录

第二部分 基本实验

第一部分

基础化学实验基本知识与技术

第 1 章　绪　　论

1.1　基础化学实验的学习目的和方法

化学是一门以实验为基础的自然科学，许多化学理论与规律源自实验，同时又被实验所检验。对科学工作者而言，实验技术是十分重要的。化学实验课是传授知识和技能、训练科学思维和方法、培养科学精神和职业道德、全面实施化学素质教育的最有效的形式之一。

在基础化学的学习中，实验占有极其重要的地位。基础化学实验是化学化工类专业学生所学的第一门专业基础课，是一门独立设置的课程，但又和无机与分析化学理论课有紧密的联系。本实验课程包括基础化学中的重要原理、无机化合物的制备与提纯、分析鉴定、元素及化合物的性质等化学实验，通过实验课程的学习，学生可达到以下目的：

（1）通过仔细观察实验现象，获得化学感性知识，巩固和扩展课堂中所学知识，为理论联系实际提供具体的条件。

（2）熟练掌握实验操作的基本技术，正确使用化学实验中的各种常见仪器。

（3）加深对基础化学理论的理解，确立准确的“量”的概念，了解并掌握影响实验结果的关键环节，掌握实验数据的处理方法。

（4）培养严谨的科学态度和良好的工作作风，以及独立思考、分析问题、解决问题的能力。

（5）逐步掌握科学研究的方法，养成良好的学习习惯和实验习惯，为学习后续课程及将来的科研和生产工作打好基础。

要达到上述目的，必须有正确的学习态度和学习方法。基础化学实验的学习方法大致可从预习、实验和实验报告三个方面来掌握。

1. 预习

实验前充分预习是做好实验的前提。预习的内容包括：

（1）阅读实验教材和理论教材中的有关内容，必要时参阅有关资料。

（2）明确实验目的和要求，透彻理解实验的基本原理。

（3）明确实验内容、操作过程和实验时应当注意的事项。

（4）实验前认真思考实验中可能出现的问题，并从理论上加以解决。

（5）查阅有关教材、参考书、手册，获得该实验所需的化学反应方程式、常数等。

（6）通过对实验的理解，在记录本上简要写出实验预习报告，其中实验步骤尽可能用方框图、箭头等符号表示。

写出预习笔记，实验前未进行预习者不准进行实验。

2. 实验

实验是培养独立工作和思维能力的重要环节，必须认真、独立完成实验内容。根据实验教材所规定的方法、步骤、试剂用量和实验操作规程进行操作，实验中应该做到下列几点：

(1) 认真操作，细心观察。对每一步操作的目的、作用以及可能出现的问题进行认真的探究，并把观察到的现象和测得的实验数据及时、详细、如实地记录下来，不得涂改，也不得记录在纸片上。

(2) 深入思考。如果发现观察到的实验现象与理论不符合，首先要尊重实验事实，然后认真分析原因，并重做实验。必要时可做对照实验、空白实验或自行设计实验来核对，直至得出正确的结论。

(3) 当实验中遇到难以解释的疑难问题和异常现象时，可提请实验指导教师解答。

(4) 勤于思考，注意培养严谨的科学态度和实事求是的科学作风，不能弄虚作假、随意修改数据。若定量实验失败或产生的误差较大，应努力寻找原因，并经实验指导教师同意后重做实验。

(5) 在实验过程中应保持严谨的态度，严格遵守实验室规则。实验后做好结束工作，包括清洗、整理仪器和药品，清理实验台面，清扫实验室，检查电源开关，关好门窗。

3. 实验报告

实验报告是实验的总结，是把感性认识上升到理性认识的重要环节，是培养学生分析、归纳、总结、写作能力的重要步骤。实验报告要求字迹端正、整齐清洁、语句通顺、格式统一，一般应包括以下内容：

(1) 实验名称，日期，环境温度，实验者姓名及班级代号、学号，指导教师姓名。

(2) 实验目的。

(3) 实验原理。要求简明扼要，尽量用化学语言表达。

(4) 实验步骤。通过简图、表格、化学反应方程式、符号等简洁明了地表示。

(5) 实验现象和数据记录。根据实验现象进行数据整理、归纳、计算，表达要正确，数据记录要完整。绝对不允许主观臆造或抄袭他人的报告。

(6) 结果讨论与分析。对实验进行小结，包括对实验现象与结果的分析讨论。也可对实验的整体设计提出自己的意见和建议，实验中的一切现象(包括异常现象)都应进行讨论，定量实验应分析实验误差产生的原因。对实验方法、教学方法和实验内容等提出意见或建议。

(7) 思考题的解答。

1.2　实验报告格式示例

基础化学实验大致可分为以下几种类型：制备或提纯实验、测定实验、性质验证实验。现将几种不同类型的实验报告格式介绍如下，以供参考。

1.2.1　制备或提纯实验示例

姓名：　　班级：　　学号：　　同组者：　　实验日期：

实验名称：　　指导教师：　　成绩：

实验X　粗食盐的提纯

一、实验目的

(1) 学习提纯粗食盐。

(2) 学习溶解、加热、过滤、蒸发、结晶、干燥等无机制备中的基本操作。

二、实验原理

略。

三、实验步骤

称量：粗食盐 8.0 g → 溶解：加水 30 mL 加热搅拌

→ 除 SO_4^{2-}：煮沸后，滴加 $BaCl_2$ 溶液至沉淀完全，过滤 → 除 Ca^{2+}、Mg^{2+}、Ba^{2+}：滤液中加 NaOH、Na_2CO_3 至沉淀完全，煮沸过滤

→ 除 CO_3^{2-}：溶液滴加盐酸，调节 pH=5～6 → 蒸发结晶：溶液蒸发浓缩至稠状

→ 抽滤，干燥：冷却后，抽滤、结晶放入蒸发皿用小火烘干 → 称产品，并检验质量：精食盐 6.4 g

四、产品纯度检验

检验项目	检验方法	实验现象	
		粗食盐	精食盐
SO_4^{2-}	加入 $BaCl_2$ 溶液	白色沉淀	无色溶液
Ca^{2+}	加入 $(NH_4)_2C_2O_4$ 溶液	白色沉淀	无色溶液
Mg^{2+}	加入 NaOH 溶液和镁试剂	天蓝色溶液	紫色溶液

结论：得到的精食盐中已除去 SO_4^{2-}、Ca^{2+} 和 Mg^{2+}。

五、实验结果

产　　率：(6.4/8.0)×100%=80%。

产品质量：合格。

六、问题与讨论

根据产品产率和质量讨论做好实验的关键所在。

1.2.2　测定实验示例

姓名：　　班级：　　学号：　　同组者：　　实验日期：

实验名称：　　指导教师：　　成绩：

实验 X　氯化铅的溶度积常数及自来水中微量氯的测定

一、实验目的

(1) 学习直接电位法测定氯离子含量及溶度积常数的原理和方法。

(2) 学习使用酸度计。

二、实验原理

略。

三、实验步骤

1. 系列标准溶液的配制

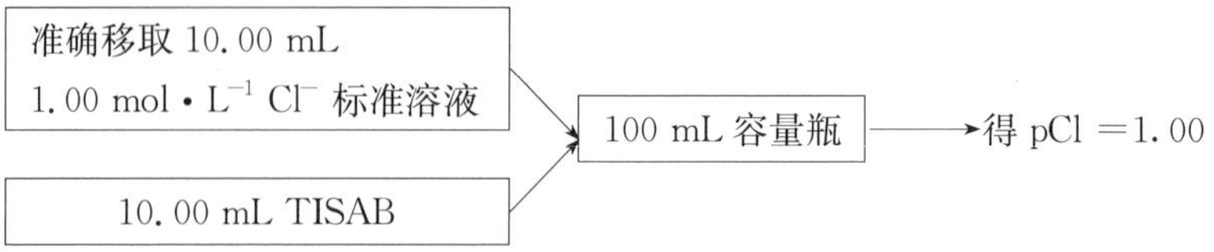

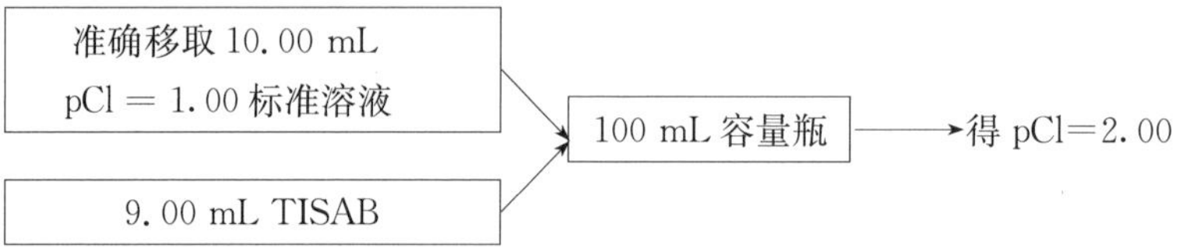

用同样的方法制得 pCl=3.00、pCl=4.00、pCl=5.00 的溶液。

2. Cl^- 试液的配制

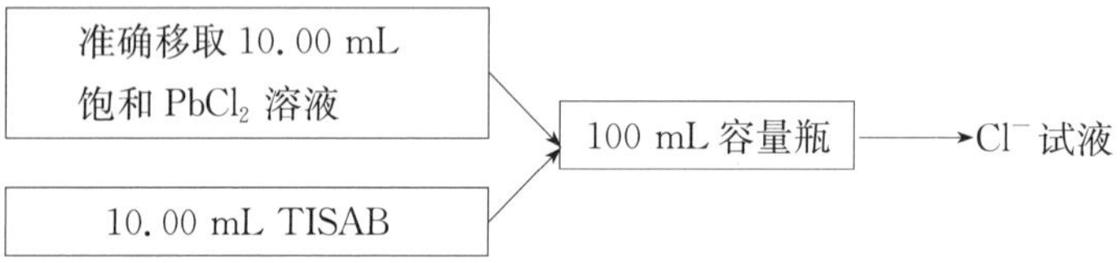

3. E 的测定

(1) 洗空白值。用去离子水洗氯电极至空白值+300 mV(−300 mV)。

(2) 系列标准溶液 E 的测定。将洗好的氯电极用待测液冲洗后，从稀至浓依次测 pCl=5.00、pCl=4.00、pCl=3.00、pCl=2.00 的溶液的电动势 E。

(3) Cl^- 试液(饱和试液)E 的测定。再用去离子水洗氯电极至空白值+300 mV(−300 mV)，测待测液的电动势 E。

四、数据处理

1. 数据记录

pCl	1.00	2.00	3.00	4.00	5.00	Cl^- 试液
E/mV	52	107	162	214	252	121

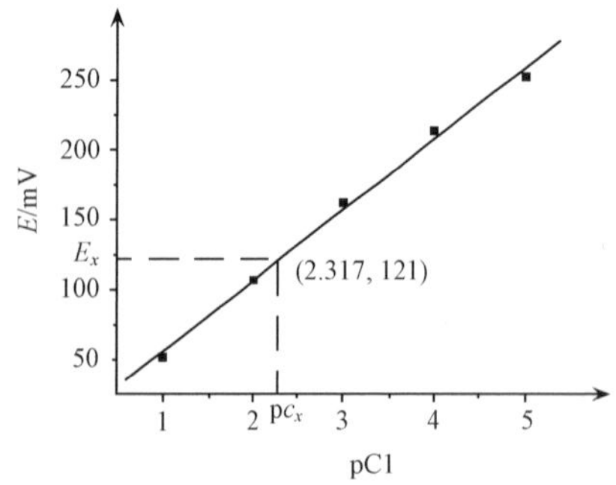

图 1.1　Cl^- 标准溶液的工作曲线

2. 绘图

3. 计算 $[Cl^-]$ 及 $K_{sp}^{\ominus}$

从图 1.1 中查出 E_x 对应 $pc_x = 2.317$，则

$$c_x = [Cl^-] = 4.82 \times 10^{-3} mol \cdot L^{-1}$$

$$\begin{aligned} K_{sp,PbCl_2}^{\ominus} &= [Pb^{2+}][Cl^-]^2 \\ &= 1/2[Cl^-]^3 \\ &= 1/2 \times (10 \times 4.82 \times 10^{-3})^3 \\ &= 6.00 \times 10^{-5} (mol \cdot L^{-1})^3 \end{aligned}$$

五、注意事项

略。

六、问题与讨论

略。

1.2.3 性质验证实验示例

姓名： 班级： 学号： 同组者： 实验日期：

实验名称： 指导教师： 成绩：

实验X ds区元素(铜，银，锌，镉，汞)化合物的性质与应用

一、实验目的

略。

二、实验方法、现象、反应方程式及讨论

实验方法	实验现象	反应方程式	讨论
Cu^{2+}，Hg^{2+}，Hg_2^{2+} 与KI的反应：			(略)
(1) Cu^{2+}的氧化性和Cu^{+}的配合物。取5滴0.1 $mol \cdot L^{-1}$ $CuSO_4$和15滴0.1 $mol \cdot L^{-1}$ KI，慢慢滴加4滴0.2 $mol \cdot L^{-1}$ $Na_2S_2O_3$，不宜过多	黄↓ 渐变白色↓	$2Cu^{2+} + 4I^- = Cu_2I_2\downarrow + I_2\downarrow$ $2S_2O_3^{2-} + I_2 = 2I^- + S_4O_6^{2-}$	
(2) 取2滴0.1 $mol \cdot L^{-1}$ $Hg(NO_3)_2$和1滴0.1 $mol \cdot L^{-1}$ KI，继续滴加0.1 $mol \cdot L^{-1}$ KI	橘红(金红)↓，↓溶解，无色液	$Hg^{2+} + 2I^- = HgI_2\downarrow$ $HgI_2 + 2I^- = [HgI_4]^{2-}$↓	
(3) 小试管中加入1/3体积去离子水、2滴0.1 $mol \cdot L^{-1}$ KI和1滴0.1 $mol \cdot L^{-1}$ $Hg_2(NO_3)_2$，继续滴加0.1 $mol \cdot L^{-1}$ KI	瞬间可看到黄绿色或灰绿色↓，↓溶解，无色液	$Hg_2^{2+} + 2I^- = Hg_2I_2\downarrow$ $Hg_2I_2 + 2I^- = [HgI_4]^{2-} + Hg\downarrow$ (歧化反应)	
……	……	……	

1.3 化学实验室规则

遵守实验室规则可以保证正常的实验环境和工作秩序，是防止意外事故发生、做好实验的前提和保障。实验室规则包括以下几方面：

(1) 实验前必须认真预习，明确实验目的和要求，弄清实验基本原理，实验操作技术和基本仪器的使用方法，熟悉实验内容及注意事项，写好预习报告。

(2) 遵守纪律，不迟到，不早退。进入实验室时，先熟悉实验室及其周围环境，尤其是水、电、燃气等各种阀门所在位置。严格遵守实验室的各项规章制度。检查实验所需的物品、仪器、试剂等是否齐全，若有缺少和破损，及时向教师提出补足或更换。

(3) 实验过程中保持安静，严禁饮食、吸烟、听音乐，应集中精力、正确进行操作。爱护公共财物，小心使用仪器和实验设备，节约药品、水、电和煤气。

(4) 严格按照实验规定的操作步骤和试剂用量进行实验，若要更改，必须征得指导教师的

同意方可进行。仔细观察各种现象,并如实、详细地记录在预习报告中,严禁随意涂改数据或拼凑结果。实验过程中如出现问题,应立即向指导教师汇报,以便及时解决和处理。

(5) 使用药品时应注意下列几点:

(i) 应按实验内容中的规定量取用,如果书中未规定用量,应注意节约,尽量少用。

(ii) 取用固体药品时,注意勿使其撒落在实验台上。

(iii) 药品自瓶中取出后,不应再倒回原瓶中,以免带入杂质而引起瓶中药品污染变质。

(iv) 试剂瓶用过后,应立即盖上塞子,放回原处,以免不同试剂瓶的塞子盖错,混入杂质。

(v) 滴管在未洗净时,不应在另外的试剂瓶中吸取溶液。

(vi) 实验完成后要求回收的药品,应倒入回收瓶中。

(6) 保持实验台面整齐清洁,共用药品和仪器应在原位置取用,不得随意挪动。废纸、火柴梗和废液等应倒入废物缸内,严禁倒入水槽内,以防水槽堵塞和腐蚀管道。实验完毕后清洗所用器皿,按原顺序摆放整齐。实验过程中损坏或丢失的仪器要及时登记补领,并按实验室的有关规定进行赔偿。值日生负责打扫和整理实验室,关好水、电、气等阀门,检查无误后报告老师,经教师允许方可离开。

(7) 实验后需对实验现象认真分析和总结,处理实验数据以及对实验结果进行讨论。根据不同的实验要求写出不同格式的实验报告,提交指导教师批阅。

1.4 化学实验室安全与事故处理

化学实验所用药品中,通常具有易燃、易爆、腐蚀性和毒性。为确保实验顺利进行,保障实验人员安全,所有进入实验室的操作人员必须了解并遵守实验室的安全守则,了解实验室救护的基础知识,学会常见事故的简单处理,培养良好的环保意识和习惯。

1.4.1 化学实验室安全规则

(1) 使用电器设备时,不能用湿手操作,以防触电。工作完毕后,应立即拔去电源插头。

(2) 有毒、有刺激性或有恶臭物质的实验,应在通风橱中进行。

(3) 易挥发或易燃物质的实验,应在远离火种的地方进行,并尽可能在通风橱中进行,试剂使用完毕后立即盖紧盖子。

(4) 强氧化剂(如氯酸钾、高氯酸)及其混合物(如氯酸钾与红磷、碳、硫等的混合物)不能研磨,否则易发生爆炸。

(5) 使用浓酸、浓碱等强腐蚀性试剂时要小心,避免溅在皮肤、衣服和鞋袜上,尤其注意保护眼睛,一旦溅入眼睛应立即用水冲洗,之后请医务人员处理。

(6) 加热试管时,不要将试管口指向自己或他人,也不要俯视正在加热的液体,以免被溅出的液体烫伤。在嗅闻瓶中气体的气味时,鼻子不能直接对着瓶口(或管口),而应用手把少量气体轻轻扇向鼻孔。

(7) 稀释浓硫酸时,应将浓硫酸慢慢地注入水中,并不断搅动。切勿将水注入浓硫酸中,以免产生局部过热,使浓硫酸溅出引起烧伤。

(8) 使用酒精灯时应随用随点,不用时盖上灯罩。不要用已点燃的酒精灯去点燃其他酒精灯,以免酒精流出而失火。

(9) 有毒药品(如重铬酸钾、钡盐、铅盐、砷的化合物、汞的化合物等,特别是氰化物)不能随便倒入下水道，应回收或加以特殊处理。

(10) 实验室内严禁饮食、吸烟，切勿以实验用容器代替水杯、餐具使用，防止化学试剂入口。每次实验后应洗净双手。

1.4.2　化学实验意外事故的处理

如果在实验过程中发生了意外事故，可以采取以下救护措施：

(1) 割伤，立即用消毒棉棒揩净伤口。若伤口内有玻璃碎片应小心挑出，然后涂上红药水(或紫药水)，撒上消炎粉或敷上消炎膏，并用绷带包扎。若伤口过大，应立即送医院救治。

(2) 烫伤，可用高锰酸钾或苦味酸溶液揩洗伤处，再涂上凡士林或烫伤油膏。

(3) 强酸烧伤，应立即用大量水冲洗，然后涂上碳酸氢钠油膏或凡士林。如果酸溅入眼中，先用大量水冲洗，再用 1%碳酸氢钠稀溶液冲洗，最后用去离子水冲洗。

(4) 浓碱烧伤，应立即用大量水冲洗，然后用柠檬酸或硼酸饱和溶液洗涤，再擦上凡士林。如果溅入眼中，可用 3%硼酸溶液洗，再用去离子水冲洗。

(5) 烧伤，用乙醇或 10% $Na_2S_2O_3$ 溶液洗涤伤口，再用水冲洗干净，并涂敷甘油。

(6) 磷烧伤，用 5% $CuSO_4$ 溶液或 $KMnO_4$ 溶液洗涤伤口，并用浸过 $CuSO_4$ 溶液的绷带包扎。

(7) 触电，立即切断电源，必要时进行人工呼吸。

(8) 吸入刺激性气体，可吸入少量乙醇和乙醚的混合蒸气，然后到室外呼吸新鲜空气。

(9) 毒物进入口内，把 5～10 mL 1%～5%稀硫酸铜溶液加入一杯温水中，搅匀后喝下，用手指刺激喉部催吐，然后送医院治疗。

(10) 使用汞时应避免泼洒在实验台或地面上，使用后的汞应收集在专用的回收容器中，切不可倒入下水道或污物箱内。如果少量汞洒落，应尽量收集干净，然后在可能洒落的地方撒一些硫磺粉，最后清扫干净，并集中做固体废物处理。

(11) 实验过程中如果发生着火，不要惊慌，应尽快切断电源或燃气源，移走易燃药品，防止火势蔓延。当身上衣服着火时，切勿惊慌乱跑，应赶快脱下衣服，或就地卧倒翻滚，或用防火布覆盖着火处。如因乙醇、苯或醚等起火，应立即用湿布或沙土等扑灭；如火势较大，应选择合适灭火器扑灭，并根据火情决定是否要报告消防部门。常用灭火器的范围见表 1.1。

表 1.1　实验室常用灭火器及其适用范围

灭火器类型	药液成分	使用范围
酸碱式	H_2SO_4 和 $NaHCO_3$	非油类和电器起火的一般初起火灾
泡沫灭火器	$Al_2(SO_4)_3$ 和 $NaHCO_3$	油类起火
二氧化碳灭火器	液态 CO_2	电器设备、小范围油类及忌水化学物品的失火
四氯化碳灭火器	液态 CCl_4	电器设备、小范围汽油、丙酮等失火，不能用于活泼金属钾、钠的失火(否则会因强烈分解发生爆炸)
干粉灭火器	$NaHCO_3$、硬脂酸铝、云母粉、滑石粉等	油类、可燃性气体、电器设备、精密仪器、图书等遇火易燃物品的初起火灾
1211 灭火器	CF_2ClBr 液化气体	特别适用于油类、有机溶剂、精密仪器、高压设备的失火

1.5 实验室"三废"处理

在化学实验中会产生各种有毒的废气、废液和废渣，俗称"三废"。"三废"不仅污染环境，造成公害，而且其中的贵重和有用的成分未能回收，在经济上也是损失。在崇尚"绿色"的21世纪，必须重视废弃物的处理，树立环境保护和绿色化学实验观念。因此，化学实验室"三废"的处理是重要而有意义的。

教师和学生要按照国家要求的排放标准进行废弃物处理，把用过的酸类、碱类、盐类等废液、废渣分别倒入各自的回收容器内，再根据各类废弃物的特性，采取中和、吸收、燃烧、回收循环利用等方法进行处理。

1.5.1 废气的处理

对于产生少量有毒气体的实验，可在通风橱内进行，通过排风设备将少量有毒气体排到室外，以免污染室内空气。而对于产生大量有毒气体的实验，必须备有吸收和处理装置。有害气体可采用液体或固体吸收法处理，其中以溶液吸收法成本最低，操作也简便，如 CO_2、SO_2、Cl_2、H_2S、HF 等可用碱液吸收；CO 可直接点燃使其转化为 CO_2。固体吸收法则是用固体吸附剂将污染物分离，常用的吸附剂有活性炭、硅胶、分子筛等。

1.5.2 废液的处理

实验室产生的废液种类繁多，组成变化大，应根据溶液的性质分别处理。

(1) 废酸和废碱溶液经过中和处理，使 pH 在 6～8，并用大量水稀释后方可排放。

(2) 废洗液可用高锰酸钾氧化法使其再生后使用。少量的废洗液可用废碱液或石灰使其生成 $Cr(OH)_3$ 沉淀，将沉淀埋于地下即可。

(3) 含铬废液可加入硝石灰等碱性试剂，使所含的金属离子形成氢氧化物沉淀而除去。

(4) 氰化物是剧毒物质，对于含氰化物的废液，可用氯碱法，即将废液调节成碱性后，通入 Cl_2 或 NaClO，使氰化物分解成 CO_2 或 N_2 而除去；或用铁蓝法，在含有氰化物的废液中加入 $FeSO_4$，使其变成氰化亚铁沉淀除去。

(5) 在铬酸废液[含 Cr(Ⅵ)]中加入 $FeSO_4$、Na_2SO_3，使其变成 Cr(Ⅲ)后再加入 NaOH 或 Na_2CO_3 等碱性试剂，调节 pH 在 6～8，使 Cr^{3+} 形成 $Cr(OH)_3$ 沉淀而除去。

(6) 处理少量含汞废液时，常采用化学沉淀法，先调 pH 至 8～10，加入过量的 Na_2S，使其生成难溶的 HgS 沉淀而除去。少量残渣可埋于地下，大量残渣可用焙烧法回收汞，但注意一定要在通风橱中进行。

(7) 含铅及重金属的废液中，加入 Na_2S 或 NaOH，使铅盐及重金属离子生成难溶性的硫化物或氢氧化物而除去。

(8) 含砷及其化合物的废液，在鼓入空气的同时加入 $FeSO_4$，然后用 NaOH 调 pH 至 9，这时砷化合物就和 $Fe(OH)_3$ 及难溶性的亚砷酸钠共沉淀，经过滤除去。

1.5.3 废渣的处理

固体废弃物一般采用土地填埋的方法。被填埋的废弃物应是惰性物质或能经微生物分解为无害物质。对少量(如放射性废弃物等)高危险性物质，可将其通过物理或化学的方法进行固化，再深埋。填埋场地应远离水源，场地底土不透水，不能穿入地下水层。

1.6　实验结果的数据表达与分析

化学实验现象及本质的分析与反映常需要通过实验数据来体现，因此不仅需要准确地测量物理量，还应正确地记录测得的数据及对数据进行计算分析。

1.6.1　有效数字及其运算规则

1. 有效数字

有效数字是由全部准确的数字和最后一位可疑数字构成的。在测试工作中，有效数字就是实际能测量到的数字，它不仅表示一个数据的大小，还能说明测量的准确程度。例如，从滴定管刻度读取数值为25.00 mL，前三位数字都很准确，而第四位数是估计的、不确定的；若记录为25.0 mL，虽然数值相同，但精密度相差10倍，不符合仪器计量的精度。

因此，在记录测量数据时，不但要根据所用仪器的准确度使所保留的数字中只有最后一位是可疑的，还要规范表示有效数字的位数。

(1) 对实验数据进行计算时，涉及的各测量值的有效位数可能不同，因此需要按照一定的规则对有效数字修约。所谓的修约是确定有效位数后对多余位数的舍弃过程，其规则为修约规则，目前大多采用“四舍六入五成双的原则”：当尾数≤4时舍弃，当尾数≥6时进位；当尾数=5时，若进位后末位数为偶数则进位，进位后末位数为奇数则舍去，若5后面不为零则进位。

(2) 应注意数字中“0”的作用。例如，在0.0680中，前两个“0”仅起定位的作用，而后面的“0”是有效数字。

(3) 若某数字的首位数字等于或大于8，则该有效数字的位数可多计算一位，如8.58可看作四位有效数字。

(4) 对数中有效数字的位数由小数部分决定，其整数部分代表该数的方次。例如，pH=2.50，其有效数字为两位。

(5) 常数、分数或倍数等不是测量所得的，则视为无限多位有效数字，如2/3、π等。

(6) 使用计算机做连续运算时，运算过程中不必对每一步的计算结果进行修约，但最后结果的有效数字位数必须按照以上规则正确地取舍。

2. 运算规则

进行加减运算时，计算结果的有效数字是由小数点后位数最少的数据决定。进行乘除运算时，计算结果的有效数字则由有效数字最少的数据来决定。在运算过程中，为提高计算结果的可靠性，可以暂时多保留一位有效数字，但最后结果必须保留应有的位数。

1.6.2　实验数据的采集

实验数据的采集一般有人工采集和自动采集两种方式。在以化学反应为主的化学实验中，以人工采集为主，即通过测定来记录相应的实验数据；而自动采集一般采用与计算机联用技术实时采集数据。记录实验数据要真实、客观和完整。

(1) 原始实验数据应及时记录在实验报告本上，不能仅记录计算后的数据结果。例如，在滴定实验中，应同时记录滴定剂的初读数和终读数，再计算出消耗的滴定剂体积，而不能只记下 V =24.25 mL。

初读数 $V_{初}$/mL	0.02
终读数 $V_{终}$/mL	24.27
滴定剂体积 V/mL	24.25

(2) 应准确、清晰地记录实验数据，不得随意涂改。若读错数据需要修正时，应在原数据旁写上正确数据并加以注明，保留原始数据备查。

(3) 有些实验与实验条件有关，如温度、大气压、湿度、仪器、校正值等，要在实验记录本上记录清楚。记录实验数据时还应注明其实验内容(标题)及所用单位，对一些重要实验现象也要及时记录。

1.6.3 实验数据的分析

从实验得到的数据包含了许多信息，需要对这些数据用科学的方法进行归纳、处理，才能提取有用的信息并合理表达结果，这是化学实验的主要目的。对实验数据进行处理，首先要剔除不可靠的数据，然后用列表法、作图法等方法对测定结果进行分析和评价。

1. 列表法

列表法是把实验数据按自变量与因变量一一对应列表，把相应计算结果填入表格中。列表法在一般化学实验中应用最为普遍，特别是原始数据的记录。列表法的优点是简单、清楚、形式紧凑，一个表内可以同时表示几个变量间的变化关系而不混乱，易于参考比较，数据表达直接，不引入处理误差。列表要求如下：

(1) 表格必须写清名称(在表上方注明表头)，表头应简明扼要。若表的名称过于简单不足以说明其原意时，则在名称下面或表的下面附以说明，并标出数据来源。

(2) 自变量与因变量应一一对应，应包括变量名称及单位，一般在不加说明即可了解的情况下，应尽量用符号代表。

(3) 表格中记录数据应符合有效数字规则，写法应整齐统一。数值为零时记为 0，数值空缺时记为“—”。同一竖列的数值，小数点应上下对齐。数值过大或过小时，应以科学计数法表示，如 0.000005687 应写成 5.68×10^{-6}。

(4) 表格也可表达实验方法、现象与反应方程式，如元素化学实验。

2. 图解法

图解法是根据解析几何原理，用几何图形如线的长度、图面的面积、立体图的体积等将实验数据表示出来。有些实验数据具有连续变化的规律，将这些实验数据用作图的方式表达出来，更加形象、直观，并可以从图中求得最大或最小值、转折点、斜率、截距、内插值、外推值等。作图可以用坐标纸，也可以用计算机作图软件。

1) 坐标纸绘图

(1) 坐标纸的选择。根据变量间的关系合理选择图纸类型，如直角毫米坐标纸、对数坐标纸、双对数坐标纸、三角坐标纸和极坐标纸等。

(2) 坐标标度的选择。在作图时，一般以自变量为横坐标，因变量为纵坐标，且在相应坐标轴旁标明所代表的变量的名称及其量纲。坐标标度选取应适当，便于从图上读出任一点的坐标值，通常应使最小分度所代表的变量值为简单整数(可选用1、2、5，不宜选用3、7、9)。坐标起点不一定为零；若无特殊需要(如由直线外推法求截距)，也不必以坐标原点作为标度的起点，应以略低于最小测量值的整数作为标度起点。这样得到图形紧凑，充分利用坐标纸，读数精度也得以提高。

(3) 曲线绘制。首先依据测得的数据在坐标纸上绘制代表点(测得的各数据在图上的点)，数据点以●、⊗、◆、▲、■、□、○等符号标注于图中，各符号中心点应处于数据代表的位置，符号面积大小应与测量误差相适应。若在同一幅图上作多条曲线，应采用不同符号区分开来，并在图上注明。依据代表点描画曲线(或直线)，在描曲线时应尽可能接近大多数的代表点，使各代表点均匀分布在曲线(或直线)两侧，所有代表点离曲线距离的平方和为最小，符合最小二乘法原理。画曲线时，先用铅笔轻轻地循各代表点的变化趋势手绘一条曲线，然后用曲线尺逐段吻合手描线，作出光滑的曲线。曲线作好后应在图上注明图名、坐标轴代表的物理量。图1.2为描线的方法。

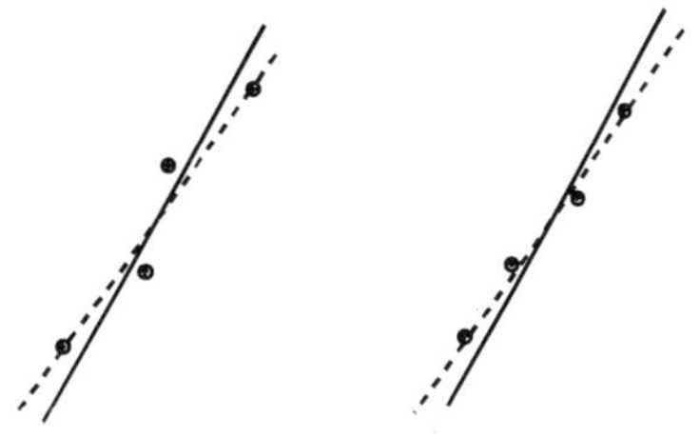

图1.2 描线的方法

2) 计算机软件绘图及数据处理

在化学实验数据处理中，计算机的使用越来越频繁，一些数据处理软件如Microsoft Excel电子表格和Origin软件等广泛地应用到实验数据处理过程中，两者均可以替代复杂的应用程序，简单、方便地完成对曲线的非线性拟合。化学实验数据的处理过程一般为对实验数据作图或作数据点的拟合线。

(1) Microsoft Excel电子表格。Microsoft Excel是办公自动化软件Microsoft Office中的重要成员之一，是Windows操作平台上著名的电子表格软件，具有强大的制作表格、数据处理、分析数据、创建图表等功能。例如，在邻二氮杂菲分光光度法测铁的实验中(实验13)用Microsoft Excel软件处理实验数据，在波长440～560 nm，每隔10～20 nm分别测定铁标准系列溶液的吸光度A，数据见表1.2，要求以测量波长为横坐标，以A为纵坐标，绘制吸收曲线。

表1.2 铁标准溶液在不同波长下的吸光度A

波长λ/nm	440	460	480	500	510	520	540	560
吸光度A	0.305	0.365	0.420	0.449	0.461	0.447	0.261	0.083

(i) 将表1.2中波长λ和吸光度A的数值输入Excel工作表中。选中需要输入数据的单元格使其成为活动单元格，输入数据并按Enter键或Tab键或用鼠标点击其他单元格，如图1.3所示。

(ii) 在工作表中选取数据区域，如图1.3中A、B两列数据。单击“插入”菜单，选择“图表”选项，或单击工具栏中的“图表”按钮，启动图表向导。

(iii) 在“标准类型”选项卡中的“图表类型”窗口中选择“X-Y散点图”，在“子图表类型”中选择点线平滑图形，然后单击“下一步”按钮；在“数据区”选项卡的“系列”选项中选择“列”(如果输入数据行列转换，则选择“行”)，点击“完成”按钮，得到图1.3中的曲线。

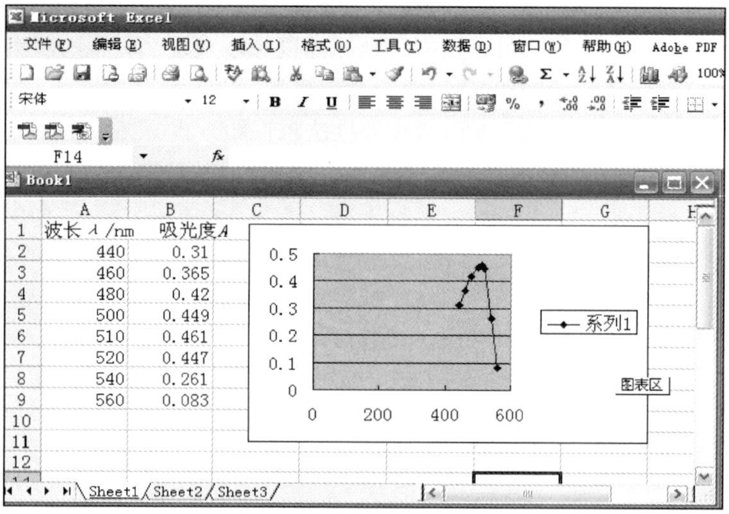

图 1.3 Excel 绘图结果

(iv) 插入的图表还需要根据图表内容、图表格式、图表布局和外观进行编辑和设置。用鼠标点击背景阴影和背景网格线，按“Delete”键删除；将鼠标移动到图表区域，单击鼠标右键，会弹出一个如图 1.4 中所示的对话框，单击“图表区格式”命令或“图表选项”命令，可以设置字体，标注图表题、坐标轴名称，设置颜色等，图中标注的文字等可以选中进行复制、修改、删除、移动等。

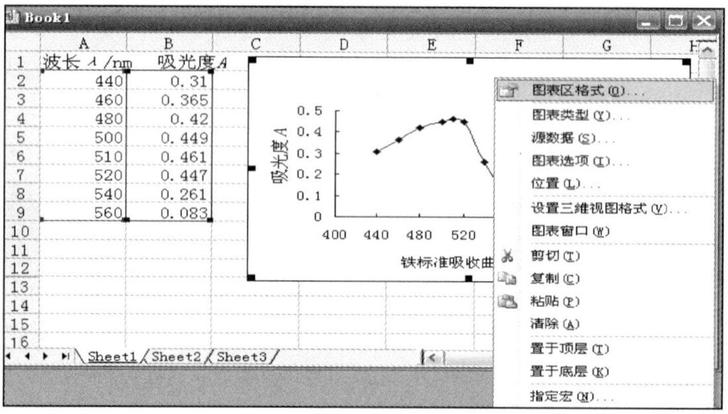

图 1.4 图标区设置选项

将鼠标放在坐标轴上双击，在显示的对话框中(图 1.5)修改坐标尺、坐标刻度及字体大小等。图 1.6 为经过编辑修改后的图形。

公式和函数的运用是 Excel 的核心。在单元格中输入正确的公式或函数后，会立即在单元格中显示计算结果，如果改变工作表中与公式有关或作为函数参数的单元格里的数据，Excel会自动更新计算结果。输入公式的步骤如下：选定要输入公式的单元格；在单元格中或编辑栏中输入“＝”；输入设置的公式，按 Enter 键。

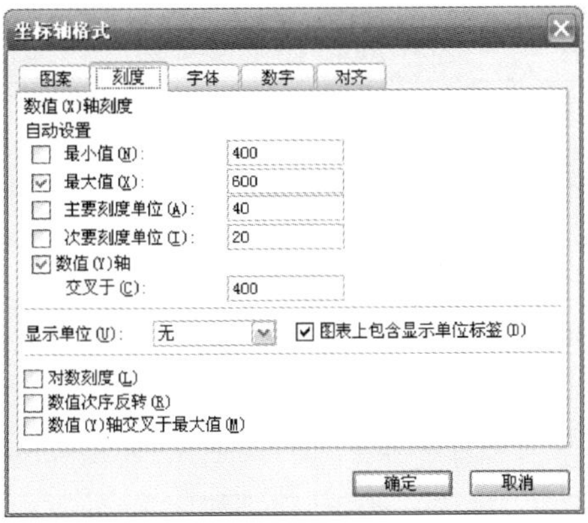

图1.5　坐标轴格式对话框

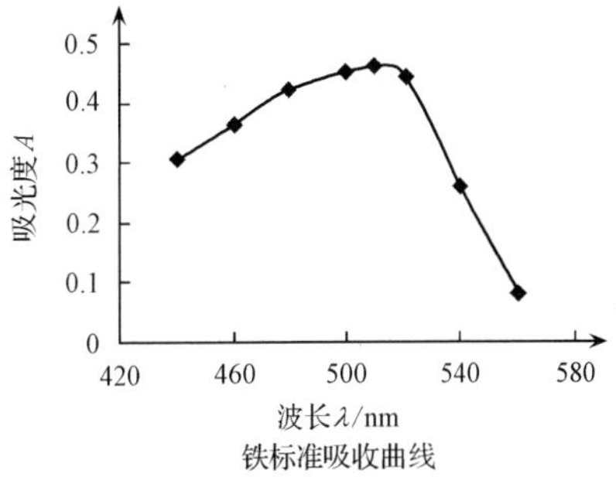

图1.6　编辑修改后的图形

例如，在电位滴定法测定乙酸的电离常数实验（实验8）中，需要根据所测得的 V(NaOH)、pH 两列数值，计算 ΔV、ΔpH、ΔpH/ΔV、Δ^2pH/ΔV^2；作出 pH-V、ΔpH/ΔV-V、Δ^2pH/ΔV^2-V 曲线，通过 Δ^2pH/ΔV^2-V 曲线确定 V_e（由正值向负值过渡的时刻），或通过 ΔpH/ΔV-V 曲线确定 V_e（由递增向递减过渡的时刻）；再在 pH-V 曲线上查出 1/2 V_e 所对应的 pH，就是 HAc 的 $pK_a^{\ominus}$，从而计算出 $K_a^{\ominus}$。因为本实验的数据多，如果完全用手工计算并在方格纸上一一描点、连成光滑的曲线，不仅工作量大，对简单数据重复计算，而且容易出错。若利用 Excel 强大的计算功能和作图表功能，就能又快又准确地完成数据的处理。

（i）录入数据。在第1行的每个单元格中分别输入 V、pH、ΔV、ΔpH、ΔpH/ΔV、Δ(ΔpH/ΔV)、Δ^2pH/ΔV^2 作为列首，把 V(NaOH)、pH 实验数据依次输入到前两列中，数据见表1.3。

表1.3　实验数据及处理结果

V(NaOH)/mL	pH	ΔV/mL	ΔpH	ΔpH/ΔV	Δ(ΔpH/ΔV)	Δ^2pH/ΔV^2
0.00	3.29	—	—	—	—	—
1.00	3.41	1.00	0.12	0.12	—	—
2.00	3.56	1.00	0.15	0.15	0.03	0.03
3.00	3.75	1.00	0.19	0.19	0.04	0.04
4.00	3.96	1.00	0.21	0.21	0.02	0.02
5.00	4.15	1.00	0.19	0.19	−0.02	−0.02
6.00	4.36	1.00	0.21	0.21	0.02	0.02
7.00	4.55	1.00	0.19	0.19	−0.02	−0.02
8.00	4.76	1.00	0.21	0.21	0.02	0.02
9.00	4.94	1.00	0.18	0.18	−0.03	−0.03
11.00	5.20	2.00	0.26	0.13	−0.05	−0.05
12.00	5.29	1.00	0.09	0.09	−0.04	−0.04
13.00	5.38	1.00	0.09	0.09	0.00	0.00
14.00	6.23	1.00	0.85	0.85	0.76	0.76
14.10	6.30	0.10	0.07	0.70	−0.15	−0.15
14.20	6.39	0.10	0.09	0.90	0.20	0.20

续表

V(NaOH)/mL	pH	ΔV/mL	ΔpH	ΔpH/ΔV	Δ(ΔpH/ΔV)	Δ^2pH/ΔV^2
14.30	6.51	0.10	0.12	1.20	0.30	0.30
14.40	6.65	0.10	0.14	1.40	0.20	0.20
14.50	6.83	0.10	0.18	1.80	0.40	0.40
14.60	7.03	0.10	0.20	2.00	0.20	0.20
14.70	7.25	0.10	0.22	2.20	0.20	0.20
14.80	7.48	0.10	0.23	2.30	0.10	0.10
14.90	7.74	0.10	0.26	2.60	0.30	0.30
15.00	8.02	0.10	0.28	2.80	0.20	0.20
15.10	8.49	0.10	0.47	4.70	1.90	1.90
15.20	9.08	0.10	0.59	5.90	1.20	1.20
15.30	9.48	0.10	0.40	4.00	−1.90	−1.90
15.40	9.86	0.10	0.38	3.80	−0.20	−0.20
15.50	10.18	0.10	0.32	3.20	−0.60	−0.60
15.60	10.46	0.10	0.28	2.80	−0.40	−0.40
15.70	10.71	0.10	0.25	2.50	−0.30	−0.30
15.80	10.93	0.10	0.22	2.20	−0.30	−0.30
15.90	11.12	0.10	0.19	1.90	−0.30	−0.30
16.00	11.27	0.10	0.15	1.50	−0.40	−0.40
16.10	11.39	0.10	0.12	1.20	−0.30	−0.30
16.20	11.47	0.10	0.08	0.80	−0.40	−0.40
16.30	11.52	0.10	0.05	0.50	−0.30	−0.30
16.40	11.56	0.10	0.04	0.40	−0.10	−0.10
16.50	11.58	0.10	0.02	0.20	−0.20	−0.20
17.00	11.72	0.50	0.14	0.28	0.08	0.08
18.00	11.84	1.00	0.12	0.12	−0.16	−0.16
19.00	11.93	1.00	0.09	0.09	−0.03	−0.03
20.00	12.01	1.00	0.08	0.08	−0.01	−0.01
21.00	12.07	1.00	0.06	0.06	−0.02	−0.02

(ii) 计算。分别在 ΔV、ΔpH、ΔpH/ΔV 列的第三格输入公式"＝A3 或 A2"、"＝B3 或 B2"、"＝D3/C3"，分别在 Δ(ΔpH/ΔV)、Δ^2pH/ΔV^2 列的第四格中输入公式"＝E4－E3"、"＝F4/C4"，利用 Excel 的公式复制功能可以直接完成所有数据的计算，计算结果见表 1.3。

(iii) 选中第 1、2 列，依次点击"插入""图表""$X \cdot Y$ 散点图"，选择光滑的子图表类型，点击"下一步"就可以得到大致的图形。为使图形美观可以进行编辑：在数值(x)轴中输入"V(NaOH)/mL"，在数值(y)轴中输入"pH"，然后双击坐标轴上的数据，在弹出的对话框中进行修改最大值、最小值、字体大小等操作，即完成了 pH-V 曲线(图 1.7)。用同样方法完成另外两幅图(图 1.8、图 1.9)。

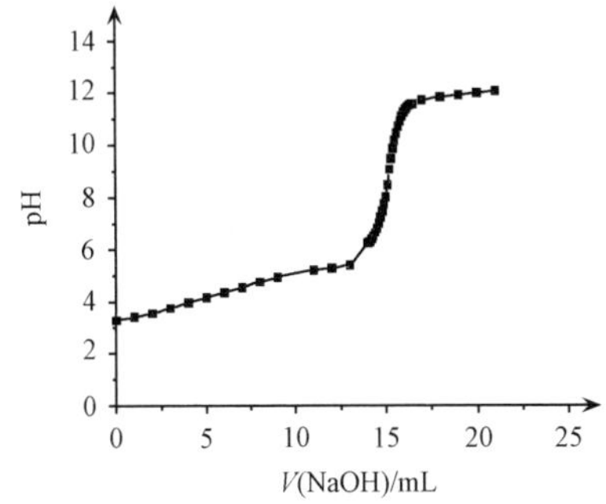

图 1.7　pH-V 曲线

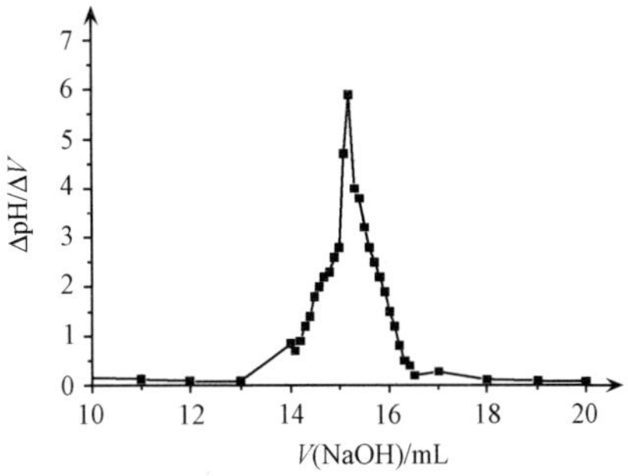

图 1.8　$\Delta pH/\Delta V$-V 曲线

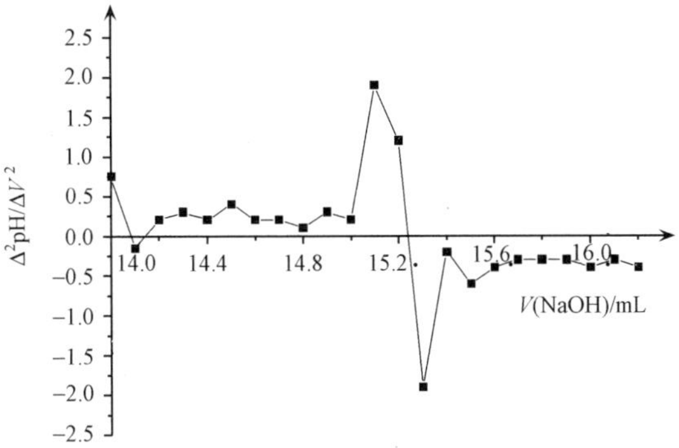

图 1.9　$\Delta^2 pH/\Delta V^2$-V 曲线

从图 1.8、图 1.9 中都可以计算出 V_e=15.24 mL，则 $1/2V_e$=7.62 mL，再从图 1.7中查出 7.62 mL 所对应 pH=4.68(pH=4.55+0.21×0.62)，即 HAc 的 $pK_a^\ominus$=4.68。与文献值 4.75 比较，误差为 1.47%。

(2) Origin 作图。Origin 是用于数据处理和数据作图的工具软件，主窗口如图 1.10 所示。在主窗口下主要有以下几个子窗口：工作表格窗口(worksheet window)；图形窗口(graph window)；矩阵窗口(matrix window)。工作表格窗口与图形窗口下主菜单的内容是不一样的，各窗口可以单独存在，也可以同时存在，可以通过鼠标来选择激活相应的窗口。当窗口类型改变时，主菜单中的内容也随之改变。

Origin 具备了一般科研实验数据处理所需要的大部分功能，如数据的统计分析、实验曲线的回归与拟合、函数作图、实验数据作图、插值与外推、数据检验等，是科研工作人员必备的工具软件之一。

例如，上述邻二氮杂菲分光光度法测铁实验中，在选定的 λ_{max} 波长下，测得不同浓度铁标准系列溶液的吸光度值(表 1.4)，绘制标准曲线。

表 1.4　标准系列溶液和样品溶液的吸光度 *A*

溶液编号	1	2	3	4	5
$c(Fe^{2+})$/ mg · L^{-1}	0.40	0.80	1.20	1.60	2.00
吸光度 A	0.159	0.326	0.470	0.621	0.762

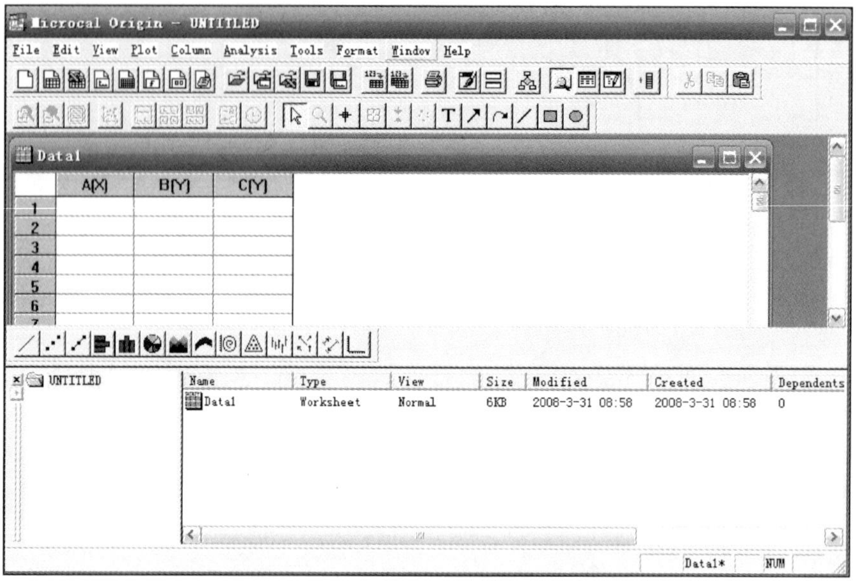

图 1.10　Origin 主窗口

（i）数据输入。点击新建工作表按钮，采用键盘输入或粘贴数据等方法输入数据。

（ii）图形绘制。点击菜单中的“plot”按钮，选择相应的点线图格式“Line ＋ Symbol”，然后在弹出的对话框中将两列数据（A、B）分别选择为 x、y 轴，点击“OK”键完成绘图。

（iii）线性拟合。当绘出散点图或点线图后，选择“Analysis”菜单中的“Fit Linear”或“Tool”即可对图形进行线性拟合，结果记录中显示拟合直线的关系式、斜率和截距的值及其误差、相关系数和标准偏差等数据。在线性拟合时，可屏蔽某些偏差较大的数据点，以降低拟合直线的偏差。如图 1.11 所示，x 和 y 之间的关系式为 $y=0.0173+0.37525\ x$，线性相关系数为 0.99957，标准偏差为 0.00802。

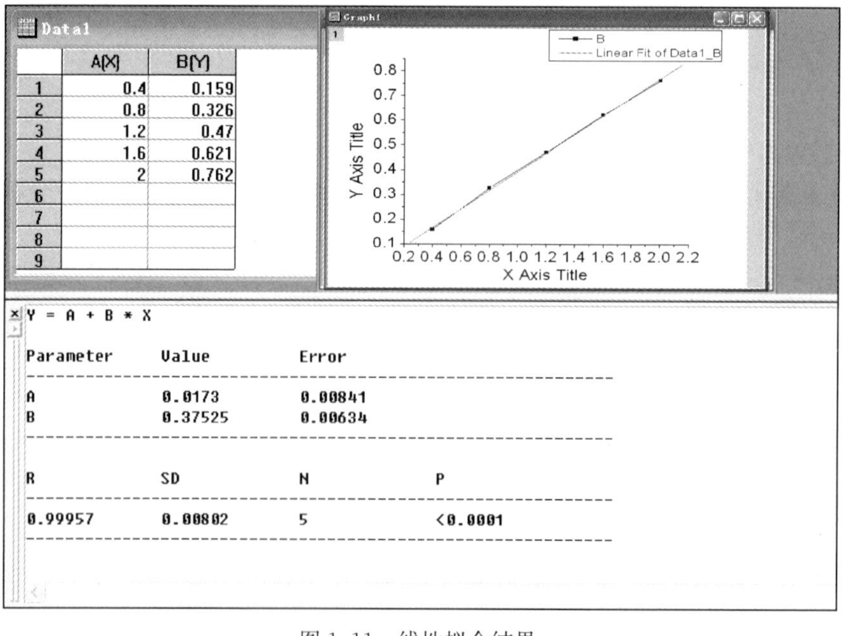

图 1.11　线性拟合结果

(iv) 图形的编辑修改。类似 Excel 绘图，用 Origin 画好图后，也要进行必要的编辑修改。以图 1.11 中标准曲线为例，由于拟合曲线是所需最终结果，先用鼠标双击未拟合前的曲线，选择对话框中的"co-nnect"中的"no line"；双击曲线或实验点，可以改变颜色和形状；双击坐标轴，可以改变坐标标尺和刻度；双击标记坐标的数据，可以改变字体类型和大小；双击"*X* Axis Title"或"*Y* Axis Title"，可在对话框中输入坐标轴名称等，编辑后的图形如图 1.12 所示。

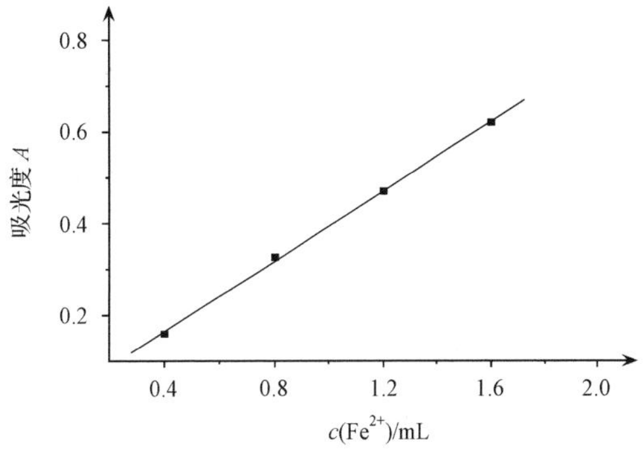

图 1.12　编辑修改后的图形

另外，Origin 还提供了多种非线性曲线拟合方式：在"Analysis"菜单中有多项式拟合、指数衰减拟合、指数增长拟合、s 形拟合、高斯(Gaussian)拟合、洛仑兹(Lorentzian)拟合、多峰拟合；"Non-linear Curve Fit"选项提供了许多拟合函数的公式和图形，该选项可让用户自定义函数；在 Tool 菜单中提供了多项式拟合和 s 形拟合。

总之，在化学实验中，有关曲线的拟合是数据处理的关键之一。手工作图虽然直接，但随意性较大，且误差大小也因人而异，处理起来很烦琐。一些程序语言如 BASIC、FORTRAN 等也可以经过编程计算出曲线模型方程，但是只有对程序语言有相关了解，才能正确应用到数据处理中。熟练地使用 Microsoft Excel 和 Origin 等软件，能够准确、快速、方便地处理化学实验的数据，这些软件能够满足化学实验对数据处理的要求，只要方法选择合适，则得到的结果更为准确。

第 2 章　基础化学实验基本知识

2.1　常用玻璃量器的洗涤、干燥与使用

2.1.1　仪器的洗涤

化学实验中经常使用玻璃仪器和瓷器，常常由于仪器上有污物和杂质存在而得不到正确的结果。尤其是久置变硬、不易洗掉的实验残渣和对玻璃仪器有腐蚀作用的废液，一定要在实验后清洗干净。玻璃仪器的洗涤方法很多，应根据实验的要求、污物的性质和沾污程度来选择。

一般来说，附着在仪器上的污物有可溶性物质，也有尘土、油污和其他不溶性物质。实验工作中应根据污物及器皿本身的化学或物理性质，有针对性地选用洗涤方法和洗涤剂。实验室常采用下列方法洗涤。

1. 水洗

用水刷洗可以洗去可溶性物质，又可以使附着在仪器上的尘土和其他不溶性物质脱落下来。例如，烧杯、试管、量筒、漏斗等仪器一般先用自来水刷洗仪器上的灰尘和易溶物，再选用粗细、大小、长短等合适的毛刷，蘸取洗衣粉或各种合成洗涤剂转动刷洗仪器的内壁(图 2.1)。洗涤试管时要注意避免试管刷底部的铁丝将试管捅破。用洗涤剂洗后再用自来水冲洗。洗涤仪器时应该逐个清洗，不要同时洗多个仪器，否则容易将仪器碰坏或摔坏。

(a) 选好毛刷，确定手拿部位　　(b) 转动毛刷刷洗

图 2.1　毛刷刷洗

2. 用去污粉或合成洗涤剂刷洗

去污粉由碳酸钠、白土、细沙等组成，它与肥皂、合成洗涤剂一样，能够去除仪器上的油污，而且去污粉中含有白土和细沙，其摩擦作用能使洗涤效果更好。经过去污粉或合成洗涤剂洗刷过的仪器，需再用自来水冲洗，以除去附着在仪器上的白土、细沙或洗涤剂。但应注意，用于定量分析的器皿一般不采用这种方法洗涤。

3. 用铬酸洗液洗

在进行精确的定量实验时，对仪器的洁净程度要求更高。由于仪器容积精确、形状特殊，

不能用刷子机械地刷洗，要用洗液(或工业浓硝酸)清洗。铬酸洗液由浓硫酸和重铬酸钾配制而成，具有很强的氧化性，对有机化合物和油污的去污能力特别强。用洗液洗涤仪器时，先往仪器内加入少量洗液(其用量约为仪器总容量的1/5)，然后将仪器倾斜并慢慢转动，使仪器的内壁全部被洗液湿润，反复操作，最后把洗液倒回原瓶内，再用水把残留在仪器上的洗液洗去。如果用洗液把仪器浸泡一段时间或使用热的洗液，则洗涤效果更好。使用铬酸洗液时要注意如下几点：

(1) 被洗涤的仪器内不宜有水，以免洗液被冲淡而失效。

(2) 洗液可以反复使用，用后应倒回原瓶，当洗液颜色变成绿色时则失效。

(3) 洗液吸水性很强，应把洗液瓶的瓶塞盖紧，以防洗液吸水而失效。

(4) 洗液具有很强的腐蚀性，会灼伤皮肤和破坏衣物，使用时应注意安全。若不慎将洗液洒在皮肤、衣服或实验桌上，应立即用水冲洗。

(5) 铬(Ⅵ)的化合物有毒，清洗仪器上残留的洗液所产生的废液应回收处理，以免锈蚀管道和污染环境。

4. 特殊污物的去除

一些仪器上常有不溶于水的污垢，尤其是原来未清洗而长期放置后的仪器。这时需要视污垢的性质选用合适的试剂，使污垢经化学作用除去。几种常见污垢的处理方法见表 2.1。

表 2.1　常见污垢的处理方法

污垢	处理方法
碱土金属的碳酸盐、$Fe(OH)_3$、一些氧化剂如 MnO_2 等	用稀 HCl 处理，MnO_2 需用 6 mol · L^{-1}的 HCl 处理
沉积的金属如银、铜	用 HNO_3 处理
沉积的难溶性银盐	用 $Na_2S_2O_3$ 洗涤，Ag_2S 则用热、浓 HNO_3 处理
沾附的硫磺	用煮沸的石灰水处理 $3Ca(OH)_2 + 12S \longrightarrow 2CaS_5 + CaS_2O_3 + 3H_2O$
高锰酸钾污垢	用草酸溶液处理(沾附在手上也用此法)
残留的 Na_2SO_4、$NaHSO_4$ 固体	用沸水使其溶解后趁热倒掉
沾有碘迹	可用 KI 溶液浸泡，也可用温热的稀 NaOH 或 $Na_2S_2O_3$ 溶液处理
瓷研钵内的污迹	用少量食盐在研钵内研磨后倒掉，再用水洗
有机反应残留的胶状或焦油状有机化合物	视情况用低规格或回收的有机溶剂(如乙醇、丙酮、苯、乙醚等)浸泡，或用稀 NaOH 或用浓 HNO_3 煮沸处理
一般油污及有机化合物	用含 $KMnO_4$ 的 NaOH 溶液处理
被有机试剂染色的比色皿	可用体积比为 1∶2 的盐酸-乙醇溶液处理

除了上述清洗方法外，还有先进的超声波清洗器。只要把用过的仪器放在配有合适洗涤剂的溶液中，接通电源，利用声波的能量和振动，就可将仪器清洗干净，既省时又方便。

用上述各种方法洗涤后的仪器，经自来水反复冲洗后，往往还留有 Ca^{2+}、Mg^{2+}、Cl^- 等离子。如果实验中不允许这些离子存在，应该再用去离子水洗涤，洗涤时应遵循“少量多次”的原则，每次用水量一般为总容量的 5%～20%，淋洗三次即可。

已洗净仪器的器壁上不应附着不溶物或油污，器壁可以被水润湿，如果把水加到仪器中，再把仪器倒转过来，水会顺着器壁流下，器壁上只留下一层既薄又均匀的水膜，并无水珠附着在上面，这样仪器才清洗干净。

凡是已洗净的仪器内壁，绝不能再用布或纸擦拭，否则布或纸的纤维将留在仪器壁上反而沾污了仪器。毛细管、玻璃棒等洗净后，应插在储有清洁去离子水的烧杯中，绝不允许放在实验台上。

2.1.2 仪器的干燥

有些仪器洗涤干净后就可用来做实验，但有些无机化学实验，特别是需要在无水条件下进行的实验，常常需要使用干燥的仪器。常用的干燥方法如下。

1. 晾干

将洗净的仪器倒立放置在适当的仪器架上，使其在空气中自然干燥，倒置可以防止灰尘落入，但要注意放稳。

2. 烘干

洗净的仪器可以放在电热干燥箱(烘箱)内烘干，但放进去之前应尽量把水倒净。放置仪器时，应注意使仪器的口向下(倒置后不稳的仪器则应平放)。可以在电热干燥箱的最下层放一个搪瓷盘，以接收从仪器上滴下的水珠。防止水滴到电炉丝上损坏电炉丝。

3. 烤干

烧杯和蒸发皿可以放在石棉网上用小火烤干，试管可以直接用小火烤干。操作时，试管要略为倾斜，管口向下，并不时地移动试管，把水珠赶掉。最后，烤到不见水珠时，使试管口朝上，以便把水气赶尽。

4. 用有机溶剂干燥

在洗净的仪器内加入少量有机溶剂(最常用的是乙醇和丙酮)，把仪器倾斜，转动仪器，器壁上的水即与乙醇或丙酮混合，然后倾出乙醇或丙酮和水的混合液(应回收)，最后留在仪器内的乙醇或丙酮挥发后，仪器得以干燥(不能放烘箱内干燥)。

5. 吹干

用热或冷的空气流将玻璃仪器吹干，所用仪器是电吹风机或玻璃仪器气流干燥器。用吹风机吹干时，一般先用热风吹玻璃仪器的内壁，待仪器干燥后再吹冷风使其冷却。如果先用易挥发的溶剂如乙醇、乙醚、丙酮等淋洗仪器，将淋洗液倒净，然后用吹风机用冷风—热风—冷风的顺序吹，则仪器干燥得更快。另一种方法是将洗净的仪器直接放在气流烘干器里进行干燥。

还应注意：一般带有刻度的计量仪器，如移液管、容量瓶、滴定管等不能用加热的方法干燥，以免仪器受热变形而影响精密度。玻璃磨口仪器和带有活塞的仪器(如酸式滴定管、分液漏斗等)洗净后应该在磨口处和活塞处垫上小纸片，防止长期放置后两处粘上不易打开。

2.1.3 玻璃量器的使用

基础化学实验室中常用的量器有滴定管、容量瓶、移液管、吸量管、量筒和量杯等。其中，前三种量器是定量化学分析中的重要仪器，下面分别加以介绍。

1. 滴定管

滴定管是可放出定量液体的量出式玻璃量器，主要用于滴定分析中对滴定剂体积的测量。它的主要部分为管身，用细长而且内径均匀的玻璃管制成，上面刻有均匀的分度线(线宽不超过 0.3 mm)，下端的流液口为一尖嘴，中间通过玻璃旋塞或乳胶管连接以控制滴定速度。实验室中常见的是有塞和无塞滴定管，常用的是 10 mL、25 mL、50 mL 容量的滴定管。

滴定管一般可分为酸式滴定管与碱式滴定管两种[图 2.2(a)、(b)]。酸式滴定管不能盛放碱性溶液，因为磨口玻璃旋塞会被碱性溶液腐蚀，而难以转动；碱式滴定管不能存放氧化性溶液，如 $KMnO_4$、I_2 等，避免橡皮管与溶液发生反应。

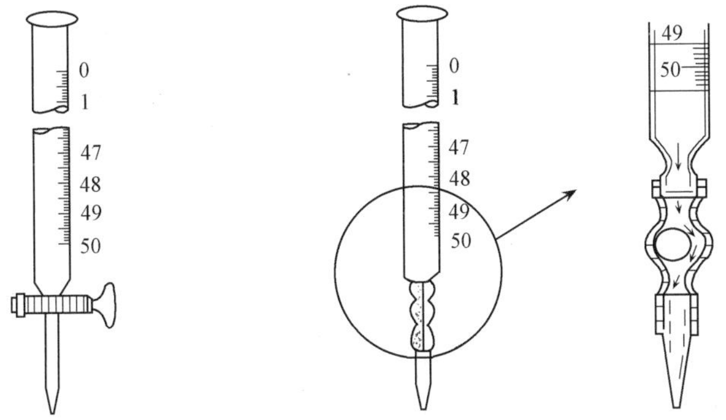

(a) 酸式滴定管　　(b) 碱式滴定管

图 2.2　滴定管

1) 滴定管使用前的准备

(1) 洗涤。选择合适的洗涤剂和洗涤方法洗涤滴定管。滴定管可用管刷蘸肥皂水或洗涤剂洗刷(避免使用去污粉)，然后用自来水冲洗、蒸馏水润洗，有油污的滴定管要用铬酸洗液洗涤。

(2) 涂凡士林(图 2.3)。其方法是将酸式滴定管洗净后，取下旋塞，将滴定管平放，用吸水纸擦干净旋塞与旋塞槽，用手指沾少量凡士林在旋塞的两头涂上薄薄一层。在旋塞孔附近应少涂凡士林，以免堵住旋塞孔。把旋塞插入旋塞槽内，旋转几圈，观察旋塞与旋塞槽接触的地方是否都呈透明状态，转动是否灵活。为避免活塞被碰后松动脱落，应在涂凡士林后的滴定管活塞末端套上小橡皮圈。

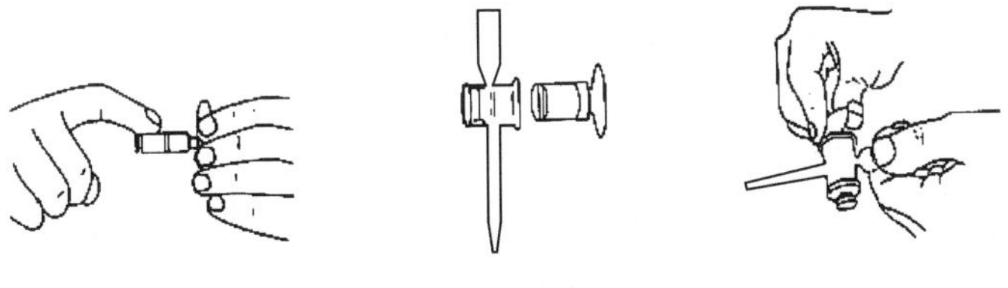

图 2.3　活塞涂凡士林的方法

(3) 检漏。关闭酸式滴定管旋塞，将滴定管装满水后垂直架放在滴定管夹上，放置 2 min，观察管口及旋塞两端是否有水渗出。然后将旋塞转动 180°，再放置2 min，看是否有水渗出。若前后两次均无水渗出，旋塞转动也灵活，则可使用。否则，应将旋塞取出，按上述要求重新涂凡士林并检漏后方可使用。碱式滴定管应选择大小合适的玻璃珠和橡皮管,并检查滴定管是否漏水,是否能灵活控制液滴,如不合要求则重新调换大小合适的玻璃珠。

(4) 装入操作溶液。加入操作溶液时,应先用待装溶液润洗滴定管,以除去滴定管内残留的水分,确保操作溶液的浓度不变。例如,在 50 mL 滴定管中先注入操作溶液约 10 mL,然后两手平端滴定管,慢慢转动,使溶液流遍全管,打开滴定管的旋塞(或捏挤玻璃珠),使润洗液从出口管的下端流出。如此润洗两三次后,即可加入操作溶液于滴定管中。注意检查旋塞附近或橡皮管内有无气泡,如有气泡应排除。酸式滴定管可转动旋塞,使溶液急速冲下排除气泡;碱式滴定管则可将橡皮管向上弯曲,并用力捏挤玻璃珠所在处,使溶液从尖嘴喷出从而排除气泡。排除气泡后,加入操作溶液,使液面在"0"刻度以上,待 1～2 min 后,再调节液面在"0"刻度处,备用。滴定时最好每次都从"0"刻度开始,或从接近"0"刻度的任一刻度开始。这样可固定在滴定管某一体积范围内滴定,减少体积误差。如果液面不在"0"刻度处,则应记下初读数。

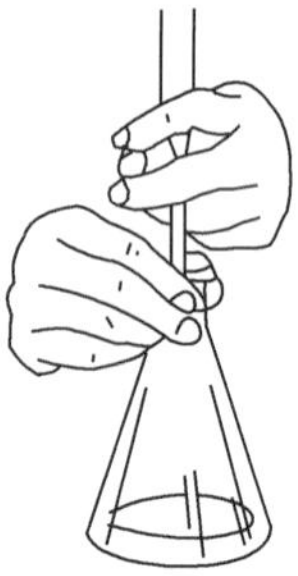

图 2.4　酸式滴定管操作

2) 滴定操作

滴定操作最好在锥形瓶中进行,必要时也可在烧杯中进行。酸式滴定管滴定姿势如图 2.4 所示,用左手控制滴定管的旋塞,大拇指在前,食指和中指在后,无名指略微弯曲,轻轻向内扣住旋塞,手心空握,以免旋塞松动甚至被顶出。右手握持锥形瓶,边滴边摇动,向同一方向做圆周旋转,而不能前后振动,否则会溅出溶液。滴定速度一般为 10 mL · min^{-1},即每秒3～4滴。临近滴定终点时,应一次加入一滴或半滴溶液,并用洗瓶吹入少量水淋洗锥形瓶内壁,使附着的溶液全部落下,然后摇动锥形瓶,如此继续滴至滴定终点。

使用碱式滴定管时,左手拇指在前,食指在后,捏住橡皮管中的玻璃珠所在部位稍靠上处,捏挤橡皮管,使其与玻璃珠之间形成一条缝隙,溶液即可流出(图 2.5)。但注意不能捏挤玻璃珠下方的橡皮管,否则会进入空气而形成气泡,若发现尖嘴内有气泡必须小心排除。

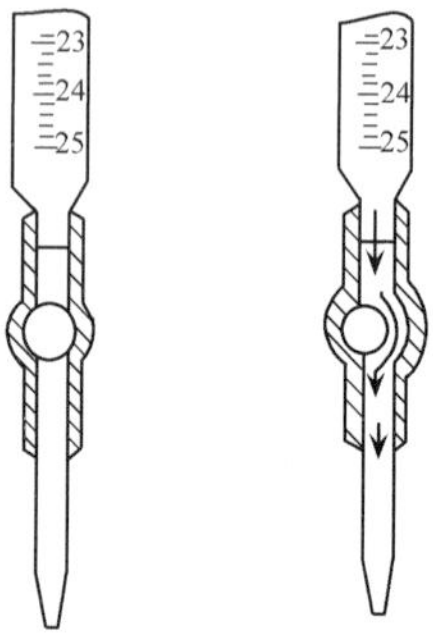

图 2.5　碱式滴定管操作

3) 读数

(1) 滴定管应垂直地夹在滴定台上,操作者要坐正或站正,因为一般滴定管夹不能使滴定管处于垂直状态,所以可从滴定管夹上将滴定管取下,一手拿住滴定管上部无刻度处,使滴定管保持自然垂直再进行读数。视线与零线或弯液面(滴定读数时)在同一水平。

(2) 对于无色溶液或浅色溶液,应读取弯月面下缘实线的最低点,即视线与弯月面下缘实线的最低点应在同一水平面上如图 2.6所示;对于有色溶液,如$KMnO_4$、I_2 溶液等,视线应与液面两侧与管内壁相交的最高点相切。

(3) 为了帮助读数,可采用读数卡,这种方法有利于初学者练习读数。读数卡可用黑纸或涂有黑长方形的白纸。读数时,将读数卡放在滴定管背后,使黑色部分在弯月面下约 1 mm处,此时即可看到弯月面的反射层成为黑色,然后读此黑色弯月面下缘的最低点,如图 2.7所示。

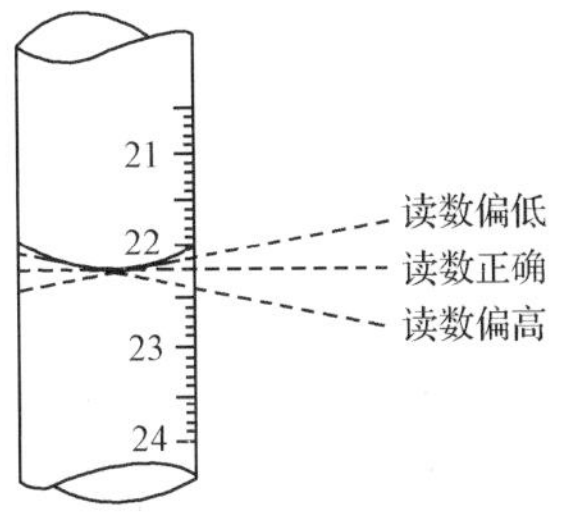

图 2.6　滴定管的正确读数法

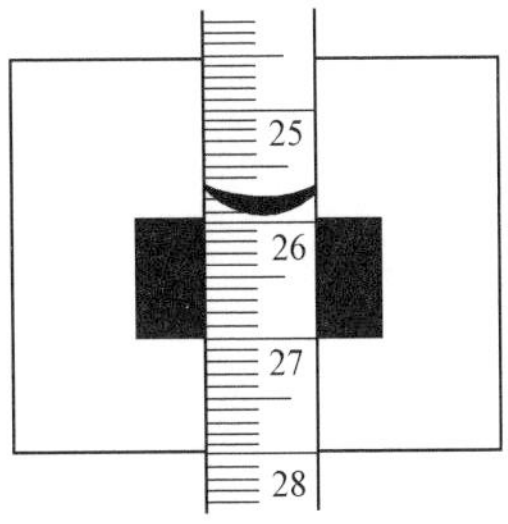

图 2.7　使用黑白读数卡读数

(4) 读数必须精确至 0.01 mL,如读数为 21.24 mL。

(5) 滴定溶液不宜长时间放在滴定管中,实验完毕后应将管中的溶液倒掉,用水洗净后挂在滴定台上。

2. 容量瓶

容量瓶是细颈梨形平底玻璃瓶,由无色或棕色玻璃制成,带有磨口玻璃塞或塑料塞,颈上有一圈标线。容量瓶的主要用途是配制准确浓度的溶液或把配成的溶液定量分成若干等份。容量瓶的容量定义:在 20 ℃时,充满至标线所容纳水的体积,以 mL 计。

1) 容量瓶的准备

(1) 洗涤。

(2) 检漏。容量瓶使用前应检查是否漏水,方法是注入自来水至标线附近,盖好瓶塞,右手拿住瓶底,左手食指压住瓶塞,将瓶倒立,观察瓶塞周围是否漏水,如不漏水即可使用。

2) 操作方法

(1) 溶解。先用分析天平称取准确质量的固体,在小烧杯中将固体物质溶解。

图 2.8　溶液定量转移操作

(2) 定量转移。把溶液定量转移到预先洗净的容量瓶中。如图 2.8 所示,一手拿玻璃棒,并将它伸入瓶中 3～4 cm;一手拿烧杯,烧杯嘴紧靠玻璃棒,慢慢倾斜烧杯,使溶液沿玻璃棒流下。倾倒完溶液后,使烧杯沿玻璃棒逐渐直立并上移 1～2 cm,并将玻璃棒小心放回烧杯中,但不得靠在烧杯嘴上。可用食指卡住玻璃棒,以免玻璃棒来回滚动。然后用少量蒸馏水冲洗烧杯及玻璃棒三四次,将洗涤液全部转入容量瓶中。若在溶解试样时,为防止溶解时发生喷溅使用了表面皿,则表面皿朝溶液的一面也应用蒸馏水冲洗几次,洗涤液倒入烧杯中,再转入容量瓶。

图 2.9　混匀操作

(3) 定容。当溶液体积约为容量瓶 3/4 容积时,应将容量瓶摇晃做初步混匀,但切勿倒置容量瓶。然后继续加水稀释,当接近标线时,应用滴管逐滴加水至弯月面恰好与标线相切,盖好瓶塞,用食指压住瓶塞,另一只手的指尖托住瓶底,倒转容量瓶,使气泡上升到容量瓶顶部(图 2.9)。如此反复操作,使溶液充分混合均匀。若将浓溶液稀释,则直接用移液管转移定量溶液至容量瓶,再用蒸馏水稀释定容。

3) 使用容量瓶的注意事项

容量瓶只能用于配制标准溶液或试样溶液,不得长期存放溶液,尤其是碱性溶液不可在容量瓶中久置。若溶液需要长期存放，可将溶液转移到试剂瓶中（根据需要采用无色瓶、棕色瓶或聚氯乙烯塑料瓶）。对需避光的溶液应使用棕色容量瓶配制。热溶液应冷至室温后再注入容量瓶中，或冷至室温后再稀释至标线，否则会造成体积误差。

3. 移液管和吸量管

移液管是中间有一膨大部分（称为球部）的玻璃管，球部上下均为较细窄的管颈，管颈上部刻有标线[图 2.10(a)]。吸量管的全称是分度吸量管，它是具有分刻度的玻璃管[图 2.10(b)]。它们都是准确移取一定量溶液的量器。

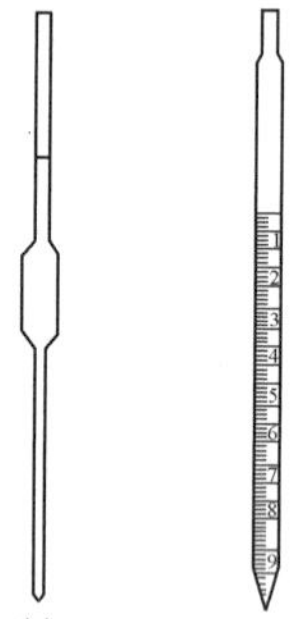

图 2.10　移液管(a)与吸量管(b)

移液管和吸量管的洗涤以及移取溶液一般采用橡皮洗耳球。用铬酸洗液洗涤时，可将移液管或吸量管放在高型玻璃筒或量筒内浸泡。

用水洗涤过的移液管第一次移取溶液前，应先用滤纸将移液管口尖端内外的水吸净，否则会因水滴的引入而改变移取溶液的浓度。然后用所移取的溶液将移液管润洗两三次，确保所移取的操作溶液浓度不变。

移取溶液时，一般用右手大拇指和中指拿住移液管颈标线上方，把球部下方的管尖插入溶液中。注意不要插得太浅，以防产生空吸，使溶液冲入洗耳球中。左手拿洗耳球，先把洗耳球内空气压出，然后把洗耳球的尖端紧接在移液管口，缓慢松开左手手指，使溶液吸入移液管内。当液面升高到刻度以上时，移去洗耳球，立即用右手食指按住移液管上口，同时将移液管提起离开液面，并将移液管下部伸入溶液的部分沿待吸液容器内壁轻转两圈，以除去移液管外壁上的溶液。

移液管的末端仍靠在待吸溶液容器的内壁上，左手拿容器并使之倾斜约 45°，稍放松右手食指，不断移动移液管管身，使管内液面平稳下降。直到管内溶液的弯月面与标线相切时，立即用食指压紧管口，取出移液管插入接受溶液的器皿中，管的末端仍靠在器皿内壁上。此时移液管应保持垂直，将器皿倾斜，使器皿内壁与移液管尖约成 45°，松开食指，让管内溶液自然地沿器皿内壁流下（图 2.11）。溶液流尽后再停靠 15 s，拿走移液管，切不可用外力使残留在移液管末端的溶液流出，因校正移液管时已考虑了末端保留溶液的体积。

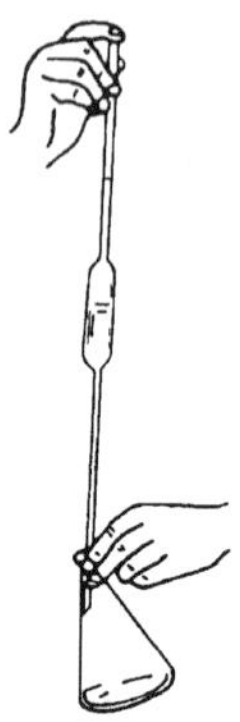
图 2.11　移液管的使用

吸量管的使用方法与移液管大致相同，这里只强调以下几点：

(1) 因为吸量管的容量精度低于移液管，所以在移取 2 mL 以上固定量溶液时应尽可能使用移液管。

(2) 使用吸量管时，尽量在最高标线调整零点。

(3) 同一实验中，应尽可能使用同一吸量管的同一部位，而且尽可能地使用上面的部分。

(4) 使用管口上刻有“吹”字的吸量管时，必须在管内的液面降至流液口静止后，随即将最后残留的溶液一次吹出，不能保留。

(5) 使用管口上刻有“快”字的吸量管时，若需放尽溶液，操作同移液管，但溶液自然流完后停靠 4 s 就可移走吸量管。

移液管或吸量管用完后，应立即用自来水和蒸馏水冲洗干净，然后放在移液管架上。

4. 量筒和量杯

量筒和量杯的容量精度低于上述几种量器，是最普通的玻璃量器(图2.12)。量筒分为量出式和量入式两种，量入式有磨口塞子，量出式在基础化学实验中使用普遍，量入式用得不多。

把要量取的液体注入量筒中时，手拿量筒的上部，使量筒竖直，使视线与量筒内液体凹面的最低处保持水平，然后读出量筒上的刻度即为液体的体积。在某些实验中，如果不需要十分准确地量取试剂，可以不必每次都用量筒，只要学会估计从试剂瓶内倒出液体的量即可。操作者应该知道2 mL液体大约占一支15 mL试管总容量的几分之几，移取1 mL液体应该由滴管中滴出大约25滴液体等。

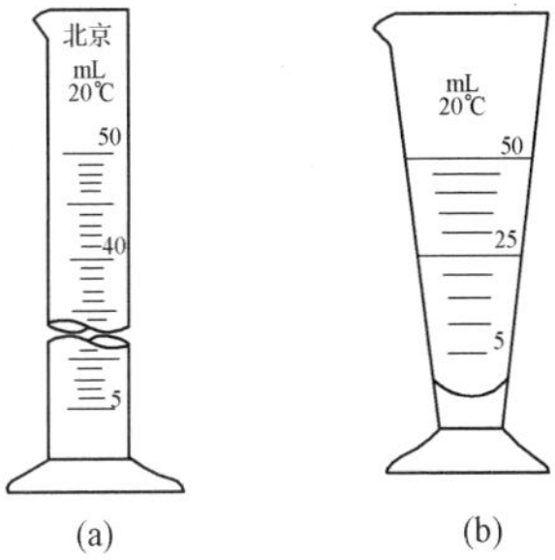

图2.12　量筒(a)和量杯(b)

2.2　试剂的配制、保管与取用

2.2.1　常用试剂的规格

试剂的纯度对实验结果准确度的影响很大，不同的实验对试剂纯度的要求也不相同。因此，必须了解试剂的分类标准。化学试剂的种类很多，其分类和分级标准也不尽一致，国际标准化组织(ISO)近年来已陆续建立了很多种化学试剂的国际标准。我国化学试剂的标准有国家标准(GB)、化工部标准(HG)及企业标准(QB)。试剂按用途可分为一般试剂、标准试剂、特殊试剂、高纯试剂等；按组成、性质、结构又可分为无机试剂、有机试剂。另外，新的试剂还在不断产生，没有绝对的分类标准。我国国家标准根据试剂的纯度和杂质含量将试剂分为四个等级，如表2.2所示，并规定了试剂包装的标签颜色及应用范围。

表2.2　我国化学药品等级的划分

等级	名称	英文名称	符号	适用范围	标签标志
一级试剂	优级纯(保证试剂)	Guaranteed Reagent	G. R.	纯度很高，适用于精密分析工作和科学研究	绿色
二级试剂	分析纯(分析试剂)	Analytical Reagent	A. R.	纯度仅次于一级试剂，用于一般定量分析和科学研究	红色
三级试剂	化学纯	Chemically Pure	C. P.	纯度较二级试剂差些，用于一般定性分析	蓝色
四级试剂	实验试剂	Laboratorial Reagent	L. R.	纯度较低，适用实验辅助试剂及一般化学制备	棕色或黄色
生化试剂	生物试剂	Biological Reagent	B. R.	生化实验	咖啡或玫瑰红

除上述级别的试剂外，还有适合某一方面需要的特殊规格试剂，如基准试剂、色谱纯试剂、色谱试剂、生化试剂等，另外还有高纯试剂，它又细分为高纯、超纯、光谱纯试剂等。基准试剂是容量分析中用于标定标准溶液的基准物质；光谱纯试剂为光谱分析中的标准物质；色谱纯试

剂用于色谱分析的标准物质;生化试剂则用于各种生物化学实验。

试剂的配制应该根据节约的原则,按实验的要求选用不同规格的试剂。并不是试剂越纯越好,超越具体条件盲目追求高纯度试剂会造成浪费,当然也不能随意降低规格而影响测定结果的准确度。

2.2.2 试剂溶液的配制

配制试剂溶液时,先根据所配制试剂纯度的要求,选用不同等级的试剂,再根据配制溶液的浓度和数量,计算出试剂的用量。将称量后的试剂置于烧杯中,加少量水搅拌溶解,必要时可加热促使其溶解,再加水至所需的体积,摇匀,即得所配制的溶液。将液态试剂或浓溶液稀释成稀溶液时,需先计算试剂或浓溶液的相对密度,再量取其体积,加入所需量的水搅拌均匀即成。

配制饱和溶液时,所用试剂量应稍多于计算量,加热使之溶解、冷却,待结晶析出后再用。

配制易水解盐溶液时,应先用相应的酸溶液[如溶解 $SbCl_3$、$Bi(NO_3)_3$ 等]或碱溶液(如溶解 Na_2S 等)溶解,以抑制盐的水解。

配制易氧化的盐溶液时,不仅需要酸化溶液,还需加入相应的纯金属,使溶液稳定。例如,配制 $FeSO_4$、$SnCl_2$ 溶液时,需分别加入金属铁、金属锡。

对于经常大量使用的溶液,可预先配制出比预定浓度约大 10 倍的储备液,用时再行稀释。配制好的溶液盛装在试剂瓶或滴瓶中,摇匀后贴上标签,标明溶液名称、浓度和配制日期。

2.2.3 试剂的保管与取用

1. 试剂的保管

若试剂保管不当,会变质失效,不仅造成浪费,而且可能会引起事故。一般的化学试剂应保存在通风良好、干净、干燥的室内,以防止被水分、灰尘和其他物质污染。同时,应根据试剂的不同性质采取不同的保管方法。

(1) 见光会逐渐分解的试剂(如过氧化氢、硝酸银、焦性没食子酸、高锰酸钾、草酸、铋酸钠等),与空气接触易逐渐被氧化的试剂(如氯化亚锡、硫酸亚铁、硫代硫酸钠、亚硫酸钠等),以及易挥发的试剂(如溴、氨水及乙醇等),应放在棕色瓶内置冷暗处保存。氧化剂、还原剂应密封、避光保存。

(2) 易侵蚀玻璃而影响试剂纯度的试剂,如氢氟酸、含氟盐(氟化钾、氟化钠、氟化铵)和苛性碱(氢氧化钾、氢氧化钠)等,应保存在聚乙烯塑料瓶或涂有石蜡的玻璃瓶中。

(3) 易燃的试剂如乙醇、乙醚、苯、丙酮等,易爆炸的试剂如高氯酸、过氧化氢、硝基化合物,应分开储存在阴凉、通风、不受阳光直射的地方。

(4) 剧毒试剂,如氰化钾、氰化钠、氢氟酸、二氯化汞、三氧化二砷(砒霜)等,应特别注意要由专人妥善保管,严格做好管理记录,经一定手续方可取用,以免发生事故。

(5) 盛碱液的细口瓶用橡皮塞。

(6) 吸水性强的试剂,如无水碳酸盐、苛性钠、过氧化钠等,应严格密封(应该蜡封)。

(7) 易相互作用的试剂,如挥发性的酸与氨、氧化剂与还原剂,应分开存放。

(8) 极易挥发并有毒的试剂可放在通风橱内,当室内温度较高时,可放在冷藏室内保存。

(9) 特殊化学试剂(汞、金属钠、钾)的存放。

(i) 汞是易挥发的元素，在人体内会逐渐积累而引起慢性中毒。因此，汞不能直接暴露在空气中，通常存放在厚壁器皿中，存放汞的容器内必须加水将汞覆盖，使其不能挥发。

(ii) 钠、钾是活泼性较强的金属元素，容易与水及其他物质反应，通常保存在煤油中，置于阴凉处。使用时先在煤油中将其切割成小块，再用镊子夹取，并用滤纸把煤油吸干。切勿与皮肤接触，以免烧伤。未用完的金属碎片不能乱放，可加少量乙醇，使其慢慢反应掉。

每个试剂瓶上都贴有标签，上面写明试剂的名称、规格或浓度(溶液)以及日期，在标签的外面涂一薄层蜡或用透明胶带等保护。

2. 试剂的取用

1) 液体试剂的取法

注意在取用试剂前要核对标签，确认无误后才能取用。从平顶瓶塞试剂瓶取用试剂的方法如图 2.13 所示，取下瓶塞将其倒置在实验台上，左手的拇指、食指和中指拿住容器(如试管、量筒等)，右手拿起试剂瓶。注意使试剂瓶上的标签对着手心，慢慢倒出所需要量的试剂。倒完后，应该将试剂瓶口在容器上靠一下，再使试剂瓶竖直，这样可以避免遗留在瓶口的试剂从瓶口流到试剂瓶的外壁。注意，倒完试剂后须立刻将瓶塞盖在原试剂瓶上，把试剂瓶放回原处，并使试剂瓶标签朝外。

将液体试剂倒入烧杯时，可用右手握试剂瓶，左手拿玻璃棒，使玻璃棒的下端斜靠在烧杯中，将瓶口靠在玻璃棒上，使液体沿玻璃棒流下，如图 2.14 所示。定量取用液体试剂时，根据要求可选用量筒或移液管等。

图 2.13　平顶瓶塞试剂瓶的操作法

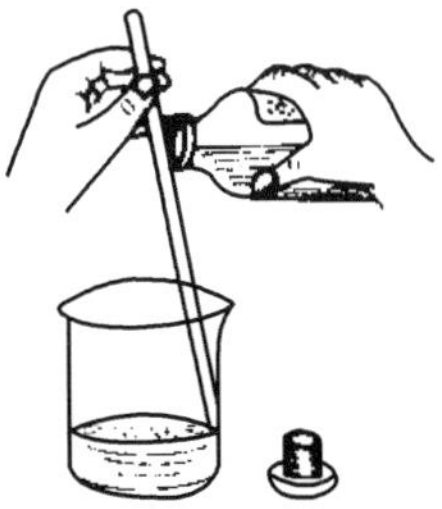

图 2.14　往烧杯倒入试剂

从滴瓶中取用少量试剂时，先提起滴管，使管口离开液面，用手指捏紧滴管上部的橡皮头，以赶出滴管中的空气。然后把滴管伸入试剂瓶中，放开手指，吸入试剂，再提起滴管，将试剂滴入试管或烧杯中。使用滴瓶时，必须注意以下几点：

(1) 试剂滴入试管中时，必须用无名指和中指夹住滴管，将它悬空在靠近试管口的上方，然后用拇指和食指挤捏橡皮头，使试剂滴入试管中，禁止将滴管伸入试管中(图 2.15)，否则滴管的管端很容易碰到试管壁上而沾附其他溶液。如果再将此滴管放回试剂瓶中，试剂将被污染。滴管口不能朝上，以防管内溶液流入橡皮头内与橡皮头发生作用，腐蚀橡皮头并沾污滴瓶内的溶液。

图 2.15　用滴管将试液加入试管中

(2) 滴瓶上的滴管只能专用，不能和其他滴瓶上的滴管混用，因此使用后应立即将滴管放回原来的滴瓶中。一旦用错滴管，必须将该滴瓶中的试剂全部倒掉，洗净滴瓶及滴管，重新装入纯净的试剂。

(3) 试剂应按次序排列，取用试剂时不得将滴瓶从架上取下，以免弄乱顺序后寻找困难。

取用易挥发的试剂如浓 HCl、浓 HNO_3 等，应在通风橱中操作，防止污染室内空气。取用剧毒及强腐蚀性药品要注意安全，不要沾附到手上以免发生事故。取用试剂要注意节约，用多少取多少，多余的试剂不应倒回原试剂瓶内，有回收价值的可放入回收瓶中。

2) 固体试剂的取法

固体试剂一般用药匙取用。药匙用牛角、塑料或不锈钢制成，两端分别为大、小两个匙，取大量固体时用大匙，取少量固体时用小匙。取用的固体要加入小试管里时，也必须用小匙。使用的药匙必须保持干燥、洁净，且专匙专用。

(1) 取用试剂前应看清标签。取用时，先打开瓶塞，将瓶塞倒放在实验台上。如果瓶塞一端不是平顶而是扁平的，可用食指和中指将瓶塞夹住(或放在清洁的表面皿上)，绝不可将它横置实验台上以免污染。不能用手接触化学试剂。应根据用量取用试剂。取用完毕，将瓶塞盖严，绝不允许张冠李戴，最后把试剂瓶放回原处，以保持实验台整齐、干净。

(2) 要用清洁、干燥的药匙取试剂。用过的药匙必须洗净擦干后才能再使用。

(3) 注意取用试剂不要超过指定用量，多取的试剂不能倒回原瓶，可放在指定的容器中供他人使用。

(4) 一般固体试剂可以放在干净的纸或表面皿上称量。具有腐蚀性、强氧化性或易潮解的固体试剂应放在表面皿或玻璃容器内称量。

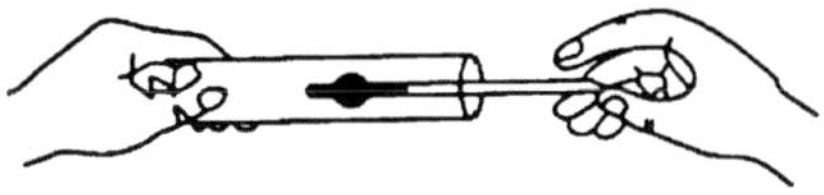

图 2.16　用药匙向试管送固体试剂

(5) 往试管(特别是湿的试管)中加入固体试剂时，可用药匙(图 2.16)，或将取出的药品放在对折的纸槽上，将纸槽伸进试管约 2/3 处(图 2.17)。加入块状固体试剂时，应将试管倾斜，使试剂沿着试管壁慢慢滑下，以免碰破试管(图 2.18)。

(6) 有毒药品要在教师指导下取用。

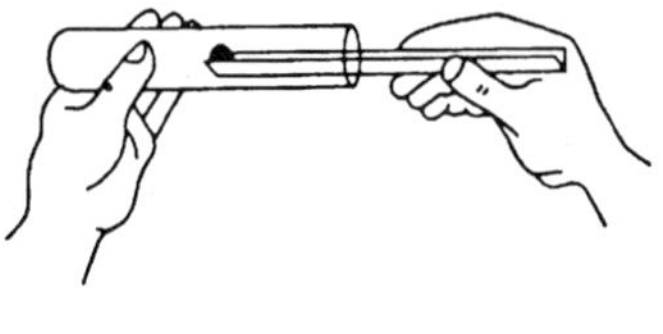

图 2.17　用纸槽向试管送固体试剂

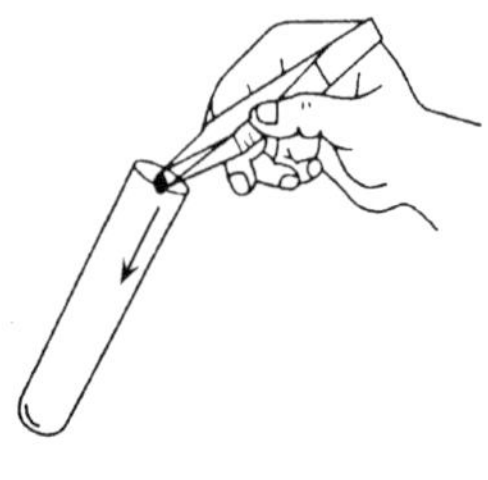

图 2.18　向试管中加入块状固体

2.2.4　标准溶液及其配制

1. 基准物质

作为配制标准溶液用的基准物质(或称基准试剂)应具备下列条件：

(1) 稳定性高。在一般情况下其物理性质和化学性质非常稳定，如不挥发、不吸湿、不与空气中的 CO_2 反应等。

(2) 试剂的纯度应足够高(一般要求在 99.9%以上)。杂质的含量应少到不至于影响分析的准确度。

(3) 试剂的组成与其化学式完全相符。

(4) 滴定反应是按化学式发生的有确定计量关系的反应，且无副反应发生。

2. 标准溶液

滴定分析标准溶液用于测定试样中的主体成分或常量成分，有两种配制方法：

(1) 直接法。准确称取一定量的基准物质直接配制。该方法比较简单，但成本高，而且很多种标准溶液没有相当的标准物质能直接配制(如 HCl、NaOH 溶液等)。

(2) 间接法。先用分析纯试剂配成接近所需浓度的溶液，再用适当的基准物质进行标定。

配制标准溶液时要注意以下几点：

(1) 选用符合实验要求的纯水。配制 NaOH、$Na_2S_2O_3$ 等溶液时，要使用临时煮沸并冷却的去离子水；配制 $KMnO_4$ 溶液时，要煮沸 15 min 并放置一周，以除去水中微量的还原性杂质，过滤后再标定。

(2) 基准试剂要预先按规定的方法进行干燥。

(3) 当某溶液可用多种标准物质及指示剂进行标定时(如 EDTA 溶液)，原则上应使标定的实验条件与测定试样时相同或相近，以避免可能产生的系统误差。

(4) 标准溶液均应密闭存放，有些还需避光保存。溶液的标定周期长短除与溶质本身的性质有关外，还与配制方法、保存方法有关。浓度低于 0.01 $mol \cdot L^{-1}$的标准溶液不宜长时间存放，应在临用前用浓标准溶液稀释。

(5) 实验精度要求不是很高时，可用优级纯或分析纯试剂代替同种的基准试剂进行标定。

2.3　溶解、熔融、蒸发和结晶

2.3.1　实验室常用的加热方法

1. 加热装置

化学实验室中常用的加热装置有煤气灯、酒精灯、酒精喷灯、电炉、电加热套等加热仪器。

1) 酒精灯和酒精喷灯

酒精灯是用酒精作燃料的加热器，它由灯罩、灯芯和灯壶三部分组成，如图 2.19 所示，其火焰温度为 400～500 ℃。多数化学实验都可用酒精灯加热，它使用方便且比较安全。

使用酒精灯时应注意下列几点：

(1) 酒精灯内添加酒精时，应把火焰熄灭，用漏斗把酒精加入灯内。灯内酒精不可装得太满，一般不应超过酒精灯容积的 2/3，以免移动时倾洒出，或点燃时受热膨胀而溢出。

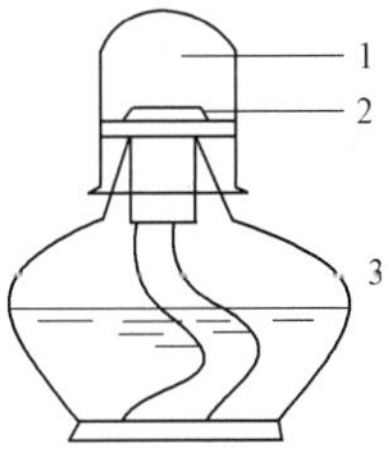

图 2.19　酒精灯

1. 灯罩；2. 灯芯；3. 灯壶

(2) 点燃酒精灯时要用火柴引燃，切不能用另一个燃着的酒精灯引燃。

(3) 酒精灯连续使用的时间不能过长，避免火焰使酒精灯本身灼热后，灯内酒精大量汽化形成爆炸混合物。

酒精喷灯也是以酒精为燃料，但酒精喷灯是先将酒精汽化并与空气混合后才燃烧的。酒精喷灯的火焰温度高约 900 ℃，且温度稳定。常用的挂式酒精喷灯由金属制成，其构造如

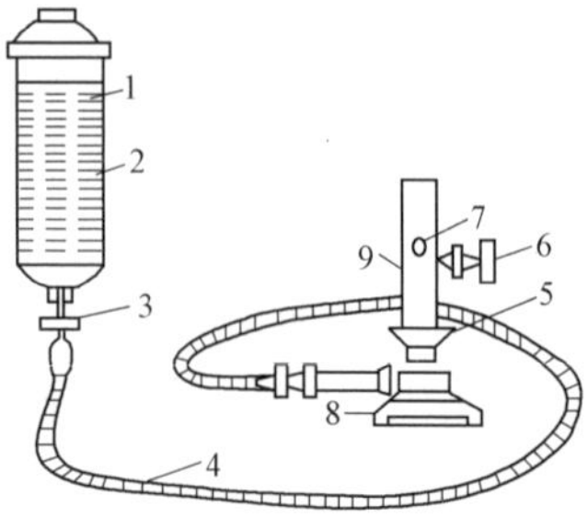

图 2.20　酒精喷灯

1. 酒精；2. 酒精贮罐；3. 活塞；4. 橡皮管；5. 预热盆；6. 开关；7. 气孔；8. 灯座；9. 灯管

图 2.20 所示。灯管下部有一个预热盆，盆的下方有一支管，经过橡皮管与挂在高处的酒精贮罐相通。使用时，打开活塞，在预热盆中装满酒精并点燃。待盆内酒精近干时，灯管已灼热，将划着的火柴移至灯口，开启开关。从贮罐流进热灯管的酒精立即汽化，并与由气孔进来的空气混合，即可点燃。调节开关，控制火焰大小。用毕关闭开关，火焰即熄灭。

必须注意，在点燃酒精喷灯前灯管必须充分预热，一定要使喷出的酒精全部汽化，不能使酒精呈液态喷出，否则燃烧的酒精由管口喷出形成“火雨”，易酿成事故。不用时，应关闭贮罐下的活塞开关，以免酒精漏失。在没有煤气的实验室中，常使用酒精灯或酒精喷灯进行加热。

2）煤气灯

煤气灯是实验室中最常用的加热器，它主要由灯管和灯座组成，如图 2.21 所示。灯管的下部有螺旋，与灯座相连，灯管下部还有几个气孔，为空气的入口。旋转灯管，即可关闭或不同程度地开启气孔以调节空气的进入量。灯座的侧面有煤气入口，可接上橡皮管把煤气导入灯内。灯座的下面有螺旋形针形阀，用以调节煤气的进入量。

点燃煤气时，应先关闭空气入口，擦燃火柴并放在灯管口边缘，然后打开煤气开关，将灯点燃。调节空气和煤气的进入量，使煤气燃烧完全，此时可得到淡紫色分层的正常火焰。

煤气灯的正常火焰分成三层，如图 2.22(a)所示。内层为焰心，由未燃烧的煤气与空气的混合物组成；中层为还原焰，煤气不完全燃烧并分解为含碳的产物，所以这部分火焰具有还原性，温度较高，火焰呈淡蓝色；外层为氧化焰，煤气完全燃烧，过剩的空气使这部分火焰具有氧化性。最高温度处在还原焰顶端上部的氧化焰，温度约为 1500 ℃。当煤气和空气的进入量都很大时，气流冲出管外，火焰在灯管上空燃烧，称为临空火焰，如图 2.22(b)所示。当煤气进入量很小，而空气进入量很大时，火焰在灯管内燃烧，火焰呈绿色，并发出特殊的嘶嘶声，这种火焰称为侵入火焰，如图 2.22(c)所示。遇到临空火焰或侵入火焰时，应立即关闭煤气开关，重新调节空气或煤气的进入量后再点燃。

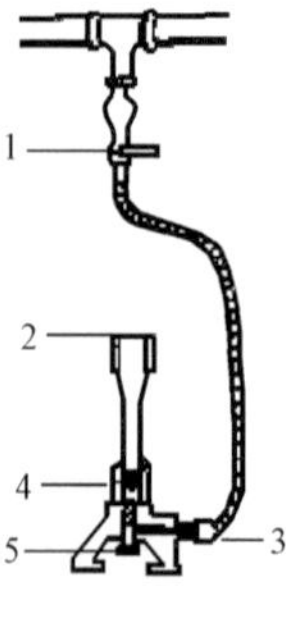

图 2.21　煤气灯

1. 煤气开关；2. 灯管；3. 煤气入口；4. 空气入口；5. 煤气调节器

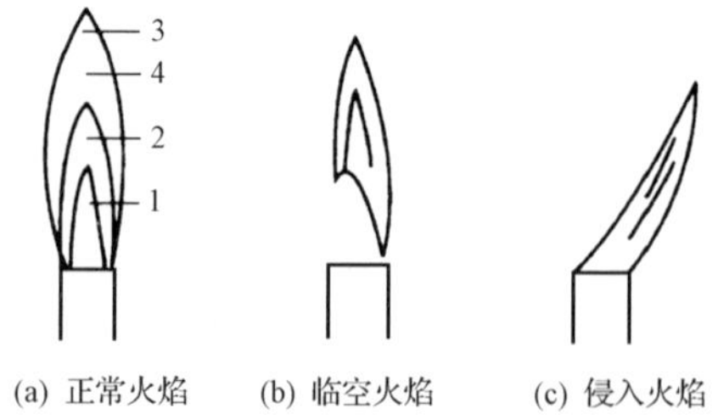

图 2.22　各种火焰

1. 焰心；2. 还原焰；3. 高温区；4. 氧化焰

3）电加热设备

电加热设备(图 2.23)包括电炉、电热板、电热套、管式炉和高温炉等。

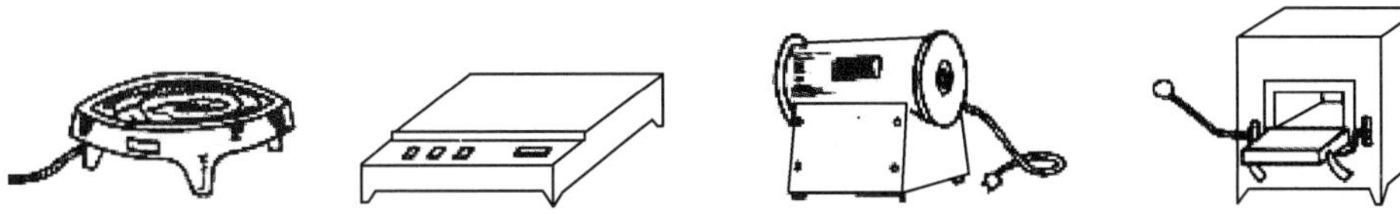

(a) 电炉　(b) 电热板　(c) 管式炉　(d) 高温炉

图 2.23　电加热设备

(1) 电炉。温度的高低可以通过调节调压变压器来控制。加热时容器(如烧杯和蒸发皿等)和电炉之间要垫石棉网,以使容器受热均匀。

(2) 电热板、电热套。电炉做成封闭式称为电热板,由控制开关和外接变压器调节。电热板升温速度较慢,且受热是平面的,不适合加热圆底容器,但加热面积比电炉大,用于加热体积较大或数量较多的试样。电热套(包)是专为加热圆底容器而设计的,使用时应根据圆底容器的大小选用合适的型号。电热套相当于一个均匀加热的空气浴。为有效保温,可在电热套(包)口和容器间用玻璃布围住。

(3) 管式炉利用电热丝或硅碳棒来加热,温度可达 1000 ℃以上。炉膛中插入一根耐高温的瓷管或石英管,瓷管中再放入盛有反应物的瓷舟。反应物可以在空气或其他气体氛围中受热。

(4) 高温炉也称马弗炉,也是用电热丝或硅碳棒来加热,最高使用温度有950～1300 ℃不等。它的炉膛为长方体,有炉门,打开炉门可放入要加热的坩埚或其他耐高温的容器。管式炉和高温炉可以自动调温和控温。

2. 加热方法

1）直接加热

实验室中常用的加热器皿有烧杯、烧瓶、瓷蒸发皿、试管等。这些器皿能承受一定的温度,可以直接加热,但不能骤热或骤冷。因此,在加热之前必须将器皿外面的水擦干,加热后的器皿不能立即与潮湿的物体接触。

当加热液体时,所盛液体一般不宜超过试管容量的 1/3、烧杯容量的 1/2 或烧瓶容量的 1/3。加热烧杯、烧瓶等玻璃容器中的液体时,玻璃容器必须放在石棉网上(图 2.24),否则容器易因受热不均而破裂。在加热时应适当搅拌,使加热均匀,特别是在加热含有较多不溶的固体物质的溶液时。

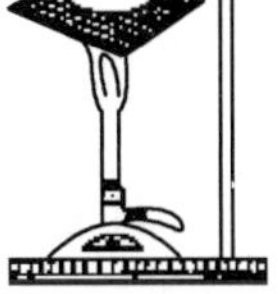

图 2.24　加热烧杯中的液体

图 2.25　加热试管中的液体

加热试管中的液体时,一般可直接在火焰上加热(图 2.25),应注意离心试管不得在火上直接加热。在火焰上加热试管时,应注意以下几点:

(1) 用试管夹夹在试管的中上部,试管应稍微倾斜,管口向上,以免烧坏试管夹。

(2) 不要将试管口对着自己或他人,以免溶液煮沸时溅出而烫伤。

(3) 应使液体各部分受热均匀,先加热液体的中上部,再慢慢往下移动,然后上下移动。不要集中加热某一部分,否则液体将局部受热,骤然产生蒸气,将液体冲出管外。

加热试管中的固体时,必须使试管稍微向下倾斜,试管口略低于管底,以免凝结在试管壁上的水珠流到灼热的管底,而使试管炸裂。可用试管夹夹持试管加热,有时也可用铁夹固定试管加热(图 2.26)。

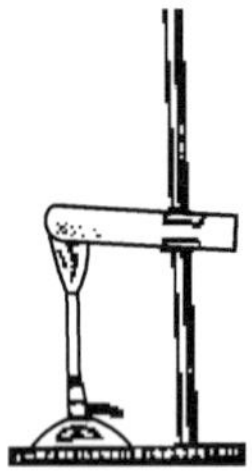

图 2.26　加热试管中的固体

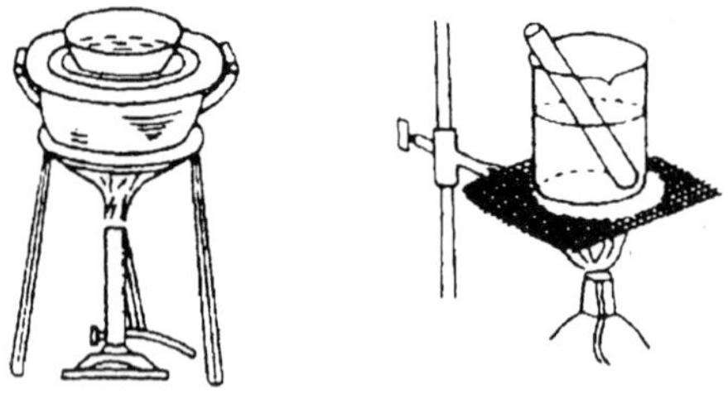

(a)　(b)

图 2.27　水浴加热

2) 热浴间接加热

(1) 水浴加热。当被加热物质要求受热均匀,而温度又不能超过 100 ℃时,可用水浴加热,如图 2.27(a)所示,水浴锅盛水量一般不超过其容量的 2/3。也可用如图 2.27(b)所示的大烧杯代替水浴锅加热,离心试管应在水浴中加热。

(2) 油浴和沙浴加热。油浴是以油代替水浴锅中的水,油浴所能达到的最高温度取决于所使用油的沸点。常用的油有甘油(用于 150 ℃以下的加热)、液体石蜡(用于 200 ℃以下的加热)等。使用油浴时要小心,防止着火。沙浴是将细沙盛在铁盘内,用煤气灯加热,被加热的器皿可埋在沙子中。用沙浴加热,升温比较缓慢,停止加热后,散热也较慢。

2.3.2　试纸和滤纸的使用方法

1. 试纸的使用

在实验室经常使用试纸来定性检验一些溶液的性质(酸、碱性)或某些物质(气体)是否存在,操作简单,使用方便。

1) 试纸的种类

试纸的种类很多,实验室中常用的有石蕊试纸、pH 试纸、醋酸铅试纸和碘化钾-淀粉试纸等。

(1) 石蕊试纸用于检验溶液的酸碱性,有红色石蕊试纸和蓝色石蕊试纸两种。红色石蕊试纸用于检验碱(遇碱变成蓝色),蓝色石蕊试纸用于检验酸(遇酸变成红色)。

(2) pH 试纸用以检验溶液的 pH,一般有两类:一类是广泛pH 试纸,变色范围在 pH=1～14,用来粗略检验溶液的 pH;另一类是精密 pH 试纸,这种试纸在 pH 变化较小时就有颜色的变化,可用来较精密地检验溶液的 pH。精密 pH 试纸有很多种,如变色范围为 pH=2.7～4.7、3.8～5.4、5.4～7.0、6.9～8.4、8.2～10.0、9.5～13.0 等。

(3) 醋酸铅试纸用以定性地检验反应中是否有 H_2S 气体产生(溶液中是否有 S^{2-} 存在)。试纸曾在醋酸铅溶液中浸泡过，使用时要先用蒸馏水润湿试纸。将待测溶液酸化，如有 S^{2-}，则生成 H_2S 气体逸出，H_2S 遇到试纸即溶于试纸上的水中，然后与试纸上的醋酸铅反应，生成黑色的 PbS 沉淀，使试纸呈黑褐色并有金属光泽。有时试纸颜色较浅，但一定有金属光泽。

$$Pb(Ac)_2 + H_2S \xlongequal{} PbS\downarrow + 2HAc$$

若溶液中 S^{2-} 的浓度较小，用此试纸就不易检出。这种试纸在实验室中可以自制，在滤纸条上滴数滴醋酸铅溶液，晾干后即成。

(4) 碘化钾-淀粉试纸用以定性地检验氧化性气体(如 Cl_2、Br_2 等)，试纸曾在碘化钾-淀粉溶液中浸泡过。使用时要先用蒸馏水将试纸润湿，氧化性气体溶于试纸上的水中后，将 I^- 氧化为 I_2，其反应为

$$2I^- + Cl_2 \xlongequal{} I_2 + 2Cl^-$$

I_2 立即与试纸上的淀粉作用，使试纸变为蓝紫色。

要注意的是，如果氧化性气体的氧化性很强且气体量较大，则有可能将 I_2 继续氧化成 IO_3^-，而使试纸又褪色，这时不要误认为试纸没有变色，以致得出错误的结论。

2) 试纸的使用方法

使用 pH 试纸和石蕊试纸时，将一小块试纸放在干燥、清洁的点滴板或表面皿上，用沾有待测溶液的玻璃棒点试纸的中部，试纸即被待测溶液润湿而变色。不要将待测溶液滴在试纸上，更不要将试纸泡在溶液中。pH 试纸变色后，与标准色阶板比较，得出溶液 pH 或 pH 范围。

使用醋酸铅试纸和碘化钾-淀粉试纸时，将用蒸馏水润湿的一小块试纸粘在玻璃棒的一端，然后用此玻璃棒将试纸放到管口，如有待测气体逸出则试纸变色。有时逸出气体较少，可将试纸伸进试管，但要注意勿使试纸接触溶液。取出试纸后，应将装试纸的容器盖严，以免被实验室内的其他气体污染，致使试纸变质失效。

2. 滤纸的选用

实验中常用的滤纸分为定量滤纸和定性滤纸两种，按过滤速度和分离性能的不同又可分为快速、中速和慢速三类，见表 2.3。

表 2.3　几种滤纸及其适用情况

滤纸类型	纤维组织	色带标志	适用范围
快速	疏松	蓝	过滤无定形沉淀，如 $Fe(OH)_3$、$Al(OH)_3$ 等
中速	中等多孔	白	过滤大多数晶形沉淀，如 CaC_2O_4、H_2SiO_3 等
慢速	紧密	红	过滤微细晶形沉淀，如 $BaSO_4$ 等

滤纸的特点是灰分很低，以直径 125 mm 定量滤纸为例，每张纸的质量均匀，灼烧后其灰分的质量不超过 0.1 mg(小于分析天平的感量)，在重量分析实验中可以忽略不计，所以通常又称为无灰滤纸。定量滤纸中其他杂质的含量也比定性滤纸低，其价格则比定性滤纸高。在实验工作中应根据实际需要，合理地选用滤纸。

2.3.3 溶解与熔融

将固体物质转化为液体，通常采用溶解与熔融两种方法。

1. 溶解

溶解是指把固体物质溶于水、酸、碱等试剂中制备成溶液。

溶解固体时，要根据固体物质的性质选择适当的试剂，并用加热、搅拌等方法促使其溶解。用试剂溶解试样时，先把烧杯适当倾斜，将量杯嘴靠近烧杯壁，使试剂沿杯壁慢慢流入，也可使试剂沿玻璃棒慢慢流入，以防止杯内溶液溅出而损失。加入试剂后，用玻璃棒搅拌使试样完全溶解，使用过的玻璃棒应放在烧杯中，不要随意取出，以免溶液损失。

加热一般可加速溶解过程，应根据物质对热的稳定性选用直接加热或水浴等间接加热方法。应防止溶液剧烈沸腾、暴沸和迸溅，并在加热后用去离子水冲洗表面皿和烧杯内壁。

搅拌可加速溶质的扩散，从而加快溶解速度。搅拌时注意手持搅拌棒轻轻搅动，不能用力过猛，不要使玻璃棒触及容器底部及器壁。

如果固体颗粒较大不易溶解时，应先在洁净、干燥的研钵中将固体研细，研钵中盛放固体的量不要超过其容量的 1/3。

在试管中溶解固体时，可用振荡的方法加速溶解，振荡时不能上下振荡，也不能用手堵住管口来回振荡。

有些试样在溶解时会产生气体，应事先用少量去离子水将其润湿成糊状，盖上表面皿，将相关试剂用滴管从烧杯嘴逐滴加入，以防止溶解试样时产生的气体将粉状的试样带出而损失，然后用去离子水冲洗表面皿和烧杯内壁。

2. 熔融

熔融是将固体物质和固体熔剂混合，在高温下加热，使固体物质转化为可溶于水或酸的化合物。

根据所用熔剂性质可分为酸熔法和碱熔法。酸熔法是用酸性熔剂（如 $K_2S_2O_7$ 或 $KHSO_4$）分解碱性物质；碱熔法是用碱性熔剂（如 Na_2CO_3、NaOH、Na_2O_2）分解酸性物质。熔融一般在很高的温度下进行，因此需根据熔剂的性质选择合适的坩埚（如铁坩埚、镍坩埚、铂金坩埚等）。将固体物质与熔剂在坩埚中混匀后，送入高温炉中灼烧熔融，冷却后用水或酸浸取溶解。

2.3.4 蒸发与浓缩

当溶液很稀而欲制备的无机化合物的溶解度又较大时，为了能从溶液中析出该物质的晶体，需对溶液进行蒸发、浓缩。

在无机制备实验中，蒸发、浓缩一般在水浴中进行。若溶液很稀，物质对热的稳定性又较好时，可先放在石棉网上用煤气灯直接加热蒸发。蒸发时应用小火，以防溶液暴沸、迸溅，然后再放在水浴上加热蒸发。常用的蒸发容器是蒸发皿，进行蒸发操作时应注意以下几点：

(1) 在蒸发皿内所盛放的液体不应超过其容量的 2/3，如果液体量较多，蒸发皿一次盛不下，可随水分的蒸发不断添加液体。当水分蒸发到一定程度后冷却，就可析出晶体。

(2) 加热过程中不搅拌，慢慢冷却可得到较大颗粒的晶体，但纯度不高。这是因为大颗粒晶体的间隙中包存着母液或杂质。如果溶液迅速冷却或搅拌，则得到颗粒较小的晶体，且纯度较高。颗粒太小的晶体不易洗涤和过滤。

(3) 蒸发浓缩的程度取决于溶质溶解度的大小及对晶粒大小的要求。若物质的溶解度随温度的变化很大,不必蒸发到液面出现晶膜就可以冷却。

2.3.5　蒸干和灼烧

为了除去有机化合物和铵盐,需将溶液蒸干后进行灼烧。此时应将溶液放在瓷坩埚中先在水浴上加热蒸干,然后在泥三角上从小火至大火逐步升温灼烧。重量分析中沉淀的干燥与灼烧操作方法见 2.4.3 节。

2.3.6　结晶与重结晶

溶质从溶液中析出晶体的过程称为结晶。

结晶时要求物质溶液的浓度达到饱和程度。物质在溶液中的饱和程度与物质的溶解度和温度有关。当物质的溶解度随温度变化不大时,则要求蒸发至稀粥状后冷却结晶。

如果希望得到较大颗粒状的晶体,则不宜蒸发至太浓。此时溶液的饱和程度较低,结晶的晶核少,晶体易长大。反之,溶液饱和程度较高,结晶的晶核多,晶体快速形成,得到的是细小的晶体。

如果第一次结晶所得物质的纯度不符合要求时,可进行重结晶。其方法是在加热的情况下使被纯化的物质溶于尽可能少的溶剂中,形成饱和溶液,趁热过滤,除去不溶性杂质。然后使滤液冷却,被纯化物质即结晶析出,而杂质则留在母液中,过滤便得到较纯净的物质。重结晶是提纯固体物质常用的方法之一,它适用于溶解度随温度有显著变化的化合物的提纯。

2.4　沉淀的生成、分离和洗涤

2.4.1　沉淀的生成

应根据沉淀性质采取不同的操作方法。

1. 定性分析中沉淀的生成

定性分析常在离心管中进行沉淀。将试液放入离心管中,滴加试剂,每加一滴试剂要用玻璃棒充分搅拌,直至沉淀完全。检验沉淀是否完全的方法是将沉淀离心沉降,在上层清液中沿管壁加 1 滴沉淀剂,如不发生混浊,则表示已经沉淀完全,否则应继续滴加沉淀剂,直到沉淀完全。

2. 定量分析中沉淀的生成

准备好干净的烧杯,烧杯的底部与内壁不应有纹痕,选择合适的玻璃棒与表面皿,按下列规程进行沉淀操作。

(1) 准确称取一定量的试样,处理成溶液后适当地稀释或加热。沉淀剂的用量可先按照被测组分的含量和性质计算出理论值,然后根据过量的沉淀剂计算出实际用量。用量筒量取沉淀剂,倒入小烧杯中,必要时稀释或加热,但被测溶液或沉淀剂都不可以煮沸,否则会因溅溢而造成损失。

(2) 沉淀时,左手拿滴管慢慢地滴加沉淀剂,滴管口要接近液面,勿使溶液溅出。右手拿玻璃棒，边滴边充分地搅拌，防止沉淀剂局部过浓，但勿使玻璃棒碰击杯壁或杯底，以免划伤烧杯而使沉淀沾附在烧杯上。沉淀剂溶液应连续一次加完。

(3) 沉淀剂加完后，必须检查其沉淀是否完全。将溶液放置片刻，使沉淀下沉，待上层溶液完全清晰透明时，用滴管滴加 1 滴沉淀剂，观察滴落处是否出现浑浊。如出现浑浊，再补加沉淀剂，直到再加 1 滴沉淀剂不出现浑浊为止，然后盖上表面皿。玻璃棒要一直放在烧杯内，直至沉淀、过滤、洗涤结束后才能取出。

(4) 沉淀操作结束后，对晶形沉淀可放置过夜，或将沉淀连同溶液加热一定时间进行陈化，再过滤。对非晶形沉淀，只需静置数分钟，让沉淀下沉即可过滤，不必放置陈化。如果是胶状沉淀，用浓的沉淀剂快速加入到热的试液中，同时搅拌，这样就容易得到紧密的沉淀。

定量分析中有时采用均相沉淀法，具体方法可见有关实验内容。

2.4.2　沉淀与溶液的分离和洗涤

固液分离一般有三种方法：倾泻法、离心分离法和过滤法。

1. 倾泻法

物质制备或重结晶等过程中，若沉淀(晶体)的相对密度较大或结晶颗粒较大，静置后容易沉降至容器的底部，可用倾泻法进行沉淀的分离或洗涤。

图 2.28　倾泻法分离与洗涤

倾泻法的操作：先把烧杯倾斜地静置，待沉淀沉降至烧杯底角时，将玻璃棒横架在烧杯嘴上，将沉淀上部的清液沿玻璃棒缓慢地倾入另一个烧杯中(图 2.28)，使沉淀与溶液分离。洗涤时，可在沉淀中加少量洗涤剂，充分搅拌后静置，沉降，再倾出洗涤液。如此重复操作可将沉淀洗净。

用倾泻法进行沉淀分离，操作简单、方便，但沉淀的效果较差，只适用于定性实验。

2. 离心分离法

定性分析时试管中少量溶液和沉淀的分离常用离心分离法，其操作简单而迅速，使用的离心机一般为电动离心机。将盛有沉淀的离心试管放入离心机的试管套内，在与之相对称的另一试管套内也要装入一支盛水的离心试管，两试管质量近似相等，以使离心机的两臂保持平衡，否则易损坏离心机的轴。然后打开开关，离心机逐渐加速。数分钟之后，关闭开关，让离心机自然停止。在任何情况下，都不能突然加速离心机，或在未停止前用手按住离心机的轴，强制其停下来，否则离心机很容易损坏，而且容易发生危险。

离心时间和转速由沉淀的性质来决定。结晶形的紧密沉淀，转速 1000 r/min，1～2 min 后即可停止。无定形的疏松沉淀，沉降时间要长些，转速可提高至 2000 r/min。

由于离心作用，沉淀紧密聚集在离心管底部的尖端，上层溶液则变清。离心沉降后，取一根毛细吸管(或滴管)，先用手指捏紧橡皮头，排除空气，将毛细吸管的尖端轻轻插入液面以下，但不可接触沉淀(注意尖端与沉淀表面的距离应不小于1 mm)，然后缓缓放松橡皮头，尽量吸出上层清液。操作中注意不要将沉淀吸入管中，或搅起沉淀。

洗涤离心试管中存留的沉淀，可用洗瓶吹入少量蒸馏水，用玻璃棒充分搅拌。离心分离使沉淀沉降，再按上述方法将上层清液尽可能地吸尽。如此重复洗涤沉淀两三次，即可洗去沉淀里的溶液和吸附的杂质。必要时可检验是否洗净，方法是将一滴洗涤液放在点滴板上，加入适当试剂，检查应分离出去的离子是否还存在，决定是否还要进一步洗涤沉淀。

3. 过滤法

过滤法是最常用的固液分离方法。常用的过滤方法有常压过滤和减压过滤两种。

1）常压过滤

常压过滤又称普通过滤，是指在常温常压下，在圆锥形玻璃漏斗中放入滤纸，将含有沉淀的混合物放入其中，滤液可透过滤纸流出，沉淀留在滤纸上，以此达到沉淀分离的目的。

（1）滤纸的选择。根据沉淀的性质选择滤纸的类型，如 $BaSO_4$、$CaC_2O_4 \cdot 2H_2O$ 等细晶形沉淀，应选择慢速滤纸过滤；$Fe_2O_3 \cdot nH_2O$ 等胶体沉淀，则选用快速滤纸过滤；而 $MgNH_4PO_4$ 等粗晶形沉淀，则选用中速滤纸过滤。至于滤纸的大小，应根据沉淀量的多少来选择，一般沉淀的体积不应超过滤纸容积的一半。过滤晶形沉淀常用直径为 7～9 cm 的滤纸；过滤非晶形沉淀，则选用直径为 11 cm 的滤纸。另外，还应考虑漏斗的大小，一般滤纸应比漏斗边缘低 1 cm 左右。

（2）漏斗。漏斗锥体角度应为 60°，颈的直径不能太大，一般应为 3～5 mm，颈长为 15～20 cm，颈口处磨成 45°，如图 2.29 所示。

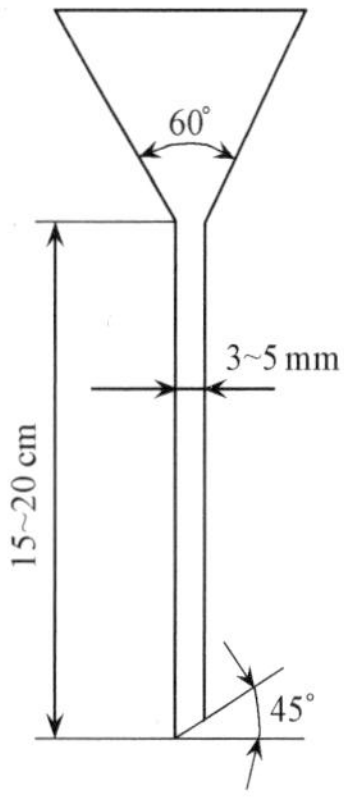

图 2.29　漏斗

（3）滤纸的折叠。滤纸一般按四折法折叠（图 2.30），折叠时，应先把手洗净、擦干，以免弄脏滤纸。折叠好的滤纸展开成 60°的圆锥体（半边为一层，另半边为三层），放入漏斗中后用手按紧三层的一边，然后用洗瓶加少量水润湿滤纸，轻压滤纸赶去气泡，加水至滤纸边缘，此时漏斗颈内应全部充满水，形成水柱。由于液体的重力可起抽滤作用，从而加快过滤速度。若不能形成水柱，可用手指堵住漏斗口，稍掀起滤纸的一边，用洗瓶向滤纸和漏斗的空隙处加水，使漏斗充满水，压紧滤纸边，松开手指，此时应形成水柱。如仍不能形成水柱，可能漏斗颈太大。

为了使漏斗与滤纸之间贴紧无气泡，可将三层厚滤纸的外层撕下一小块，避免过滤时气泡由此处缝隙通过而使漏斗颈内无水柱，影响过滤。但应注意，撕下来的滤纸角不要扔掉，应保存于干燥的表面皿中，以备擦拭烧杯中残留沉淀时使用。

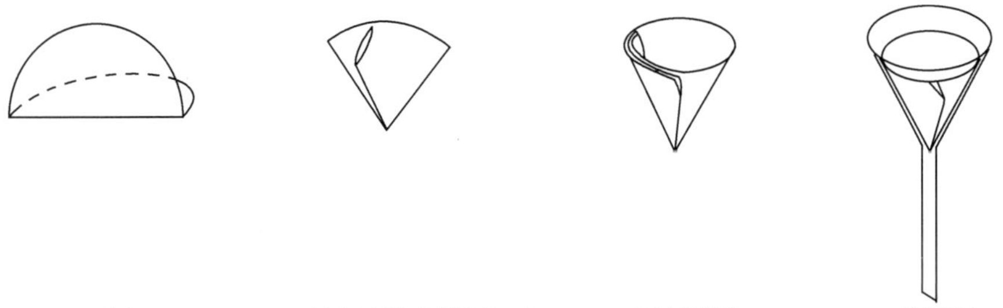

(a) 对折　(b) 折成合适角度并撕去一角　(c) 展开成锥形　(d) 放进漏斗

图 2.30　滤纸的折叠和安放

（4）过滤。在过滤前，应将盛接滤液的烧杯（一般为 400 mL）洗净，漏斗放在漏斗架上。漏斗颈口长的一边紧贴烧杯，使滤液沿杯壁流下，不致溅出。漏斗位置的高低应以过滤过程中漏斗颈的出口不接触滤液为准。

为了避免沉淀堵塞滤纸的空隙，影响过滤的速度，多采用倾泻法过滤（图 2.31），即烧杯中沉淀下降后，将清液倾入漏斗中。溶液应沿着玻璃棒流入漏斗中，尽量不搅起沉淀，而玻璃棒

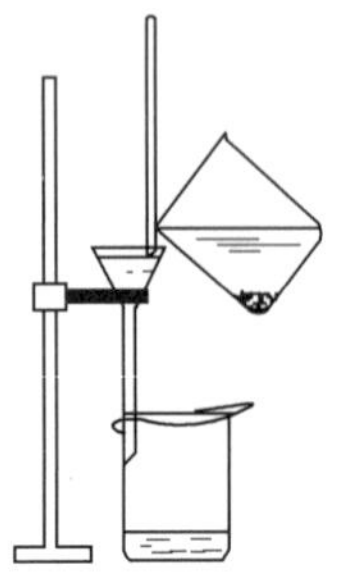

图 2.31　倾泻法过滤

的下端应对着滤纸的三层一边，并尽可能接近滤纸，但不能接触滤纸，以免液流冲破滤纸。倾入的溶液一般只充满滤纸的 2/3，或离滤纸上缘约 5 mm，以免少量沉淀因毛细作用超过滤纸上缘，造成损失。暂停倾注时，应沿玻璃棒将烧杯嘴向上提起1～2 cm，并使烧杯逐渐直立，绝不能使烧杯嘴上的溶液流到烧杯外壁造成损失。玻璃棒应放回烧杯中，不可放在桌上或其他地方，也不能靠在烧杯嘴处，以免沾有沉淀而造成损失。倾注溶液最好一次完成，如果中断，须待烧杯中沉淀沉降后继续倾注。

倾注完成后，便进行初步洗涤。洗涤时常采用聚乙烯塑料洗瓶，每次挤出洗液约 10 mL 洗烧杯四周，使沾附的沉淀集中在烧杯底，放置澄清后，再倾泻过滤。如此重复过滤，一般晶形沉淀洗涤三四次，无定形沉淀洗涤五六次。然后加少量洗涤液，搅动混合，立即将沉淀和洗涤液倾入漏斗上，加少量洗涤液搅拌混合后再按上述方法转移。这时操作须十分小心，因为每一滴悬浮液的损失都会使整个分析工作失败。如此重复几次，将大部分沉淀转移到滤纸上。如仍有沉淀未转移到滤纸上，则可按图 2.32 所示方法把沉淀完全转移。将烧杯倾斜放在漏斗上方，烧杯嘴朝着漏斗。用食指将玻璃棒架在烧杯嘴上，玻璃棒下端对着三层厚滤纸处，用洗瓶冲洗烧杯内壁，沉淀连同溶液流入漏斗中，注意不要让溶液溅出。如烧杯中仍有少量沉淀，可用前面撕下的滤纸角擦烧杯及玻璃棒，将擦过的滤纸角也放在漏斗里的沉淀中。

(5) 洗涤。沉淀全部转移到滤纸上后，需洗涤沉淀。洗涤的目的是将沉淀表面所吸附的杂质和残留的母液除去，其方法如图 2.33 所示。从洗瓶中挤压出细的水流，从滤纸边缘朝下处开始往下螺旋形移动，这样可使沉淀集中到滤纸的底部。重复这一步骤至沉淀洗净为止。

图 2.32　转移沉淀的操作

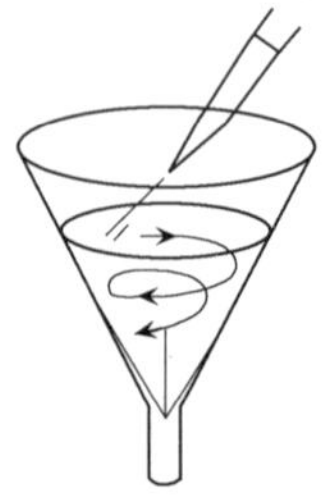

图 2.33　漏斗中沉淀的洗涤

洗涤沉淀时，要遵循“少量多次”原则。这样既可将沉淀洗净，又尽可能降低了沉淀的溶解损失。另外，过滤和洗涤必须相继进行，不能间断，否则沉淀干涸了就无法洗涤。

检查洗涤是否洗净，可根据具体情况选择不同方法。例如，若试液中含有 Cl^- 或 Fe^{3+} 时，可用一干净小试管接 1～2 mL 溶液，酸化后用 $AgNO_3$ 或 KSCN 溶液分别检查，若无 AgCl 白色浑浊或 $Fe(SCN)_n^{3-n}$ 淡红色配合物出现，说明沉淀已洗净，否则还需要洗涤，直至滤液中检查不出 Cl^- 或 Fe^{3+} 为止。如无明确的规定，通常洗涤 8～10 次就认为已洗净，对于无定形沉淀，洗涤的次数可稍多。

应根据沉淀的性质选用洗涤沉淀的洗涤剂。晶形沉淀可用冷的稀沉淀剂洗涤，因为这时存在同离子效应，所以能减少沉淀溶解的量，但是若沉淀剂为不挥发的物质，就不能作洗涤液；若沉淀溶解度很小，又不易生成胶体沉淀，可改用水洗涤；溶解度较大的沉淀，或易水解的沉淀采用沉淀剂加有机溶剂洗涤，可降低其溶解度。无定形沉淀用热的电解质溶液作洗涤剂，以防产生胶溶现象，大多采用易挥发的铵盐作洗涤液。

当沉淀物为胶体或细小的晶体时，用常压过滤法较好，但缺点是过滤速度较慢。

2）减压过滤

减压过滤又称吸滤法过滤或抽气过滤。此法过滤速度快，还可以把沉淀抽得比较干燥，但不宜用于过滤颗粒太小的沉淀和胶体沉淀。因胶体沉淀易穿透滤纸，而颗粒太小的沉淀则易堵塞滤纸孔，使抽滤速度减慢。

减压过滤装置如图 2.34 所示，由吸滤瓶、布氏漏斗或玻璃砂芯漏斗、安全瓶和循环水泵（也可用真空泵代替）组成。循环水泵将空气带走，使吸滤瓶形成负压，在布氏漏斗的液面上与瓶内形成一个压差，从而大大提高了过滤速度。

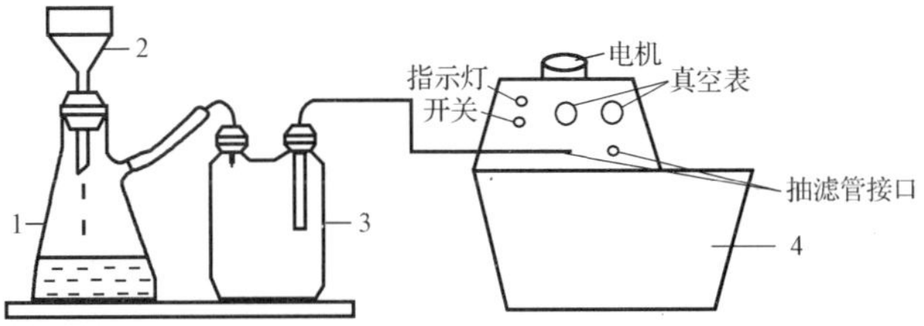

图 2.34　减压过滤装置

1. 吸滤瓶；2. 布氏漏斗或玻璃砂芯漏斗；3. 安全瓶；4. 循环水泵

(1) 用橡皮管连接吸滤瓶的支管和安全瓶的短管，安全瓶的长管则和循环水泵相连接。安全瓶的作用是防止循环水泵中的水产生溢流而倒灌入吸滤瓶中。若不要滤液，也可不用安全瓶。

(2) 布氏漏斗是瓷质的，中间是具有许多小孔的瓷板，以便溶液通过滤纸从小孔流出。布氏漏斗必须装在橡皮塞上。橡皮塞的大小应和吸滤瓶的口径相配合，橡皮塞塞进吸滤瓶的部分一般不超过整个橡皮塞高度的 1/2，如果橡皮塞太小而几乎能全部塞进吸滤瓶，则在吸滤时整个橡皮塞将被吸滤瓶吸住而不易取出。

吸滤操作必须按照下列步骤进行：

(1) 做好吸滤前的准备工作，检查装置，使安全瓶的长管接循环水泵，短管接吸滤瓶；布氏漏斗下端的斜面应与吸滤瓶的支管相对，以便于吸滤。

(2) 贴好滤纸，滤纸应剪得比布氏漏斗的内径略小，以能恰好盖住瓷板上的所有小孔为好。先由洗瓶吹出少量蒸馏水润湿滤纸，再开启循环水泵，使滤纸紧贴在漏斗的瓷板上，然后才能进行吸滤操作。

(3) 吸滤时，应采用倾泻法，先将澄清的溶液沿玻璃棒倒入漏斗中，每次倒入量不要超过漏斗高度的 2/3。滤完后再将沉淀移入滤纸的中间部分。

(4) 过滤时，吸滤瓶内的滤液面不能达到支管的水平位置，否则滤液将被循环水泵抽出。因此，当液面接近吸滤瓶的支管处时，应拔去吸滤瓶上的橡皮管，取下漏斗，从吸滤瓶的上口倒出滤液后，再继续吸滤。但需注意，从吸滤瓶的上口倒出滤液时，吸滤瓶的支管必须向上，否则将污染实验需要的滤液。

(5) 在吸滤过程中，不得突然关闭循环水泵。如欲取出滤液，或需要停止吸滤，应先将吸滤瓶支管的橡皮管拆下，然后再关上循环水泵，否则水将倒灌，进入安全瓶。

(6) 在布氏漏斗内洗涤沉淀时，应暂停吸滤，让少量洗涤剂缓慢通过沉淀，再进行吸滤。

(7) 为了尽量抽干漏斗上的沉淀，最后可用一个平顶的试剂瓶塞挤压沉淀。

(8) 吸滤完毕后，应先将吸滤瓶支管的橡皮管拆开，关闭循环水泵，再取下漏斗。将漏斗的颈口朝上，轻轻敲打漏斗边缘，或用洗耳球在漏斗颈口用力吹，即可使沉淀脱离漏斗，落入预先准备好的滤纸上或容器中。

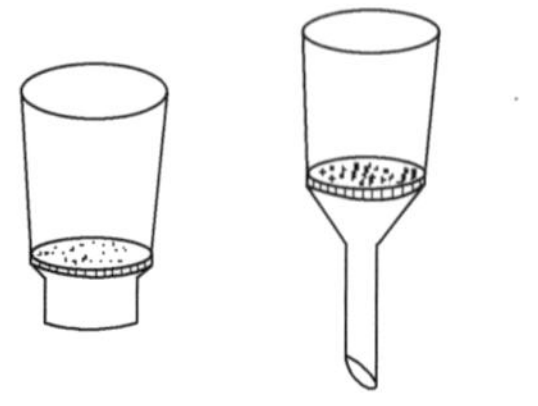

图 2.35　微孔玻璃坩埚和微孔玻璃漏斗

玻璃砂芯漏斗（又称微孔玻璃漏斗）和微孔玻璃坩埚(图 2.35)一般与滤瓶配套使用，依据漏斗孔的大小将它们分为六级，其中 1 号孔径最大，6 号孔径最小。在定量分析中，对细晶形沉淀一般用 4～5 号(相当于慢速滤纸)；对非晶形或粗晶形沉淀一般用 3 号(相当于中速滤纸)。使用前，先将微孔玻璃漏斗或微孔玻璃坩埚用 HCl 或稀 HNO_3 处理，再用水洗净，并在相当于烘干沉淀的温度下烘至恒量，以备使用。过滤时，将微孔玻璃漏斗安置在具有孔塞的吸滤瓶上，微孔玻璃坩埚则要放在装有橡皮垫圈的吸滤瓶上。

采用微孔玻璃坩埚过滤与洗涤的方法和用滤纸过滤相同，但应注意：

(1) 开始过滤前，先倒溶液于玻璃坩埚中，然后再打开水泵，每次倒入溶液时不要等沉淀被吸干，以免沉淀被吸紧后影响过滤速度。用循环水泵进行减压过滤，应控制压力勿使过滤速度太快，以免降低洗涤效率。过滤完毕，先去掉吸滤瓶上的橡皮管，后关闭循环水泵，以免泵中的水倒吸入吸滤瓶中。

(2) 擦净搅拌棒和烧杯内壁上的沉淀时，只能用沉淀帚，不能用滤纸。

(3) 微孔玻璃坩埚耐酸力强，耐碱力弱，因此不能过滤碱性较强的溶液。

2.4.3　沉淀的干燥和灼烧

1. 干燥器的使用

干燥器是一种带有磨口盖子的厚质玻璃器皿，常用以保持某些物质干燥。干燥器的内壁及瓷板要擦干净，它的磨口边缘上涂有一层薄的凡士林，使之能与盖子密合。干燥器的底部盛有干燥剂，其上搁置干净的带孔瓷板，干燥剂放入底部的量要合适，不宜太多，以免沾污坩埚或称量瓶。

干燥剂一般为无水氯化钙、浓硫酸、高氯酸镁、硅胶等。由于干燥剂吸收水分的能力是有一定限度的，因此干燥器中的空气并不是绝对干燥，只是湿度较低而已。

灼烧或干燥后的坩埚和沉淀从加热源取出后，都应稍冷却后再放入干燥器中，且将干燥器盖留一条缝隙，稍等几分钟后再盖严。灼烧后的坩埚和沉淀也不宜在干燥器中放置过久，放置过久可能吸收少量水分，使质量略有增加，通常放置半小时或 45 min 后，即可称量。

开启干燥器时，用一只手按住干燥器，另一只手将盖子向边缘推开，而不能用力拔开或揭开。另外，挪动干燥器时不能只端下部，而应用手指按住盖子挪动，以防盖子滑落(图 2.36)。

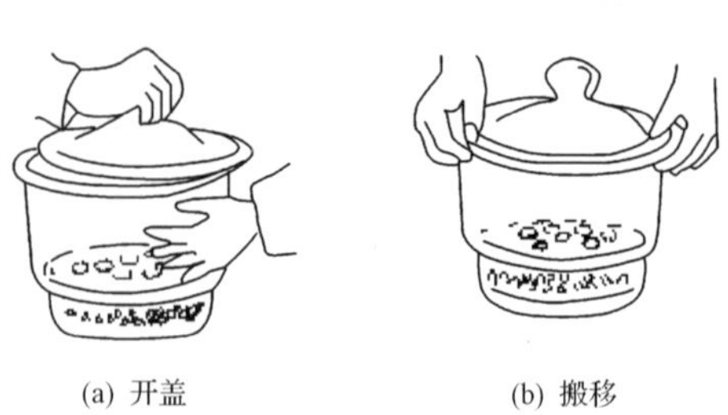

(a) 开盖　　(b) 搬移

图 2.36　干燥器的使用

2. 坩埚的准备

灼烧沉淀常用瓷坩埚，使用前应将其洗净晾干或烘干，然后用 $K_4[Fe(CN)_6]$ 或蓝墨水在坩埚和盖子上编号。字迹晾干后，将坩埚放入马弗炉中，在灼烧沉淀的温度下灼烧。第一次灼烧约半小时，取出稍冷却后，转入干燥器中冷至室温，称量。第二次再灼烧 15～20 min，稍冷后，再转入干燥器中，冷至室温，再称量。冷却应在天平室中进行，与天平温度相同时再进行称量，每次冷却的时间必须相同。若前后两次称量之差小于0.2 mg，即认为达到恒量。

瓷坩埚放在煤气灯或电炉上灼烧时，应斜放在架有铁环的泥三角上，坩埚底放在泥三角的边上，坩埚口则对准泥三角的顶角(图 2.37)。逐渐升温灼烧，灼烧时将瓷坩埚放置在氧化焰中，一定要带坩埚盖，但不能盖严，需留一条狭缝。灼烧时应不时转动坩埚，使之均匀受热，灼烧时间和操作与用马弗炉灼烧相同。

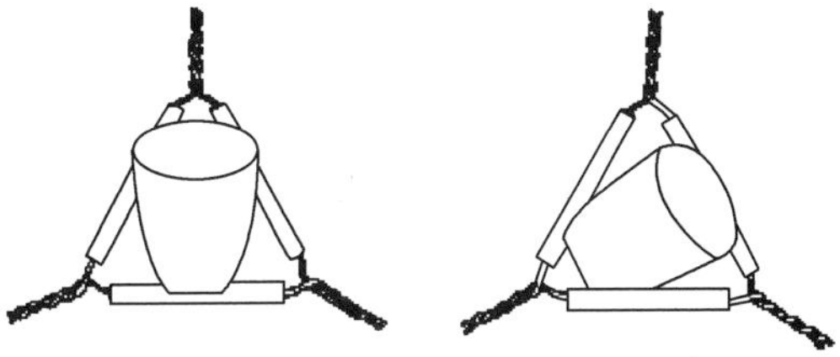

图 2.37　瓷坩埚在泥三角上的放置法

3. 沉淀的干燥和灼烧

瓷坩埚准备好后，即可将过滤洗净后的沉淀置其中干燥和灼烧。自漏斗中取出沉淀和滤纸时，应按一定操作方法进行。对于晶形沉淀，可用尖头玻璃棒从漏斗中取出滤纸和沉淀。如漏斗上仍沾有少量沉淀，用滤纸碎片擦干净，与沉淀包卷在一起。

过滤后的滤纸的折叠步骤如下(图 2.38)：①滤纸对折成半圆形；②自右端约 1/3 半径处向左折起；③由上向下折，再自右向左折；④折成滤纸包，放在已恒量的瓷坩埚中，注意使卷层数较多的一面向上。如沉淀为胶体，因沉淀体积较大，用上述方法不合适，此时应采用扁头玻璃棒将滤纸边挑起，向中间折叠，将沉淀全部盖住(图 2.39)，再用玻璃棒将滤纸转移到已恒量的瓷坩埚中。滤纸的三层厚处应朝上，有沉淀的部分向下，以便滤纸炭化和灰化。

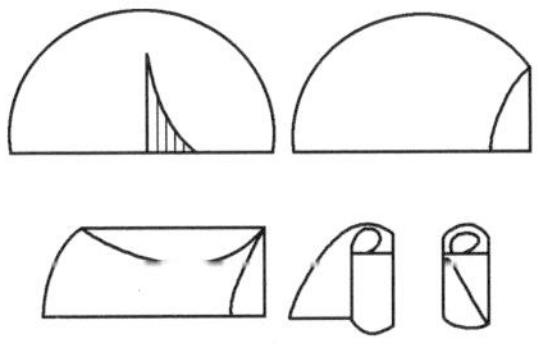

图 2.38　晶形沉淀的包法

图 2.39　胶状沉淀的包法

如图 2.40(a)所示烘干沉淀，将瓷坩埚斜放在泥三角上，把坩埚盖斜倚在坩埚口的中部，然后开始用小火加热，火焰对准坩埚盖的中心。热空气由于对流而通过坩埚内部，使水蒸气从坩埚上部逸出。慢慢干燥沉淀和滤纸，在干燥过程中，温度不能太高，干燥过程不能太快，否则瓷坩埚与水滴接触易炸裂。

沉淀干燥后，将煤气灯移至坩埚底部，仍以小火继续加热，使滤纸炭化，如图 2.40(b)所示。防止滤纸着火燃烧，以免沉淀微粒飞失。如果滤纸着火，应立即移去灯火，盖好坩埚盖，让火焰自动熄灭，切勿用嘴吹熄。滤纸完全炭化后，逐渐升高温度，并不断转动坩埚，使滤纸灰

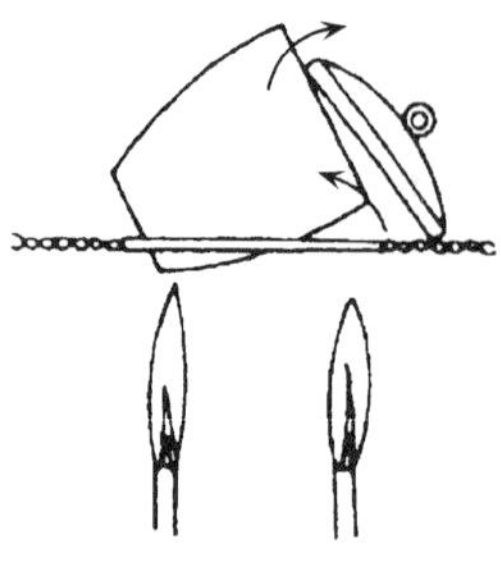

图 2.40 沉淀的烘干与滤纸的炭化

化。将碳素燃烧成二氧化碳而除去的过程称为灰化。灰化后，将坩埚直立，盖好盖子，继续以氧化焰灼烧沉淀 10～20 min，取下坩埚稍冷，转入干燥器中 30～45 min 冷至室温，称量后再灼烧、冷却、称量，直至恒量。

在马弗炉中灼烧沉淀时，一般先在电炉上将沉淀和滤纸烤干使滤纸炭化，然后用特制的长坩埚钳将坩埚置于坩埚炉内，盖上坩埚盖，在实验指定的温度下灼烧 20～30 min。取出坩埚时，先将坩埚移到炉门旁边冷却片刻，然后放在泥三脚架上或石棉板上，稍冷却后才能放入干燥器中，冷却至室温，称量。再灼烧 15 min，冷却、称量，直至恒量。

某些沉淀只需烘干即可达到一定的组成，则不必在瓷坩埚中灼烧。有些沉淀因热稳定性差，不能在瓷坩埚中灼烧，此时可采用微孔玻璃坩埚烘干所需称量的沉淀。

微孔玻璃坩埚放入烘箱中烘干时，一般应将它放在表面皿上，烘干温度在 200 ℃以下(根据沉淀性质确定其干燥温度)。一般第一次烘干沉淀时间要长些，约 2 h，第二次烘干时间可短些，约 45 min～1 h，根据沉淀的性质具体处理。沉淀烘干后，取出坩埚，置干燥器中冷却至室温后称量。反复烘干、称量直至恒量为止。

2.5 纯水的制备和检验

纯水是化学实验中最常用的纯净溶剂和洗涤剂。在化学分析实验中对水的质量要求较高，应根据所做实验对水质量的要求合理地选用不同规格的纯水。我国已建立了实验室用水规格的国家标准(GB/T 6682—1992)，规定了分析实验室用水的技术指标、制备方法及检验方法(表 2.4)。

表 2.4 分析实验室用水的级别及主要指标

指标名称	一级	二级	三级
pH 范围(25 ℃)	—	—	5.0～7.5
电导率(25 ℃)/$\mu S \cdot cm^{-1}$	≤0.1	≤1.0	≤5.0
吸光度(254 nm，1 cm 光程)	≤0.001	≤0.01	—
二氧化硅含量/$mg \cdot L^{-1}$	≤0.02	≤0.05	—

电导率是纯水质量的综合指标。一级和二级水的电导率必须“在线”(将电极装入制水设备的出水管道中)测定。纯水与空气接触或储存过程中，容器材料可溶解成分的引入或吸收空气中 CO_2 等气体及其他杂质，都会引起其电导率的改变。水越纯，影响越显著，高纯水更要临用前制备，不宜存放。

2.5.1 纯水的制备

1. 一级水

一级水可用二级水经过石英设备蒸馏或离子交换混合床处理后，再经 0.2 μm 微孔滤膜过滤来制取。一级水主要用于有严格要求的分析实验，包括对微粒有要求的实验，如高效液相色谱分析用水。

2. 二级水

二级水可用离子交换或多次蒸馏等方法制取。二级水主要用于无机痕量分析实验，如原子吸收光谱分析、电化学分析实验等。

3. 三级水

三级水可用蒸馏、去离子(离子交换及电渗析法)或反渗透等方法制取。三级水用于一般化学实验，是最普遍使用的纯水，一是直接用于某些实验，二是用于制备二级水乃至一级水。

三级水的制备方法一般有如下四种：

(1) 蒸馏法。将自来水(或天然水)在蒸馏装置中加热汽化，水蒸气冷凝即得蒸馏水。该法能除去水中的不挥发性杂质及微生物等，但不能除去易溶于水的气体。通常使用的蒸馏装置用玻璃、铜或石英等材料制成，由于蒸馏装置的腐蚀，蒸馏水仍含有微量杂质。尽管如此，蒸馏水仍是化学实验中最常用的较纯净的廉价溶剂和洗涤剂。该法制得的纯水在 25 ℃时电阻率为 0.1 MΩ · cm。

蒸馏法制取纯水设备成本低，操作简单，但能源消耗大。

(2) 离子交换法。离子交换法是将自来水通过内装阳离子交换树脂和阴离子交换树脂的离子交换柱，利用交换树脂中的活性基团与水中的杂质离子的交换作用，以除去水中的杂质离子，实现净化水的方法。用此法制得的纯水通常称为去离子水，其纯度较高，但此法不能除去水中非离子型杂质，去离子水中常含有微量的有机化合物。该法制得的纯水在 25 ℃时电阻率一般在 5 MΩ · cm 以上。

(3) 电渗析法。电渗析法是将自来水通过由阴、阳离子交换膜组成的电渗析器，在外电场的作用下，利用阴、阳离子交换膜对水中阴、阳离子的选择透过性，使杂质离子自水中分离出来，而达到净化水的目的。电渗析水的电阻率一般为0.01～0.1 MΩ · cm，比蒸馏水的纯度略低。该法不能除去非离子型杂质。

(4) 反渗透法。在高于溶液渗透压的压力下，借助于只允许水分子透过的反渗透膜的选择截留作用，将溶液中的溶质与溶剂分离，从而达到纯净水的目的。反渗透膜是由具有高度有序矩阵结构的聚合纤维素组成的，孔径为 0.1～1 nm。反渗透技术是当今最先进、最节能、最高效的分离技术，最初用于太空的生活用水回收处理，使之可再次饮用，故用该法制得的水也称太空水。

纯水并不是绝对不含杂质，只是杂质含量极少而已。按照制备方法和所用仪器的材料不同，其杂质的种类和含量也有所不同。纯水的质量可以通过水质鉴定，检查水中杂质离子含量的多少来确定。通常采用物理方法，即用电导率仪测定水的电阻率(或电导率)，用电阻率衡量水的纯度。水的纯度越高，杂质离子的含量越少，水的电阻率也就越高，因此测得水的电阻率的大小，就可确定水质的好坏。上述一级、二级、三级水 25 ℃时的电阻率应分别等于或大于 10 MΩ · cm、1 MΩ · cm、0.2 MΩ · cm。

2.5.2　纯水的检验

根据表 2.4 中纯水的主要指标，测定方法如下。

1. pH 的测定

用酸度计测定水的 pH 时，先用 pH=5.0～8.0 的标准缓冲溶液校正 pH 计，再将 100 mL 水注入烧杯中，插入玻璃电极和甘汞电极（或复合电极），测定水的 pH。

2. 电导率的测定

纯水质量的主要指标是电导率（或换算成电阻率），一般的化学分析实验都可参考这项指标选择适用的纯水。特殊情况（如生物化学、医药化学等）的实验用水往往需要对其他有关指标进行检验。

测定电导率应选用适于测定高纯水的（最小量程为 0.02 $\mu S \cdot cm^{-1}$）电导率仪。测定一级、二级水时，电导池常数为 0.01～0.1，进行在线测定。测定三级水时，电导池常数为 0.1～1，用烧杯接取约 300 mL 水样，立即测定。

3. 吸光度的测定

将水样分别注入 1 cm 和 2 cm 的比色皿中，用紫外-可见分光光度计，在波长 254 nm 处，以 1 cm 比色皿中纯水为参比，测定 2 cm 比色皿中待测水的吸光度。

4. SiO_2 的测定

SiO_2 的测定方法比较繁琐，一级、二级水中的 SiO_2 可按 GB/T 6682—1992 方法中的规定测定。通常使用的三级水可测定水中的硅酸盐。方法如下：取 30 mL 水注入一小烧杯中，加入 5 mL 4 $mol \cdot L^{-1}$ HNO_3、5 mL 5%$(NH_4)_2MoO_4$ 溶液，室温下放置 5 min 后，加入 5 mL 10%Na_2SO_3 溶液，观察是否出现蓝色。如呈现蓝色，则不合格。

5. 可氧化物的限度实验

将 100 mL 需要进行氧化物限度实验的水注入烧杯中，然后加入 10.0 mL 1 $mol \cdot L^{-1}$ H_2SO_4 溶液和新配制的 1.0 mL 0.002 $mol \cdot L^{-1}$ $KMnO_4$ 溶液，盖上表面皿，将溶液煮沸并保持 5 min，与置于另一相同容器中不加试剂的等体积的水样做比较。此时溶液呈淡红色，且颜色应不完全褪尽。

另外，在某些情况下，还应对水中的 Cl^-、Ca^{2+}、Mg^{2+} 进行检验。

Cl^-：取 10 mL 待检查的水，用 4 $mol \cdot L^{-1}$ 的 HNO_3 酸化，加 2 滴 1% $AgNO_3$ 溶液，摇匀后不得有混浊现象。

Ca^{2+}、Mg^{2+}：取 10 mL 待检查的水，加 $NH_3 \cdot H_2O$ -NH_4Cl 缓冲溶液（pH≈10），调节溶液 pH 至 10 左右，加入 1 滴铬黑 T 指示剂，不得显红色。

2.5.3　纯水的合理利用

不同的化学实验对水质的要求也不同，应根据实验要求选用适当级别的纯水。在使用时还应注意节约，因为纯水来之不易。

在本书的无机制备实验中，根据实验要求与进展决定在哪些步骤之前用自来水，哪些步骤之后用纯水。在化学分析、常数测定、定性分析等实验中都用纯水。如对纯水有特殊要求，将会在实验中注明。

为了使实验室使用的纯水保持纯净，纯水瓶要随时加塞，专用虹吸管内外都应保持干净。用洗瓶装取纯水时，不要取出洗瓶的塞子和吸管，纯水瓶上的虹吸管也不要插入洗瓶内。为了防止污染，在纯水瓶附近不要存放浓盐酸、氨水等易挥发的试剂。

2.6　常用分析仪器的原理及使用方法

2.6.1　分析天平

分析天平是进行精确称量的精密仪器，它的种类很多，有普通分析天平、空气阻尼天平、半自动电光天平、全自动电光天平、单盘天平和电子天平等。这些天平在构造和使用方法上有所不同，但基本要点是相同的。下面仅介绍广泛使用的半自动电光天平和电子天平。

1. 半自动电光天平

1）半自动电光天平的构造

半自动电光天平的构造如图 2.41 所示。

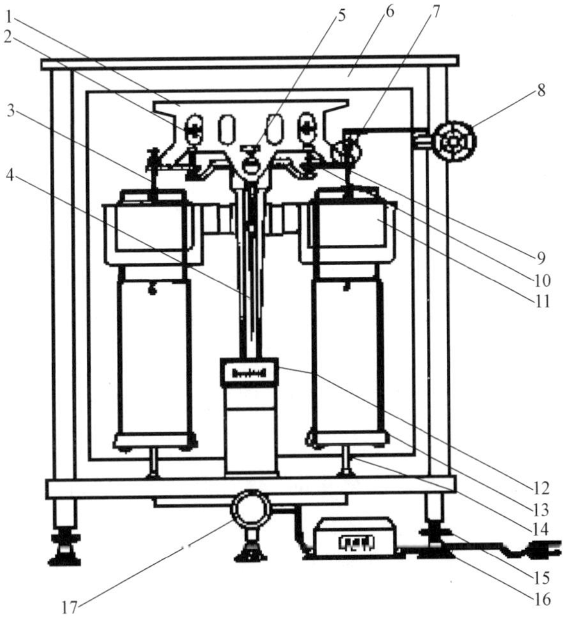

图 2.41　半自动电光天平

1. 横梁；2. 平衡螺丝；3. 吊耳；4. 指针；5. 支点刀；6. 框罩；7. 圈码；8. 指数点；9. 支柱；10. 托叶；11. 阻尼器；12. 投影屏；13. 秤盘；14. 托盘；15. 螺旋脚；16. 垫脚；17. 升降枢

(1) 天平梁(横梁)。天平梁是天平的主要部件，在梁的正中装有细长而垂直的指针，梁的正中间和等距离的两端装有三个玛瑙(或宝石)三棱体，中间三棱体刀口向下，两端三棱体刀口向上，三个刀口的棱边必须在同一个水平面上。刀口的角度及刀口的锋利程度都直接影响天平的称量性能。梁的两边还装有两个平衡螺丝，用来调整天平空载时的平衡位置(调节零点)(图 2.42)。

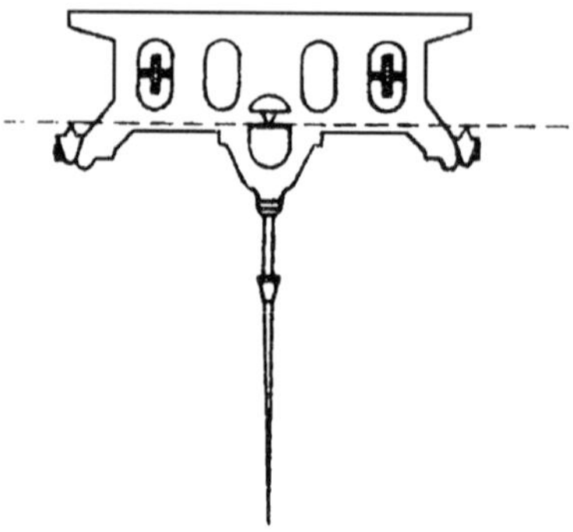

图 2.42　天平横梁

(2) 天平柱(立柱)。它位于天平正中,是空心柱体,垂直固定在底座上,是横梁的起落架。柱的上方嵌有玛瑙平板,承重时它与梁中央的玛瑙刀口接触;天平柱的上部装有能升降的托梁架(托叶),天平不用时,用托架拖住天平梁,使玛瑙刀口与平板脱离接触,以减少磨损,保护刀口和平板。

(3) 吊耳(蹬)。吊耳的中间面向下的部分嵌有玛瑙平板,承重时与天平梁两端的玛瑙刀口接触。吊耳的两端面向下有两个螺丝凹槽,天平不用时,凹槽与托梁架上的托蹬螺丝接触,将吊耳托住,使刀口与平板脱离接触。

(4) 空气阻尼器。空气阻尼器是两个套在一起的金属圆筒,外筒固定在天平柱上,内筒倒挂在吊耳上。两筒间有均匀的间隙,使内筒能自由上下移动,利用两筒内空气的阻尼作用,天平很快停止摆动,达到平衡状态。

(5) 天平盘托。它位于天平盘下方,装在天平底板上。天平不用时,盘托上升把天平托住。

(6) 开关旋钮(升降枢)。这是天平的重要控制部件,它连接着托梁架、盘托和光源。使用天平时,打开开关旋钮,可以使以下三部分发生变动:①降下托梁架使三个玛瑙刀口和玛瑙平板接触;②盘托下降,使天平盘自由摆动;③打开光源,在投影屏上能看到微分标牌。关上开关旋钮,则梁和盘被托起,刀口和平板脱离接触,光源切断。

(7) 环码指数盘。环码指数盘转动时可自动往天平梁上加 10～990 mg 的环形砝码。指数盘上刻有环码质量的数值。指数盘分内、外两层。内层由 10～90 mg 组合,外层由 100～900 mg 组合。天平达到平衡时,可由内、外层对准水平方向的刻线读出环码的质量(图 2.43)。

(8) 指针。指针固定在天平梁的中央,天平摆动时,指针也跟着摆动,指针的下端装有微分标牌(微缩标尺),光源通过光学系统将它的刻度放大,反射到投影屏上(光屏幕),见图 2.43。投影屏中央有一垂直刻线,它与标牌投影的重合处是天平的平衡位置,可方便地读出 0.1～10 mg,若图 2.43 中环码指数盘读数和投影屏标尺读数组合,可读成 0.2316 g。在天平未承重时,打开升降枢,左右拨动调零杆,使标牌的 0.00 与刻线重合,达到调节零点的目的。

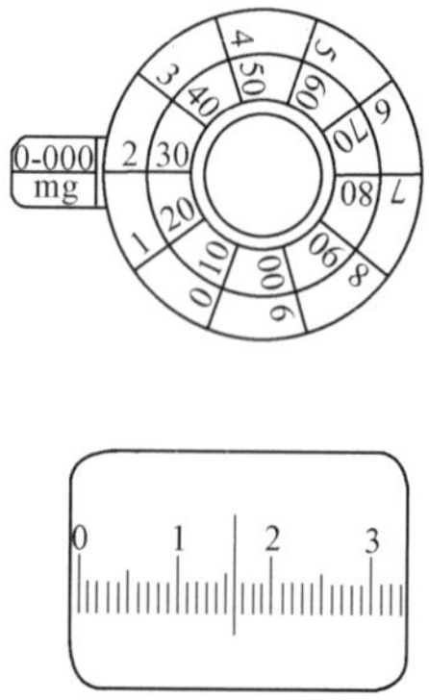

图 2.43　圈码与投影屏

(9) 框罩(天平箱)。它的作用是保护天平,防止污染和空气流动对称量带来影响。罩的前门只有在安装和修理时才能打开,取放称量物体或砝码只能由左、右的边门出入。关好门才能称量和读数。框罩的下面有三只脚,在前方的两只脚上装有升降螺旋,可以调节天平的水平程度。天平的水平程度由天平柱后上方的气泡水平仪示之。

(10) 砝码盒。每台天平都附有一盒砝码。1 g 以上的砝码都按固定位置有规则地装在砝码盒里,以免沾污、碰撞而影响砝码质量。对最大载荷为 200 g 的天平,每盒砝码一般由以下砝码组成:100 g 一个,50 g 一个,20 g 两个,10 g 一个,5 g 一个,2 g 两个,1 g 一个。

2) 分析天平和砝码的使用规则

(1) 天平的使用规则如下:

(i) 天平室应不受阳光直射,保持干燥,并不受腐蚀性气体的侵蚀。天平台应坚固而不震动。不要随意移动天平。

（ii）天平框罩内保持清洁，放置并定期更换干燥剂，干燥剂一般使用变色硅胶。

（iii）称量前，应检查天平是否正常。检查天平是否处在水平位置，环码是否挂好，指数盘是否在 0 位。

（iv）分别从左右侧门取放称量物体和砝码。称量物和砝码均应放在盘中央，绝不允许称超过天平负荷的物体，不能称热或冷的物体，称量湿的、有腐蚀性的物体须放在密闭容器中。称量时，把天平门关好，以免空气流动造成指针的摆动。

（v）开启开关时，一定要轻、慢，以免损伤玛瑙刀口。每次加减砝码、环码、取放称量物，一定要先关上天平开关，绝不允许在天平开启状态时进行这些操作。

（vi）使用自动加环码装置，转动指数盘时，动作要轻、慢。先估计称量物的质量，按"由大到小、中间截取"原则选用环码。先微微开启天平进行观察，当指针的偏转在微分标牌范围内时，才能全开启天平。

（vii）称量结束后，关闭天平，取出称量物，环码恢复原位，砝码放回砝码盒内，关好天平门，切断电源，盖好布罩，填写使用登记卡，经教师检查后，方可离开天平室。

（2）砝码的使用规则如下：

（i）经常保持砝码的清洁，可用专用的毛刷拂去表面的灰尘，砝码只能放在砝码盒和天平盘两个地方，不允许放桌上或其他地方。砝码不用时应随时盖好砝码盒，以防灰尘落入。

（ii）每个砝码在砝码盒中都有固定的位置，用完后应放回原处。

（iii）砝码只能用镊子夹取，绝对不允许用手拿，防止改变砝码的质量。

（iv）使用自动加码装置时，不要将指示线对着两个读数之间，指数盘可以按顺时针或反时针方向旋转，但不要用力过猛或旋转速度过快，以免环码互相重叠或脱钩。

（v）称量完毕后，应检查盒内砝码空格和盘中砝码是否一致、完整无缺。

3）称量步骤和方法

（1）称量步骤如下：

（i）称量前应检查天平是否完好，是否处于水平状态。

（ii）接通电源，开启开关旋钮，调节零点（天平"空"载时的平衡点），使投影屏上刻线与标牌的"0.0"重合。若不重合，可以拨动调零杆。如果拨动调零杆还不能在"0.0"处重合，则需要调节天平梁上的平衡螺丝（一般由教师调节平衡螺丝）。

（iii）把称量的物体放在天平的左盘中央，右盘放砝码。缓慢地开启开关旋钮，观察投影屏上标牌移动情况，判断出砝码比称量物轻或重后，立即关好开关旋钮，变动砝码后再称量。直至投影屏的零点标线与标牌投影上某一读数重合为止。

（iv）读数：当投影屏上标牌投影稳定后，就可以从标牌上读出 10 mg 以下的质量。读完数后应立即关上开关旋钮。标牌上一大格为 1.0 mg，一小格为0.1 mg。当刻线落在小格间时，按四舍五入的原则取舍。

称量物质量＝砝码质量＋环码质量＋标牌读数

将称量的数据及时写在记录本上。

（v）称量完毕后，取出称量物与砝码，将砝码放回砝码盒内，关上天平门，将环码指数盘恢复到"000"位置。重新开启开关旋钮，看天平使用后的零点是否有变化。然后罩好天平布罩，填写使用登记表。

(2) 称量方法如下：

(i) 直接称量法，即直接将被称量物或容器放在天平左盘上进行称量。金属片或洗净并干燥的容量仪器(如烧杯、表面皿等)可放在天平上直接称量。

称量样品时，可用表面皿、烧杯、称量纸作称量器皿，先准确称出称量器皿的质量，然后在右边秤盘上加相当于试样质量的砝码，再在左盘的称量器皿中加入略少于称量质量的试样，再用角勺轻轻振动，逐渐往称量器皿中增加试样，使平衡点达到所需数值。这种方法要求试样性质稳定，操作者技术熟练，尽量减少增减试样的次数，才能保证称量准确、快速。称量完毕，须将所称取的试样完全转移至实验容器中。

(ii) 差减称量法：将试样放在称量瓶中，先称量试样和称量瓶的总质量，然后按需要量倒出一部分试样，再称试样和称量瓶质量，两次称量结果相减就是倒出试样的量。

图 2.44　从称量瓶中倒出试样

拿称量瓶的方法：称量瓶不得直接用手拿，要用干净纸带套住称量瓶，手持纸带两头拿起，要防止称量瓶从纸带中滑下。称量瓶用后要放回干燥器中。

倒试样方法(图 2.44)：左手用纸带套住称量瓶，放在接受试样的容器上方，右手用一干净纸片包住称量瓶盖的顶部，打开瓶盖，倾斜瓶身，用瓶盖轻轻敲打瓶口上方，使试样慢慢落在容器中。注意不要让试样洒落在容器外。当试样量接近要求时，将称量瓶缓缓竖起，用瓶盖敲动瓶口，使瓶口部分的试样落回称量瓶，盖好瓶盖，再次称量。

2. 电子天平的测量原理及使用方法

1) 电子天平的测量原理

电子天平(图 2.45)是基于电磁学原理制造的最新一代天平，可直接称量，不需砝码，具有自动调零、校准、扣皮重、显示读数等功能。操作简便，称量速度快。

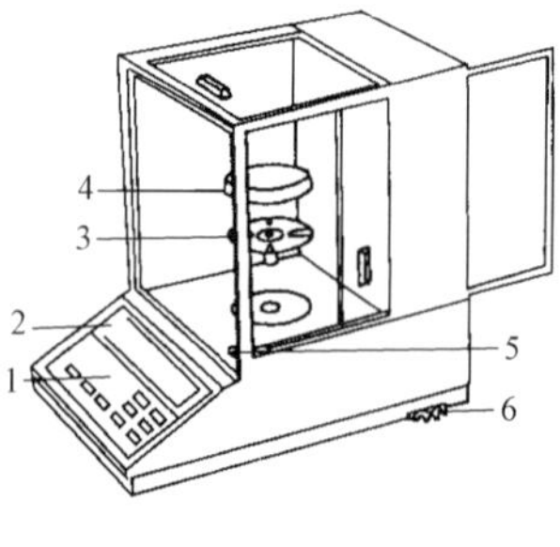

图 2.45　FA1004N 型电子天平

1. 键板；2. 显示器；3. 盘托；4. 秤盘；5. 水平仪；6. 水平调节

电子天平的测量原理如图 2.46 所示，将天平传感器的平衡结构简化为一杠杆。杠杆以支点 O 支撑，左边是秤盘，右边连接线圈即零位指示器。零位指示器置于固定位置，天平空载时，杠杆始终趋于某一位置，即天平的零点。当天平加载物体时，杠杆偏离零点，零点指示器产生偏差信号，通过放大和 PID(比例、积分、微分调节)来控制流入线圈的电流 I，使之增大，位于磁场中的通电线圈将产生电磁力 F，因为通电线圈位于恒定电场中，所以电磁力 F 也相应增大，指导电磁力 F 的大小与加载物体的质量相等，偏差消除，杠杆重新回到天平的零点。即恒定磁场中通过线圈的电流强度 I 与被测物的质量成正比，只要测定流入线圈的电流强度 I，就可知被测物体的质量。

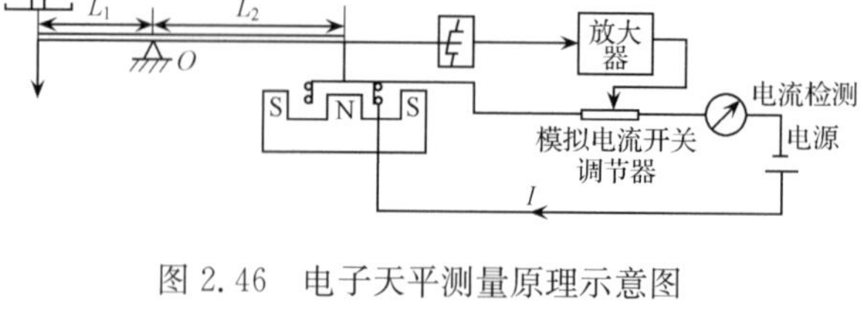

图 2.46　电子天平测量原理示意图

2）电子天平的使用方法

(1) 检查：称量前检查天平是否处于水平位置，框罩内外是否清洁。

(2) 预热：接通电源，轻按 ON 键，显示器亮，天平开始预热，预热通常需30 min～1 h。

(3) 校准：轻按 CAL 键进入校准状态，用标准砝码（如 100 g 砝码）校准。

(4) 称量：取下标准砝码，零点显示稳定后即可进行称量。如用小烧杯称取样品时，可先将洁净干燥的小烧杯放在秤盘中央，显示数字稳定后按 TAR 清零去皮键，显示即恢复为零，再缓缓加样品，显示出所需样品的质量时停止加样，直接记录样品的质量。

(5) 称量完毕后，应切断天平电源及清洁框罩内外，盖上天平罩，填写使用登记表。

2.6.2　酸度计

1. 酸度计的组成及 pH 测定原理

酸度计（pH 计）是测定溶液 pH 的常用仪器。酸度计有多种型号，结构稍有差别，但原理相同。不同类型的酸度计都是由测量电极、参比电极和精密电位计三部分组成。两个电极插入待测溶液组成电池，参比电极作为标准电极提供标准电极电势，测量电极（指示电极）的电极电势随 H^+ 的浓度而改变。因此，当溶液中的 H^+ 浓度变化时，电动势就会发生相应变化。

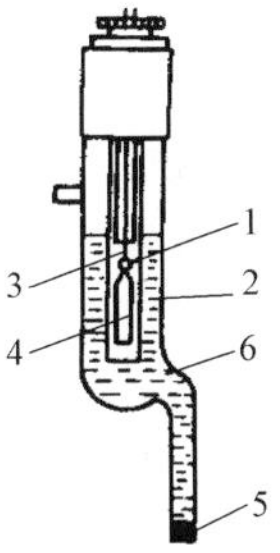

图 2.47　甘汞电极

1. 导线；2. 绝缘体；3. 内部电极；4. 乳胶帽；5. 多孔物质；6. 饱和 KCl 溶液

1）参比电极

最常用的参比电极是甘汞电极，组成可表示为 $Hg|Hg_2Cl_2|Cl^-(c)$。

甘汞电极的结构如图 2.47 所示。在电极玻璃管内装有一定浓度的 KCl 溶液（如饱和甘汞电极中装有饱和 KCl 溶液），溶液中还装有一个作为内部电极的玻璃管，此管内封接一根铂丝插入汞中，汞下面是汞与甘汞混合的糊状物，底端有多孔物质与外部 KCl 溶液相通。甘汞电极下端也是用多孔玻璃砂芯与被测溶液隔开，但能使离子传递。

甘汞电极的电极电势与电极中的 KCl 浓度和温度有关

$$\varphi_{Hg_2Cl_2/Hg} = \varphi^{\ominus}_{Hg_2Cl_2/Hg} - \frac{RT}{F}\ln[Cl^-] \tag{2-1}$$

25 ℃时饱和甘汞电极的电极电势为 0.2415 V。当温度为 t 时，该电极的电极电势为

$$\varphi_{Hg_2Cl_2/Hg} = 0.2415 - 7.6 \times 10^{-4} \times (t - 25) \tag{2-2}$$

由式(2-2)可知电极电势不受待测溶液 pH 的影响，在任何酸度的被测溶液中均保持恒定值。

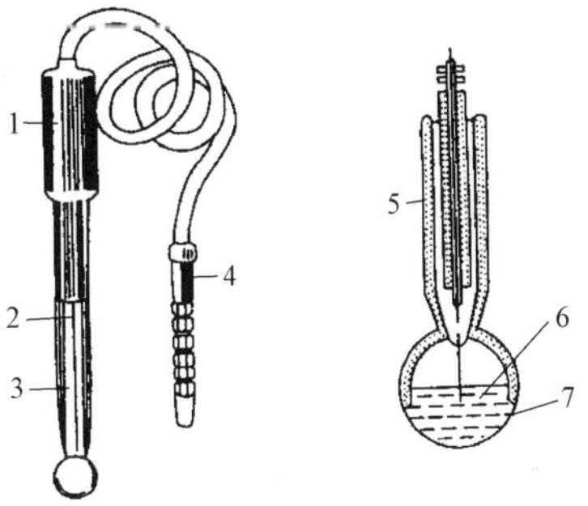

图 2.48　玻璃电极

1. 电极帽；2. 内参比电极；3. 缓冲溶液；4. 电极插头；5. 高阻玻璃；6. 内参比溶液；7. 玻璃膜

2）测量电极

酸度计中的测量电极一般使用玻璃电极，其结构如图 2.48 所示。玻璃电极的外壳用高

阻玻璃制成，其下端由特殊玻璃薄膜制成的玻璃球泡（膜厚为 0～100 μm），称为电极膜，它对氢离子有敏感作用，是决定电极性能的最重要组成部分。玻璃球内装有 0.1 mol·L^{-1}的 HCl 内参比溶液，溶液中插有一支 Ag-AgCl 内参比电极。将玻璃电极插入待测溶液中，组成下述半电池

$$Ag|AgCl(s)|HCl(0.1\ mol\cdot L^{-1})|\text{玻璃膜}|\text{待测溶液}$$

玻璃膜把两个不同 H^+浓度的溶液隔开，在玻璃和溶液接触界面之间产生一定的电势差。因为玻璃电极中内参比电极的电势恒定，所以在玻璃和溶液接触面之间形成的电势差就只与待测溶液的 pH 有关，即 25 ℃时

$$\varphi_{\text{玻璃}}=\varphi^{\ominus}_{\text{玻璃}}-0.0592pH \tag{2-3}$$

玻璃电极在使用前必须在去离子水中浸泡 24 h 进行活化，测量完毕后仍需浸泡在去离子水中。长期不用时，应将玻璃电极放入盒内保存。

玻璃电极具有使用方便，可测定有色、浑浊或胶体溶液的 pH，测定时不受溶液中氧化剂或还原剂的影响，而且测定操作不对试液造成破坏等优点。缺点是电极头部球泡非常薄，容易破损，使用时要特别小心。如果测强碱性溶液的 pH，测定时要快速操作，用完后立即用水洗涤玻璃球泡，以免玻璃薄膜被腐蚀。

3）复合电极

由于玻璃电极的易破损性，因此近年来常采用复合电极，它是测量电极和参比电极的复合体，如图 2.49 所示。

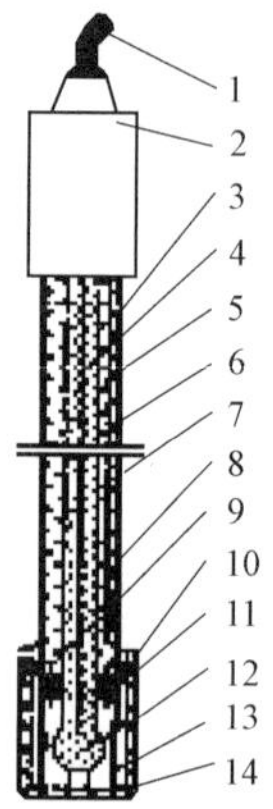

图 2.49　复合电极

1. 电极导线；2. 电极帽；3. 电极塑壳；4. 内参比电极；5. 外参比电极；6. 电极支持杆；7. 内参比溶液；8. 外参比溶液；9. 液接面；10. 密封圈；11. 硅胶圈；12. 电极球泡；13. 球泡护罩；14. 护套

这种电极是由玻璃电极和 Ag-AgCl 参比电极合并制成的，电极的球泡由具有氢功能的锂玻璃熔融吹制而成，呈球形，膜厚 80 μm 左右。电极支持管其膨胀系数与电极球泡玻璃一致，是由电绝缘性优良的铝玻璃制成。内参比电极为 Ag-AgCl 电极。内参比溶液是零电位等于 7 的含有氯离子的电解质溶液，这种溶液是中性磷酸盐和氯化钾的混合溶液。外参比电极为 Ag-AgCl 电极。外参比溶液为 3.3 mol·L^{-1}的 KCl 溶液，经氯化银饱和，加适量琼脂使溶液呈凝胶状。液接面是沟通外参比溶液和内参比溶液的连接部件。其电极导线为聚乙烯金属屏蔽线，内芯与内参比电极连接，屏蔽层与外参比电极连接。

4）pH 的测定原理

测定溶液的 pH 时，将玻璃电极和参比电极（饱和甘汞电极）同时浸入待测溶液中组成电池，其电动势为

$$\begin{aligned}E&=\varphi_{\text{正}}-\varphi_{\text{负}}=\varphi_{\text{甘汞}}-\varphi_{\text{玻璃}}\\&=\varphi_{\text{甘汞}}-\left\{\varphi^{\ominus}_{\text{玻璃}}+\frac{2.303RT}{nF}\lg[H^+]\right\}\\&=E^{\ominus}+\frac{2.303RT}{nF}pH\end{aligned} \tag{2-4}$$

式中：R 为摩尔气体常量；F 为法拉第常量；T 为热力学温度（K）。

$$E^{\ominus}=\varphi_{\text{甘汞}}-\varphi^{\ominus}_{\text{玻璃}}=0.2415-\varphi^{\ominus}_{\text{玻璃}} \tag{2-5}$$

25 ℃时，H^+的浓度可由下式计算

$$pH=\frac{E-E^{\ominus}}{0.0592} \tag{2-6}$$

由于电极不对称电势的存在，用玻璃电极测定溶液的 pH 时一般采用比较法，通常是使用一个已知 pH 的标准缓冲溶液进行定位，即用酸度计测定其电动势 E，由式(2-4)求常数 $E^{\ominus}$，然后根据待测溶液的 E，换算该溶液的 pH。酸度计已将电动势 E 用 pH 表示，因此可在酸度计上直接读取溶液的 pH。实际测定时先测量一个已知 pH 的标准缓冲溶液得到一读数，然后测未知溶液得到另一读数，两次读数差就是两种溶液 pH 之差。由于其中一个是已知的，另一个可算出。为方便起见，在仪器上使用定位调节器来抵消电极的不对称电势。当测量标准缓冲溶液时，利用定位调节器把指示电表指针调整到标准缓冲溶液的 pH 上，这样以后测量未知溶液时，指示电表指针的读数就是未知溶液的 pH，省去了计算步骤。通常把前面一步称为“校准”，后面一步称为“测量”。一台已经校准过的 pH 计，在一定时间内可以连续测量许多未知液，但如果玻璃电极的稳定性还没有完全建立，则有必要经常校准。

2. PHS-25 型酸度计的使用方法

利用 PHS-25 型酸度计和复合电极测定溶液的 pH，可直接显示读数，其他类型的仪器原理类同。PHS-25 型酸度计结构示意图如图 2.50 所示。PHS-25 型酸度计具体测量步骤如下：

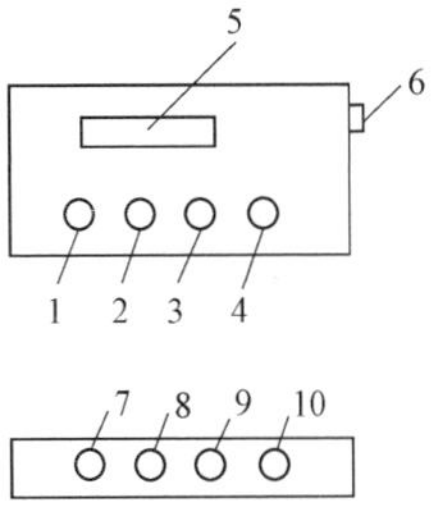

图 2.50　PHS-25 型酸度计结构示意图
1. 温度补偿旋钮；2. 斜率调节旋钮；3. 定位旋钮；4. 选择开关；5. 显示屏；6. 电极夹孔；7. 电源开关；8. 电源线；9. 参比电极插孔；10. 测量电极插孔

(1) 准备。仪器接通电源，预热 30 min，并将复合电极接到仪器上，固定在电极夹中。

(2) 定位。操作步骤如下：

(i) 把 pH-mV 开关转到 pH 位置，斜率调节旋钮调节在 100%的位置(顺时针旋到底)。

(ii) 把电极用蒸馏水清洗，并用滤纸吸干，然后插入装有已知 pH 标准缓冲溶液的小烧杯中。

(iii) 把温度补偿旋钮转到被测溶液温度值上(通常为室温)。

(iv) 调节定位旋钮使仪器读数为标准缓冲溶液的 pH。仪器标定工作完成后，定位旋钮不应再有变动。

(3) 测量。把电极用蒸馏水清洗，用滤纸吸干，然后插入装有待测溶液的烧杯，读出该溶液的 pH。实验完成后，将电极取下清洗后浸入蒸馏水中。

2.6.3　电导率仪

1. 电导率的测定原理

物质导电能力的大小通常以电阻(R)或电导(G)表示，电导是电阻的倒数 $G=\dfrac{1}{R}$。电阻的单位是欧姆(Ω)，电导的单位是西门子 (S)。导体的电阻与面积 A 成正比，与长度 l 成反比，即

$$R=\rho\frac{l}{A}$$

式中：ρ 为电阻率，表示长度为 1.0 cm、截面积为 1.0 cm^2 的导体的电阻，单位为 Ω · cm。

与金属导体一样，水溶液的电阻也符合欧姆定律。对于水溶液体系，其导电能力的大小常用电导和电导率表示

$$G=\frac{1}{R}=\frac{1}{\rho}\frac{A}{l}=K\frac{A}{l}$$

式中：K 为电导率，表示在相距 1 cm、电极面积为 1 cm^2 的两极之间溶液的电导，单位为 $S \cdot cm^{-1}$。

在电导池中，电极面积和距离是一定的，因此 $\frac{l}{A}$ 对于电极是一常数，称为电极常数，令 $\frac{l}{A}=J$，则 $G=\frac{K}{J}$（或 $K=JG$）。对不同电极，其电极常数 J 不同，测出同一溶液的电导 G 也不同，而电导率 K 的值与电极本身无关，因此用电导率来反映溶液的导电能力更为恰当。

电导率仪是实验室测量溶液电导率的仪器，由电导电极和电导仪组成。用两个电极插入溶液中，测定两极间的电阻 R 即可知其电导，若电极常数 J 已知，溶液的电阻 R 已测得，则电导率 K 可求得。对于一个给定的电极，电极常数 J 为一定值。实际中电极常数 J 是通过测定标准 KCl 溶液的电阻 R，再由上式求得（在一定温度下标准 KCl 溶液的电导率已有精确的测定文献值）。

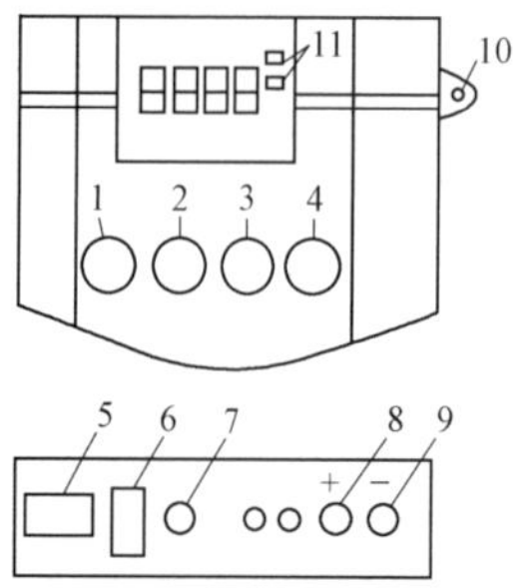

图 2.51　DDS-307 型电导率仪

1. 温度调节旋钮；2. 选择开关；3. 常数旋钮；4. 量程开关；5. 电源插座；6. 电源开关；7. 保险丝座(0.1 A)；8. 0～10 mV 输出；9. 电导池插座；10. 电极杆孔；11. 指示灯

测定溶液电导率使用的电极一般由铂片制成，可分镀铂黑和光亮两种。在测定电导较大的溶液时，用铂黑电极；在测定电导较小的溶液时，用光亮电极；市售的电导仪电极上都标有电极常数。

2. 电导率仪的使用方法

下面简单介绍 DDS-307 型电导率仪（图 2.51）的使用方法，其他类型的仪器原理类同，只是操作的简单和快捷程度不同。

(1) 打开电源开关，预热 30 min 后，进行校准。

(2) 校准。将量程选择开关指向“检查”位置，将常数调节旋钮指向“1”位置，将温度调节旋钮指向“25”度线，调节“校准”旋钮，使仪器显示 100.0 $\mu s \cdot cm^{-1}$，至此校准完毕。

(3) 测量。在电导率测量过程中，正确选择电极常数对获得较高的测量精度非常重要。根据测量范围不同可参照表 2.5 选择相应常数的电极。

表 2.5　电极选择参照表

测量范围/$\mu S \cdot cm^{-1}$	推荐使用电极的电极常数
0～2	0.01，0.1
0～200	0.1，1.0
200～2000	1.0
2000～20000	1.0，10
20000～100000	10

注：电极常数为 1.0、10 类型的电极有“光亮”和“铂黑”两种形式，对光亮电极其测量范围以 0～300 $\mu s \cdot cm^{-1}$ 为宜。

(i) 电极常数的设置方法。调节常数旋钮使仪器显示值与电极所标数值一致。例如，电极常数为 0.01025，则调节常数旋钮使仪器显示为 102.5（测量值＝读数值×0.01）；电极常数为 0.1025，则调节常数旋钮使仪器显示为 102.5（测量值＝读数值×0.1）；电极常数为 1.025，则调节常数旋钮使仪器显示为 102.5(测量值＝读数值×1)；电极常数为 10.25，则调节常数旋钮使仪器显示为 102.5(测量值＝读数值×10)。

(ii) 温度补偿的设置方法。调节温度调节旋钮，使其指向待测溶液的实际温度值，此时测量得到的是待测溶液经过温度补偿后折算为 25 ℃下的电导率值。

(iii) 电极常数、温度补偿设置完毕后，用少量待测液冲洗电极两三次，将电极浸入待测液中，将量程选择开关指向合适的量程范围(可参照表 2.6 选择相应的量程范围)。读出显示屏上的数值×J，即为被测液的电导率。当测量中，显示值消失说明测量超出量程范围，此时应切换至上一挡量程。

表 2.6　量程范围选择参照表

选择开关位置	量程范围/$\mu S \cdot cm^{-1}$	被测电导率/$\mu S \cdot cm^{-1}$
Ⅰ	0～20.0	显示读数×J
Ⅱ	20.0～200.0	显示读数×J
Ⅲ	200.0～2000	显示读数×J
Ⅳ	2000～20000	显示读数×J

(iv) 将量程选择开关指向“检查”位置，取出电极。

(4) 测量完毕，切断电源，拆下电极并用蒸馏水冲洗干净，正确保存。

3. 电导率仪的使用注意事项

(1) 防止电极插头受潮，否则测不准。

(2) 高纯水被盛入容器后迅速测量，否则电导增加很快，因为空气中的 CO_2 溶入水中生成碳酸根离子。

(3) 电极应定期进行常数标定。

(4) 光亮电极存放在干燥的地方；铂黑电极必须存放在蒸馏水中。

2.6.4　分光光度计

1. 分光光度法的基本原理

一束单色光通过有色溶液时，溶液中的有色物质吸收了一部分光，吸收程度越大，透过溶液的光越少。如果入射光的强度为 I_0，吸收光的强度为 I_a，透过光的强度为 I，则

$$透光率\ T = \frac{I}{I_0} \tag{2-7}$$

$$吸光度\ A = -\lg T \tag{2-8}$$

实验证明，当一束单色光通过一定浓度范围的有色溶液时，溶液对光的吸收程度符合朗伯-比尔定律，即

$$A = \varepsilon bc \tag{2-9}$$

式中：c 为溶液的浓度($mol \cdot L^{-1}$)；b 为溶液的厚度(cm)；ε 为摩尔吸光系数($L \cdot mol^{-1} \cdot cm^{-1}$)。

摩尔吸光系数的数值和入射光的波长以及溶液的性质、温度有关。由朗伯-比尔定律可知，当入射光的波长、测定温度和液层的厚度(比色皿厚度)一定时，吸光度 A 只与溶液的浓度

成正比。这就是分光光度法测定物质含量的理论基础。

分光光度计的光源发出白光，通过棱镜或光栅分解成不同波长的单色光，单色光在经过待测溶液后，透过光通过光电池或光电管转变为电讯号，在微安表上可直接读出吸光度。

若以不同波长的单色光依次透过某一有色溶液，并测定其在不同波长时的吸光度，以波长为横坐标，吸光度为纵坐标，可绘出一条吸收曲线。不同物质的吸收曲线各不相同，用已知纯物质的吸收曲线和样品的吸收曲线相对照，即可推测出样品为何物，这就是定性测定。

选用吸收曲线中吸收最显著的波长作为测定波长，测定一系列不同浓度的被测纯物质溶液（标准溶液）的吸光度，以标准溶液的浓度为横坐标，吸光度为纵坐标，绘出吸光度-浓度的标准曲线。根据朗伯-比尔定律，若测得含有该物质的溶液（待测试样）的吸光度后，即可由吸光度-浓度的标准曲线确定被测物质在待测试样中的含量，这就是定量测定。

2. 分光光度计的结构及使用方法

分光光度计是利用物质对单色光的选择性吸收来测定物质量的仪器。实验室常用的国产分光光度计有 72 型、721 型、724 型、722 型、751 型等，下面主要介绍 722N 型分光光度计的使用。

722N 型分光光度计是在可见光谱区域内使用的一种单光束型仪器，工作波长范围为 330～800 nm，以钨卤素灯为光源，采用光栅自准式色散系统和单光束结构光路，光电池为光电转换器，显示屏可直接显示测定结果。其主要结构部件及外观分别如图 2.52、图 2.53 所示。

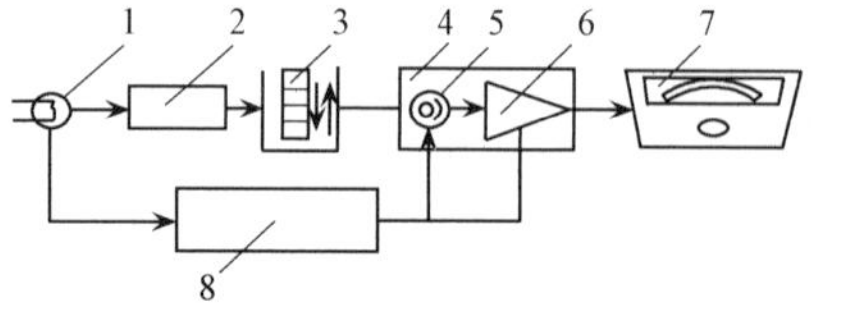

图 2.52　722N 型分光光度计的结构示意图

1. 光源；2. 单色器；3. 吸收池；4. 光电管暗盒；5. 光电管；6. 放大器；7. 显示器；8. 稳压器

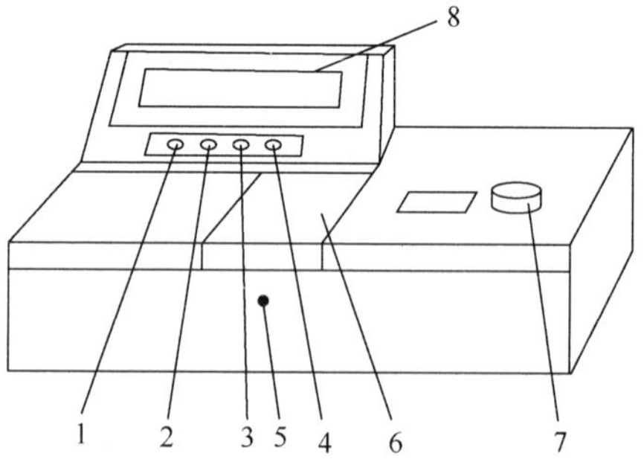

图 2.53　722N 型分光光度计外观

1. A/T/C/F；2. SD；3. 0%；4. OA/100%；5. 比色皿座架拉杆；6. 比色皿暗箱盖；7. 波长调节旋钮；8. 显示屏

722N 型分光光度计的使用方法如下：

(1) 仪器使用前需开机预热 30 min。

(2) 设定测定波长。

(3) 选择仪器键盘上 A/T/C/F 为 T（透光率）。

(4) 打开比色皿暗箱盖，用 0%键调节透光率为 000.0。

(5) 将盛有参比溶液和待测溶液的比色皿置于暗箱中的比色皿架上，盛放参比溶液的比色皿放在第一格内，待测溶液放在其他格内。盖上比色皿暗箱盖，将参比溶液比色皿推置光路中，用 OA/100%键调节透光率为 100.0。

(6) 选择仪器键盘上 A/T/C/F 为 A（吸光度），将待测溶液的比色皿推置光路中，可由显示屏读出该溶液的吸光度值。

（7）测定待测溶液的吸收曲线时，每改变一次波长都要重复上述步骤调节透光率为 000.0 和 100.0。

（8）测量完毕，关闭电源，取出比色皿，洗净后倒置晾干。

3. 分光光度计的使用注意事项

（1）为了避免光电管（或光电池）长时间受光照射引起疲劳现象，应尽可能减少光电管受光照射的时间，不测定时应打开暗室盖，特别应避免光电管（或光电池）受强光照射。

（2）比色皿盛取溶液时只需装至比色皿的 2/3 即可，不要过满，避免在测定时的拉动过程中溅出溶液，使仪器腐蚀。

（3）注意保护比色皿的光学面，不得用手拿光学面，在擦去光学面上的水分时，应用绸布或擦镜纸按一个方向轻轻擦拭，不得用力来回摩擦。

2.6.5　原子吸收分光光度计

1. 原子吸收分光光度计的构造

原子吸收分光光度法是基于每种元素的气态基态原子对于同种原子发射出的特征光谱辐射具有强烈的吸收能力，吸收程度与此元素的浓度成正比，据此可定量测定该元素在待测试样中的含量。

原子吸收分光光度计的主要部件如下所示：

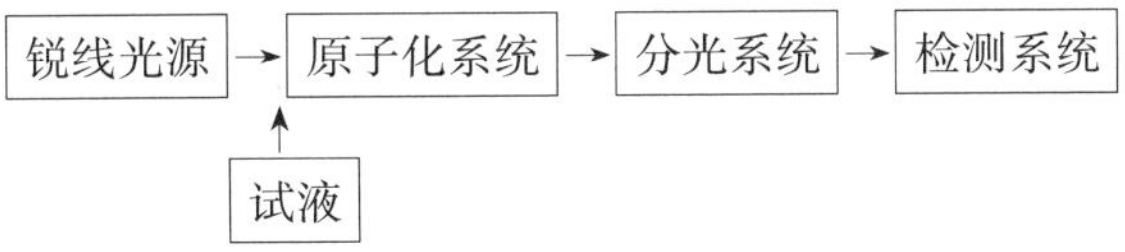

首先将试样溶液中的待测元素原子化；同时有一个发射待测元素共振辐射的锐线光源，常用的元件为空心阴极灯；当空心阴极灯发出的具有特征谱线的光通过待测元素原子区域（火焰原子化器）后，部分光被待测元素的基态原子吸收，通过分光系统可将特征谱线和光源发射的其他谱线分离开，常用的色散元件为光栅；检测器可将光信号转换为电信号并放大，处理测得待测元素特征谱线被吸收的程度，进而可求得试液中待测元素的含量，常用的光电转换元件为光电倍增管。

2. 原子吸收分光光度计使用方法

原子吸收分光光度计种类较多，原理相同，在此只介绍 TAS-986 型原子吸收分光光度计的使用方法，该仪器有火焰原子化装置和无火焰原子化装置（石墨炉）两种。

首先打开主机电源，进行自检。自检完成后进行元素灯选择，根据向导提示进行寻峰操作。

1）火焰法

（1）点击样品图标设置样品。

（2）点击参数图标进行参数设置。

（3）点击仪器(I)中的燃烧器参数(F)进行原子化器位置的调整。

（4）打开空气压缩机电源（压力 0.25～0.3 MPa），打开乙炔气瓶开关（压力调到 0.06 MPa

左右)，点击点火图标及能量图标进行能量自动平衡。

(5) 点击校零进行调零，然后点击测量图标开始测量。

(6) 测量结束后依次关闭乙炔、空压机，关闭主机。

2) 石墨炉法

(1) 打开石墨炉电源。

(2) 打开氩气(压力 0.6～0.8 MPa)。

(3) 点击样品图标设置样品，点击参数图标进行参数设置。

(4) 点击石墨管，炉体打开后，安装石墨管，装好后点击确定关闭炉体，点击仪器(I)中的原子化器位置(P)进行原子化器位置的调整，点击能量图标调整能量，打开冷却水，点击加热设置升温程序，点击空烧进行空烧三次，点击测量开始测量。

(5) 测量结束后依次关闭冷却水、氩气、石墨炉电源，关闭主机。

2.6.6 气相色谱仪

1. 气相色谱仪的构造原理

气相色谱法是利用混合物中各组分在流动相和固定相中具有不同的溶解和解析(气-液色谱)能力或吸附和脱附(气-固色谱)能力，即各组分在两相中的分配系数不同。当两相做相对运动时，各组分在两相中进行反复多次分配，从而使混合物中各组分得以分离。

气相色谱仪是以气体为流动相(载气)，待测样品由微量注射器注入进样口汽化室汽化后，被载气带入装有涂在惰性载体上的液体固定相的色谱柱内，进行反复多次的分配，最终得以分离，然后依次进入检测器，根据组分的物理化学性质不同，按顺序检测出来。

气相色谱仪包括气路、进样、分离、检测和记录五个系统。气路系统由钢瓶、净化器、稳压恒流装置、压力表、流量计及供载气连续运行的密闭管路组成；进样系统由进样器和汽化室组成；分离系统由色谱柱、柱箱和温度控制装置组成；检测器是将各组分的量转换成易于测量的电信号的装置，气相色谱仪中最常用的是热导检测器和氢焰检测器；记录系统是能自动记录检测器输出的电信号的装置。

气相色谱仪型号较多，原理相同，在此只介绍 GC-920 气相色谱仪的主要构造及使用方法。气相色谱仪构造如图 2.54 所示。

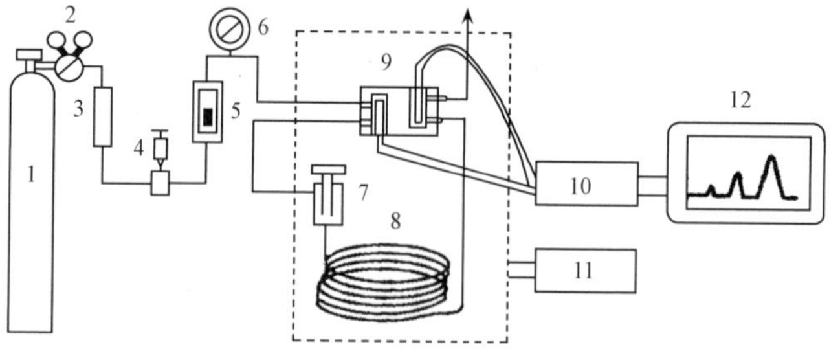

图 2.54 气相色谱仪构造

1. 高压瓶；2. 减压阀；3. 载气净化干燥管；4. 针形阀；5. 流量计；6. 压力表；7. 进样器；8. 色谱柱；9. 检测器；10. 放大器；11. 温度控制器；12. 记录仪

2. 热导池检测器的原理及使用方法

1) 热导池检测器的原理

热导池检测器(TCD)的检测原理是基于以下三点：

(1) 不同的组分和载气之间有不同的导热系数。

(2) 热敏元件的阻值随温度变化而变化。

(3) 利用惠斯登电桥测量。

热导池检测器的结构如图 2.55 所示。热导池检测器由池体和热敏元件组成,热敏元件是阻值随自身温度变化而变化的导电体,常用的是铼钨丝。池体用不锈钢制成,池体上有安装热敏元件并与气路相通的孔道。热导池工作时接通载气并保持恒温,此时流经的载气组成和流量均恒定,流经铼钨丝的电流恒定,由铼钨丝热电阻组成的电桥处于平衡状态。当经色谱柱分离的组分由载气带入热导池时,因组分和载气的导热系数不同,铼钨丝温度发生变化,进而导致铼钨丝的阻值随之变化,电桥平衡被破坏,输出电压信号,此信号与被测组分浓度成函数关系,再由记录仪或数据处理机处理得到色谱图。

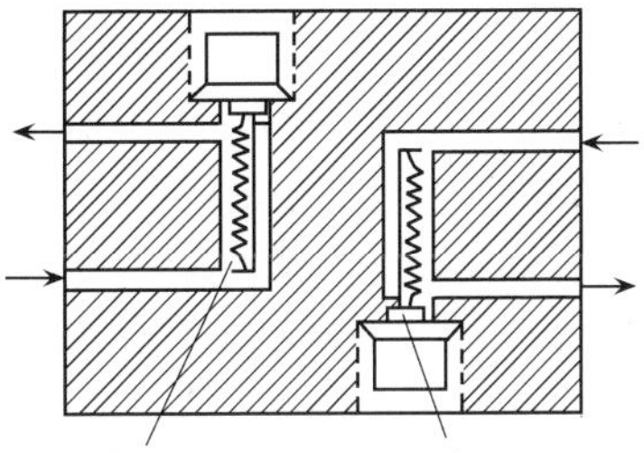

(a) 双臂热导池

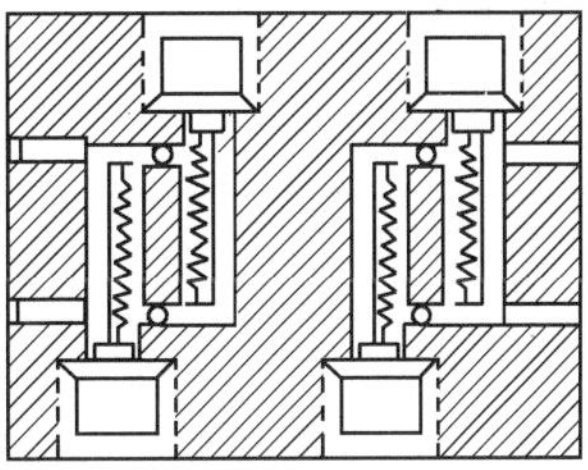

(b) 四臂热导池

图 2.55　热导池检测器结构示意图

2) 热导池检测器的使用方法

(1) 开启载气(钢瓶)总阀,调节减压阀,使钢瓶输出压力为 0.4～0.6 MPa,调节载气稳压阀,使柱前载气流量为要求数值。

(2) 打开主机电源开关,打开加热开关。

(3) 由键盘输入设定柱温、汽化室及检测器温度,按面板上的起始键。

(4) 按 TCD 面板上的开关 ON。

(5) 设定电流值,选择极性(用 H_2 作载气时,电流为 120～150 mA;用 N_2 作载气时,电流为 60～75 mA)。

(6) 待温度稳定后,调节 TCD 面板上的调零旋钮,使输出电流值接近零点。

(7) 观察基线平直后即可进样。

(8) 分析完毕,设桥电流为零。

(9) 按 TCD 面板上的开关 OFF, 关闭加热开关。

(10) 待 TCD 温度降至室温,关载气开关及主机电源。

3) 热导池检测器的使用注意事项

(1) 使用热导池检测器时,必须先通载气,后开启热导池电源。关闭时,则先关电源后关载气,以防烧断电热丝。长期停机后重启时,应先通载气 15 min 以上才能将检测器通电,以保证铼钨丝不被氧化和破坏。

(2) TCD 长期不用时,须将进气口、出气口堵死,以防止铼钨丝被氧化。

(3) 桥电流增加,热丝温度升高,热丝和池体之间温差加大,检测器灵敏度高。但桥电流过大时,基线不稳,热丝易断。一般控制桥电流在 100～200 mA。

(4) 开机前需检查气路的气密性,防止漏气。

3. 氢火焰离子化检测器的原理及使用方法

1）氢火焰离子化检测器的原理

氢火焰离子化检测器简称氢焰检测器(FID)，其检测原理是基于以下三点：

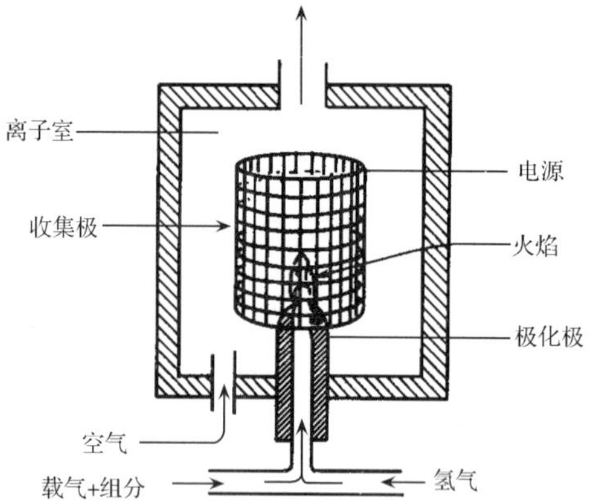

图 2.56 氢火焰离子化检测器离子室示意图

(1) 氢气和氧气燃烧形成的火焰为有机化合物分子提供燃烧和电离的条件。

(2) 有机化合物分子在氢氧火焰中进行化学电离。

(3) 化学电离产生的离子在置于火焰附近的静电场中定向移动而形成离子流。

氢焰检测器的结构如图 2.56 所示。

载气(N_2)及色谱柱分离后的组分与氢气混合在一起，进入离子室后由喷嘴喷出，氢气和空气混合并经引燃后燃烧，产生的高温火焰为能源，可使被测有机组分电离成正、负离子，在火焰附近设有收集极(负极)和极化极(正极)，在两极之间加有±220 V的极化电压，形成直流电场。在电场的作用下，电离产生的离子在收集极和极化极之间定向流动形成电流，电流大小与单位时间进入离子室的被测组分量成正比，通过高阻取出信号，经放大后成为电压信号输出，再由记录仪或数据处理机处理得到色谱图。

2）氢火焰离子化检测器的使用方法

(1) 开启载气(钢瓶)总阀，调节减压阀，使钢瓶输出压力为 0.4～0.6 MPa，调节载气稳压阀，使柱前载气流量为要求数值。

(2) 打开主机电源开关，打开加热开关。

(3) 由键盘输入设定柱温、汽化室及检测器温度，按面板上的起始键。

(4) 按 FID 面板上的开关 ON。

(5) 设定灵敏度范围。

(6) 打开氢气、空气开关阀，调节氢气、空气稳压阀，点火。

(7) 待温度稳定后，调节 FID 面板上的调零旋钮，使输出电流值接近零点。

(8) 观察基线走直后即可进样。

(9) 分析完毕，关闭氢气、空气开关阀。

(10) 按 FID 面板上的开关 OFF，关闭加热开关。

(11) 待柱箱温度降至室温，关载气开关及主机电源。

3）氢火焰离子化检测器的使用注意事项

(1) 氢焰检测器灵敏度较高，为保证基线稳定，需注意经常更换气体净化管内填装的硅胶、分子筛、活性炭，始终保持载气、氢气、空气的清洁。色谱柱固定相必须在最高使用温度下充分老化，减少固定液流失和固定液中溶剂挥发造成的基线漂移。

(2) 一般载气(N_2)、氢气 、空气流量之比为 1∶1∶10。

(3) 氢焰检测器的温度应高于 100 ℃，最好高于柱温 50 ℃，以免水蒸气和样品冷凝。

(4) 开机前，需检查气路的气密性，防止漏气。

第二部分

基 本 实 验

第3章 基本操作训练

实验1 常用仪器的认领、洗涤和使用

一、实验目的

(1) 熟悉实验室内的水、电、气等设施的布置情况。

(2) 观看实验教学录像，学习实验室规则、实验室安全知识及实验室事故的应急处理方法。

(3) 了解基础化学实验中常用仪器的用途及使用方法。

(4) 练习常用玻璃仪器的洗涤及基本操作方法。

二、仪器与试剂

(1) 仪器：台秤(精度 0.1 g)，常用玻璃仪器，毛刷等。

(2) 试剂：去污粉，合成洗涤剂，洗液。

三、实验步骤

1. 观看实验录像

以班级为单位观看实验教学录像。

2. 仪器的洗涤和干燥

(1) 检查仪器。按照常用仪器的“仪器单”检查、认识常用仪器。

(2) 仪器洗涤练习。

(i) 用去污粉洗刷表面皿、烧杯、锥形瓶、量筒等，然后用自来水冲洗干净，检查是否符合要求。若符合要求，再用去离子水洗涤两三遍。

(ii) 用合成洗涤剂洗涤移液管、吸量管、滴定管、容量瓶等具有精确刻度的仪器，然后用自来水冲洗，符合要求后，再用去离子水洗涤两三遍。若未洗干净，可用铬酸洗液洗涤(注意：洗液用后倒回原试剂瓶)。

3. 常用仪器的使用

(1) 练习台秤的称量操作，练习移液管、吸量管、容量瓶及量筒等仪器的使用。

(2) 了解酸式滴定管、碱式滴定管的使用方法，练习滴定操作。

四、思考题

(1) 如何判断玻璃仪器是否洗涤干净?

(2) 铬酸洗液的去污原理是什么? 如何使用? 如何判断其是否失效?

实验 2　分析天平的称量练习

一、实验目的

(1) 了解分析天平的基本构造和原理。
(2) 掌握分析天平的使用规则。
(3) 练习使用直接称量法、差减称量法称取试样。

二、实验原理

1. 电光分析天平

电光分析天平主要有半自动和全自动两种，载荷一般为 100～200 g。若根据分度值的大小分类，分为常量分析天平($0.1\ mg\cdot 分度^{-1}$)、微量分析天平($0.01\ mg\cdot 分度^{-1}$)和超微量分析天平($0.001\ mg\cdot 分度^{-1}$)。目前使用较多的是 TG-328B 型半自动电光天平，工作原理是杠杆原理，其构造和使用方法详见 2.6.1 节。

2. 电子天平

电子天平是新一代的天平，它是根据电磁力平衡原理制造而成的。电子天平以其使用方便、性能稳定和维护简单而得以广泛应用。一般电子天平载荷量为 120 g，可称准至 0.1 mg，其构造和使用方法详见 2.6.1 节。

3. 直接称量法与差减称量法

直接称量法是直接将被称量物或容器放在天平上称量。差减称量法是将试样放在称量瓶中，先称出试样和称量瓶质量，然后按需要量倒出一部分试样，再称试样和称量瓶质量，两次质量之差即为倒出试样的质量。

三、仪器与试剂

(1) 仪器：分析天平，称量瓶，小坩埚。
(2) 试剂：金属片(铜片或铝片)，无水碳酸钠(s)。

四、实验步骤

1. 直接称量法称量金属片质量

领取两片标有记号的金属片，放在分析天平上直接称量，称出质量后与金属片的准确质量进行核对。

2. 差减称量法称取 Na_2CO_3

(1) 先称出两个空坩埚，质量记为 m_4、m_5。
(2) 用纸带从干燥器中取出已装好 Na_2CO_3 的称量瓶，准确称其质量，记为 m_1。
(3) 将称量瓶中的试样缓慢倾入第一个坩埚中，使试样的质量为 0.2～0.4 g，准确称出称量瓶的质量，记为 m_2，坩埚加试样的质量记为 m_6，则(m_1-m_2)为从称量瓶倒出试样的质量，

(m_6-m_4)为第一个坩埚中试样的质量。

(4) 重复上述操作，将称量瓶中的试样倾入第二个坩埚中，准确称出称量瓶的质量，记为m_3，坩埚加试样的质量记为m_7，则(m_2-m_3)即为第二次从称量瓶中倒出试样的质量，(m_7-m_5)为第二个坩埚中试样的质量。

(5) 结果的检验。从理论上讲，从称量瓶倒出的试样质量等于进入坩埚中试样的质量，但通常允许二者称量差值小于0.0005 g，即绝对差值$|(m_1-m_2)-(m_6-m_4)|<0.0005$ g、$|(m_2-m_3)-(m_7-m_5)|<0.0005$ g。若不符合要求，分析原因后重新称量，直至满足要求。

五、实验数据记录与处理(表3.1)

表3.1　天平称量实验数据

实验编号	Ⅰ	Ⅱ
称量瓶＋试样质量(倒出前)/g	m_1	m_2
称量瓶＋试样质量(倒出后)/g	m_2	m_3
倾出试样的质量/g		
坩埚＋样品质量/g	m_6	m_7
空坩埚质量/g	m_4	m_5
坩埚中试样的质量/g		
绝对差值/g	$\lvert(m_1-m_2)-(m_6-m_4)\rvert$	$\lvert(m_2-m_3)-(m_7-m_5)\rvert$

六、思考题

(1) 什么情况下用直接称量法？什么情况下用差减称量法？

(2) 使用电光分析天平时为什么强调轻开轻关天平旋钮？为什么必须先关闭天平，才能取放称量物和加减砝码？否则会引起什么后果？

(3) 用差减法称取试样时，若称量瓶内的试样吸湿，将对称量结果造成什么误差？若试样倾倒入烧杯内以后再吸湿，对称量是否有影响？

(4) 称量时为什么不能用手直接接触被称物，而要用洁净的小纸条套住称量瓶或小坩埚？

(5) 读数时为什么要关好天平两边的侧门？

(6) 怎样判断天平两边秤盘的轻重？

实验3　容量器皿的校准

一、实验目的

(1) 了解容量器皿校准的意义。练习滴定管、移液管、容量瓶的校准方法。

(2) 掌握滴定管、容量瓶、移液管的使用方法。

二、实验原理

在分析实验中，滴定管、移液管和容量瓶是滴定分析法常用的主要量器。容量器皿所标出的体积与容量器皿的实际容积并非完全相符合。在准确度要求较高的分析工作中，必须对容量器皿进行校准。

1. 校准方法

由于玻璃具有热胀冷缩的特性，在不同温度下容量器皿的容积也有所不同。因此，校准玻璃容量器皿时，必须规定一个共同的温度值，这一规定温度值称为标准温度，国际上规定玻璃容量器皿的标准温度为 20 ℃，即在校准时都将玻璃容量器皿的容积校准到 20 ℃时的实际容积。容量器皿常用校准方法有两种。

1）相对校准

要求两种容器容积之间有一定的比例关系时，常采用相对校准的方法。例如，25 mL 移液管量取液体的体积应等于 250 mL 容量瓶量取体积的$\frac{1}{10}$。

2）绝对校准

绝对校准是测定容量器皿的实际容积。常用的标准方法为衡量法，又称称量法，即用天平称得容量器皿容纳或放出纯水的质量，然后根据水的密度计算出该容量器皿在标准温度 20 ℃时的实际容积。由质量换算成容积时，需考虑三方面的影响：

（1）水的密度随温度的变化。

（2）温度对玻璃器皿容积胀缩的影响。

（3）在空气中称量时空气浮力的影响。

为了方便计算，将上述三种因素综合考虑，得到一个总校准值。经总校准后的纯水密度列于表 3.2。

表 3.2 不同温度下纯水的密度值

温度/℃	密度/$g \cdot mL^{-1}$	温度/℃	密度/$g \cdot mL^{-1}$
10	0.9984	21	0.9970
11	0.9983	22	0.9968
12	0.9982	23	0.9966
13	0.9981	24	0.9964
14	0.9980	25	0.9961
15	0.9979	26	0.9959
16	0.9978	27	0.9956
17	0.9976	28	0.9954
18	0.9975	29	0.9951
19	0.9973	30	0.9948
20	0.9972		

实际应用时，只要称出被校准的容量器皿容纳和放出纯水的质量，再除以该温度下纯水的密度，即为该容量器皿在 20 ℃时的实际容积（忽略温度对玻璃器皿容积胀缩的影响）。例如，18 ℃时某 50 mL 容量瓶容纳纯水质量为 49.87 g，计算该容量瓶在 20 ℃时的实际容积。通过查表 3.2 得 18 ℃时水的密度为 0.9975 $g \cdot mL^{-1}$，所以 20 ℃时容量瓶的实际容积 V_{20} 为

$$V_{20} = \frac{49.87}{0.9975} = 49.99(\text{mL})$$

2. 溶液体积对温度的校正

容量器皿是以 20 ℃为标准来校准的，使用时温度如果不是 20 ℃，则容量器皿的容积以及溶液的体积都会发生改变。由于溶液的体积与密度有关，因此可以通过溶液密度来校准温度对溶液体积的影响。稀溶液的密度一般可用相应水的密度来代替。玻璃的膨胀系数很小，在温度相差不太大时，容量器皿的容积改变可以忽略。

例如，在 10 ℃时滴定用去 25.00 mL 0.1 $mol \cdot L^{-1}$标准溶液，计算在 20 ℃时溶液体积。查表 3.2 得，水在 10 ℃时密度为 0.9984 $g \cdot mL^{-1}$，20 ℃时密度为 0.9972 $g \cdot mL^{-1}$（0.1 $mol \cdot L^{-1}$稀溶液的密度可用纯水密度代替），故 20 ℃时溶液的体积为

$$V_{20} = \frac{25.00 \times 0.9984}{0.9972} = 25.03(\mathrm{mL})$$

三、仪器与试剂

(1) 仪器：分析天平，酸式滴定管，移液管，容量瓶，温度计，洗耳球。

(2) 试剂：去离子水，凡士林。

四、操作步骤

1. 酸式滴定管的校正

先将洗净且干燥的 50 mL 容量瓶置于台秤上粗称其质量，然后在分析天平上准确称量至小数点后第二位（0.01 g，为什么?）。

将去离子水装满欲校准的酸式滴定管，调节液面至"0"刻度左右，记录水温，然后按每分钟约 10 mL 的流速，放出 10 mL（要求在 10 mL±0.1 mL 范围内）水于已称过质量的容量瓶中，盖上瓶塞，再称出它的质量，两次质量之差即为放出水的质量。用同样方法称量滴定管中 10 mL到 20 mL、20 mL 到 30 mL……刻度间水的质量。用实验温度时的密度除每次得到水的质量，即可计算出滴定管各部分的实际容积。将 25 ℃时校准滴定管的实验数据列入表 3.3。

表 3.3　滴定管校准值（温度 25 ℃，水密度 0.9961 $g \cdot mL^{-1}$）

滴定管读数	容积/mL	瓶＋水质量/g	水质量/g	实际容积/mL	校准值/mL	累积校准值/mL
0.03	—	29.20	—	—	—	—
10.13	10.10	39.28	10.08	10.12	+0.02	+0.02
20.10	9.97	49.19	9.91	9.95	−0.02	0.00
30.08	9.98	59.18	9.99	10.03	+0.05	+0.05
40.03	9.95	69.13	9.95	9.99	+0.04	+0.09
49.97	9.94	79.01	9.88	9.92	−0.02	+0.07

例如，25 ℃时由滴定管放出 10.10 mL 水，其质量为 10.08 g，计算这一段滴定管的实际体积为

$$V_{20} = \frac{10.08}{0.9961} = 10.12(\mathrm{mL})$$

故这段滴定管的容积校准值为 10.12−10.10=+0.02(mL)。

2. 移液管的校准

将 25 mL 移液管洗净，吸取去离子水至刻度，放入已称量的容量瓶中，再称量，根据水的质量计算在此温度时的实际容积。两支移液管各校准两次，对于同一支移液管的两次称量差不得超过 20 mg，否则重新校准。测量数据按表 3.4 记录和计算。

表 3.4 移液管校准值(水的温度=____℃，密度=____$g \cdot mL^{-1}$)

移液管编号	移液管容积/mL	容量瓶质量/g	瓶+水质量/g	水质量/g	实际容积/mL	校准值/mL
Ⅰ						
Ⅱ						

3. 容量瓶与移液管的相对校准

用 25 mL 移液管吸取去离子水注入洁净且干燥的 250 mL 容量瓶中(操作时切勿让水碰到容量瓶的磨口)，重复 10 次，然后观察溶液弯月面下缘是否与刻度线相切，若不相切，应重新标记，经相互校准后的容量瓶与移液管均标记相同记号，可配套使用。

五、思考题

(1) 称量水的质量时，为什么仅精确至 0.01 g？

(2) 为什么要进行容量器皿的校准？影响容量器皿体积刻度不准确的主要因素有哪些？

(3) 利用称量水法进行容量器皿校准时，为什么要求水温和室温一致？若两者稍微有差异，以哪个温度为准？

(4) 从滴定管放出去离子水到称量的容量瓶内时，应注意什么？

(5) 滴定管有气泡存在时对滴定有何影响？应如何除去滴定管中的气泡？

(6) 使用移液管的操作要领是什么？为什么要使液体垂直流下？为什么放完液体后要停一定时间再读数？最后留于管尖的液体如何处理？为什么？

实验 4 酸碱标准溶液的配制与浓度的比较

一、实验目的

(1) 练习酸碱标准溶液的配制方法。

(2) 学习滴定管的准备、使用及滴定操作。

(3) 熟悉甲基橙和酚酞指示剂的使用及其确定终点的方法。

(4) 掌握有效数字、精密度和准确度的概念。

二、实验原理

在酸碱滴定中，常用盐酸和氢氧化钠溶液作为标准溶液。但由于浓盐酸容易挥发，NaOH 易吸收空气中的水分和 CO_2，均不符合直接法配制标准溶液的条件，只能首先配制成近似浓度的溶液，然后用基准物质标定其准确浓度，即间接法配制。也可用已知准确浓度的标准溶液来标定其浓度。通过滴定测得 $V(\mathrm{NaOH})/V(\mathrm{HCl})$，由已知酸（碱）浓度，计算出待标定的碱（酸）浓度。

在酸碱滴定中，一般利用指示剂确定终点，选择指示剂的原则是应使指示剂的变色范围处于或部分处于滴定突跃范围之内，在滴定体系中滴定突跃是化学计量点前后±0.1%滴定剂体积范围内 pH 的急剧变化。图 3.1 为 0.1 $\mathrm{mol \cdot L^{-1}}$ NaOH 滴定 0.1 $\mathrm{mol \cdot L^{-1}}$ HCl 的滴定曲线，pH 突跃为 4.3～9.7。由于酚酞的变色范围是 8.2～10.0，因此可以选择酚酞为指示剂，溶液的颜色由无色变为微红色，且 30 s 不褪色即为终点。

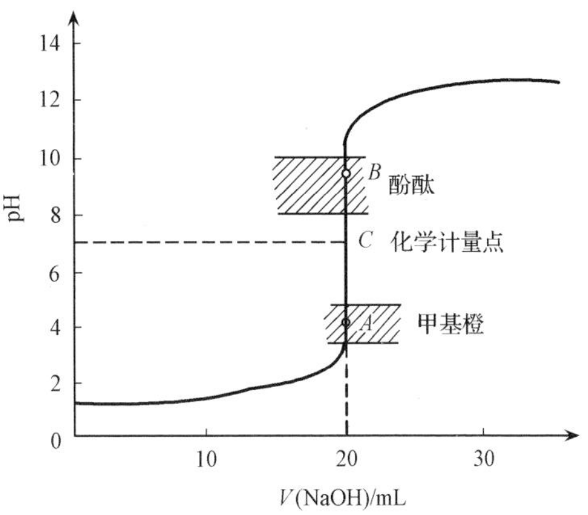

图 3.1　0.1 $\mathrm{mol \cdot L^{-1}}$ NaOH 溶液滴定 20.00 mL 0.1 $\mathrm{mol \cdot L^{-1}}$ HCl 溶液

若用 0.1 $\mathrm{mol \cdot L^{-1}}$ HCl 滴定 0.1 $\mathrm{mol \cdot L^{-1}}$ NaOH，则 pH 突跃为 9.7～4.3，而甲基橙指示剂的变色范围在 3.1～4.4，因此可以选择甲基橙为指示剂，溶液的颜色由黄色变为橙色即为终点。

三、仪器与试剂

（1）仪器：酸式滴定管，碱式滴定管，锥形瓶，小烧杯，试剂瓶。

（2）试剂：NaOH(s)，浓盐酸，0.1%甲基橙水溶液，0.2%酚酞乙醇溶液。

四、实验步骤

1. 0.1 $\mathrm{mol \cdot L^{-1}}$ HCl 溶液和 0.1 $\mathrm{mol \cdot L^{-1}}$ NaOH 溶液的配制

（1）0.1 $\mathrm{mol \cdot L^{-1}}$ HCl 溶液的配制：用量筒量取 4～4.5 mL 浓盐酸加入去离子水中并稀释成 500 mL，贮于玻璃塞细口瓶中，摇匀，贴上标签备用。

（2）0.1 $\mathrm{mol \cdot L^{-1}}$ NaOH 溶液的配制：在台秤上称取 2.0 g 固体 NaOH 于小烧杯中，加去离子水溶解，然后将溶液倾入洁净的 500 mL 试剂瓶中，用去离子水稀释至 500 mL，用橡皮塞塞紧，摇匀，贴上标签备用。

2. 酸碱溶液浓度的比较

（1）以甲基橙为指示剂，用 HCl 滴定 NaOH 溶液。

由碱式滴定管放出 20 mL 左右的 NaOH 标准溶液于 250 mL 锥形瓶中，加入 1～2 滴甲基橙指示剂，然后用酸式滴定管中的 HCl 溶液滴定锥形瓶中的 NaOH 溶液，同时不断摇动锥形瓶，直至 NaOH 溶液由黄色突变为橙色，即为终点，记录所消耗 NaOH 和 HCl 溶液的体积。平行测定 3 次，要求结果的相对平均偏差小于 0.3%，数据填入表格。

（2）以酚酞为指示剂，用 NaOH 溶液滴定 HCl 溶液。

从酸式滴定管中放出 20 mL 左右的 HCl 溶液于锥形瓶中，加入 1～2 滴酚酞指示剂，然后用碱式滴定管中的 NaOH 溶液滴定锥形瓶中的 HCl 溶液，直至溶液由无色变为淡红色，且 30 s 内不褪色，即为终点，记录所消耗的 NaOH 和 HCl 溶液体积。平行测定 3 次，要求结果的相对平均偏差小于 0.3%，数据填入表格。

五、实验数据记录与处理(表 3.5、表 3.6)

表 3.5　HCl 滴定 NaOH 溶液(甲基橙为指示剂)

实验编号	Ⅰ	Ⅱ	Ⅲ
V(HCl)终读数/mL			
V(HCl)初读数/mL			
V(HCl)/mL			
V(NaOH)终读数/mL			
V(NaOH)初读数/mL			
V(NaOH)/mL			
V(HCl)/V(NaOH)（四位有效数字）			
V(HCl)/V(NaOH)平均值			
个别测定绝对偏差			
相对平均偏差/%			

表 3.6　NaOH 滴定 HCl 溶液(酚酞为指示剂)

实验编号	Ⅰ	Ⅱ	Ⅲ
V(HCl)终读数/mL			
V(HCl)初读数/mL			
V(HCl)/mL			
V(NaOH)终读数/mL			
V(NaOH)初读数/mL			
V(NaOH)/mL			
V(HCl)/V(NaOH)（四位有效数字）			
V(HCl)/V(NaOH)平均值			
个别测定绝对偏差			
相对平均偏差/%			

六、思考题

(1) 装 NaOH 溶液的试剂瓶为什么要使用橡皮塞？

(2) 在接近终点时溶液为什么加半滴？在本实验中，滴定时过了终点能否再回滴？

(3) 滴定时指示剂用量为什么不能太多？

(4) 对于 50 mL 的滴定管，当第一次实验用去 20 mL，第二次滴定时为什么必须添加标准溶液至"0"刻度线附近，而不可继续使用余下的部分溶液进行滴定？

(5) 市售固体氢氧化钠常因吸收 CO_2 而混有少量 Na_2CO_3，以致在分析结果中引入误差，在要求严格的情况下，如何配制不含 Na_2CO_3 的氢氧化钠溶液？

实验 5　粗食盐的提纯

一、实验目的

（1）学习提纯无机化合物的基本方法。

（2）练习溶解、加热、过滤、蒸发、结晶、干燥等无机制备中的基本操作。

（3）了解沉淀溶解平衡原理的应用。

二、实验原理

可溶性晶体物质中的杂质可用重结晶法除去。重结晶的原理是基于晶体物质的溶解度一般随温度的降低而减小，当热的饱和溶液冷却时，待提纯的物质首先以结晶析出，而少量杂质由于尚未达到饱和，仍留在母液中，从而得到分离和去除。

粗食盐中除不溶性杂质（尘、沙）外，还会有可溶性杂质（Ca^{2+}、Mg^{2+}、K^{+}、SO_4^{2-}），不溶性杂质可用溶解后过滤的方法除去，可溶性杂质则需要用化学方法进行处理后才能除去。除 SO_4^{2-} 可加入 $BaCl_2$ 溶液，生成 $BaSO_4$ 沉淀，反应式为

$$Ba^{2+} + SO_4^{2-} = BaSO_4 \downarrow$$

除 Ca^{2+}、Mg^{2+} 可加入 NaOH 与 Na_2CO_3 溶液，生成 $Mg(OH)_2$ 和 $CaCO_3$ 沉淀，反应式为

$$Mg^{2+} + 2OH^{-} = Mg(OH)_2 \downarrow$$

$$Ca^{2+} + CO_3^{2-} = CaCO_3 \downarrow$$

加入 Na_2CO_3 的同时可将过量的 Ba^{2+} 除去，反应式为

$$Ba^{2+} + CO_3^{2-} = BaCO_3 \downarrow$$

过量的 NaOH、Na_2CO_3 可加 HCl 中和。少量的可溶性杂质如 KCl，由于其含量少、溶解度又较大，且 KCl 的溶解度随温度变化较小，因此在浓缩和结晶过程中仍留在母液中，不会与 NaCl 同时结晶出来，从而将 KCl 除去。

三、仪器与试剂

（1）仪器：循环水泵，电炉，吸滤瓶，布氏漏斗，小烧杯，漏斗，试管，蒸发皿，量筒。

（2）试剂：粗食盐(s)，1.0 $mol \cdot L^{-1}$ $BaCl_2$，2.0 $mol \cdot L^{-1}$ NaOH，1.0 $mol \cdot L^{-1}$ Na_2CO_3，2.0 $mol \cdot L^{-1}$ HCl，1.0 $mol \cdot L^{-1}$ $(NH_4)_2C_2O_4$，2.0 $mol \cdot L^{-1}$ H_2SO_4，镁试剂（0.01 g 镁试剂溶解于 1000 mL 1 $mol \cdot L^{-1}$ NaOH 溶液中）。

四、实验步骤

1. 粗食盐的提纯

称取粗食盐 8.0 g 于小烧杯中，加入去离子水 30 mL 加热搅拌溶解，然后在搅拌下滴加 1.0 $mol \cdot L^{-1}$ $BaCl_2$（约 2 mL），直至全部生成白色的 $BaSO_4$ 沉淀为止（除 SO_4^{2-}）。待沉淀沉降后，检查沉淀是否完全（在上清液中滴加 1～2 滴 $BaCl_2$ 溶液，观察溶液是否有混浊现象，如有混浊，则需继续滴加 $BaCl_2$ 溶液）。沉淀完全后继续加热 5 min（使沉淀长成大颗粒，易于沉降），过滤，滤液盛于洁净的烧杯中。

在上述滤液中加入 1 mL 2.0 mol · L^{-1}NaOH 和 3 mL 1.0 mol · L^{-1} Na_2CO_3，并加热至沸（此时有大量沉淀生成，除 Ca^{2+}、Mg^{2+}），待沉淀沉降后，检查沉淀是否完全（在上清液中滴加 1～2 滴 Na_2CO_3溶液，观察溶液是否有混浊现象），过滤，滤液盛在洁净的蒸发皿中。

在上述滤液中滴加 2.0 mol · L^{-1}HCl，使溶液 pH=5～6（玻璃棒蘸取检验），用微火缓慢加热蒸发至稀粥状稠液为止，冷却后减压抽滤，烘干，称量，计算产率。

2. 产品纯度检验

分别称取 1.0 g 提纯后的 NaCl 和粗食盐，溶于 5 mL 去离子水中，用下列方法检验并比较它们的纯度。

（1）SO_4^{2-} 的检验：取上述溶液各 1 mL，分别加入 2 滴 1.0 mol · L^{-1} $BaCl_2$，观察有无白色 $BaSO_4$ 沉淀生成。

（2）Ca^{2+}的检验：取上述溶液各 1 mL，分别加入 2 滴 1.0 mol · L^{-1} $(NH_4)_2C_2O_4$，观察有无白色 CaC_2O_4 沉淀生成。

（3）Mg^{2+}的检验：取上述溶液各 1 mL，分别加入 2 滴 2.0 mol · L^{-1}NaOH，使溶液呈碱性，再分别加入 2～3 滴镁试剂，观察现象。

（4）Ba^{2+}的检验：取上述溶液各 1 mL，分别加入 2 滴 2.0 mol · L^{-1} H_2SO_4，观察有无白色的 $BaSO_4$ 沉淀生成。

若在提纯后的 NaCl 溶液中均无混浊现象，且镁试剂不显色，则表明纯度符合要求。

五、实验数据记录与处理（表 3.7）

表 3.7 产品纯度检验结果

检验	加入试剂	粗盐	精盐	结论
SO_4^{2-}	$BaCl_2$			
Ca^{2+}	$(NH_4)_2C_2O_4$			
Mg^{2+}	OH^- + 镁试剂			
Ba^{2+}	H_2SO_4			

计算产率：产率=$\frac{m_{精盐}}{m_{粗盐}}\times 100\%$。

六、思考题

（1）减压过滤操作中要特别注意什么？

（2）为什么在蒸发结晶时不能蒸干？

（3）在除 SO_4^{2-} 时，为什么加入的沉淀剂 $BaCl_2$ 是过量的？

实验 6 硝酸钾的制备与提纯

一、实验目的

（1）学习用复分解反应制备硝酸钾晶体的原理与方法。

（2）进一步熟悉溶解、过滤、蒸发、结晶等基本操作。

（3）掌握重结晶法提纯物质的原理和方法。

二、实验原理

硝酸钾是一种常用的化工产品，是最重要的硝酸盐之一，可用于火柴、烟花、火药、药物、陶瓷釉彩、金属处理等。本实验是用 $NaNO_3$ 和 KCl 制备 KNO_3，其反应方程式为

$$NaNO_3 + KCl \xlongequal{} NaCl + KNO_3$$

在 $NaNO_3$ 和 KCl 的混合液中同时存在 Na^+、K^+、Cl^-、NO_3^- 四种离子，由这四种离子组成四种盐 KNO_3、KCl、$NaNO_3$、NaCl，它们同时存在于溶液中。利用四种盐在不同温度下溶解度的差异可制备 KNO_3 晶体。不同温度下四种盐在水中的溶解度见表 3.8。

表 3.8　不同温度下四种盐在水中的溶解度 *s*［单位：$g \cdot (100\ g\ H_2O)^{-1}$］

t/ ℃	0	10	20	30	40	60	80	100
$s(KNO_3)$	13.3	20.9	31.6	45.8	63.9	110.0	169	246
$s(KCl)$	27.6	31.0	34.0	37.0	40.0	45.5	51.1	56.7
$s(NaNO_3)$	73	80	88	96	104	124	148	180
$s(NaCl)$	35.7	35.8	36.0	36.3	36.6	37.3	38.4	39.8

由表 3.8 可以看出，随温度的升高，KNO_3 的溶解度增大很快。通过加热蒸发混合液，使 NaCl 在较高温度下由于溶解度较小而首先析出，然后趁热滤去，冷却滤液，KNO_3 因溶解度急剧下降而大量析出，仅有少量 NaCl 等杂质随 KNO_3 一起析出。经重结晶后即可得到较纯净的 KNO_3 晶体。

三、仪器与试剂

（1）仪器：循环水泵，台秤，电炉，吸滤瓶，布氏漏斗，漏斗，小烧杯，量筒。

（2）试剂：$NaNO_3(s)$，$KCl(s)$，$0.1\ mol \cdot L^{-1}\ AgNO_3$，$2.0\ mol \cdot L^{-1}\ HNO_3$。

四、实验步骤

1. KNO_3 的制备

称取 16.0 g $NaNO_3$ 和 15 g KCl 于小烧杯中，加 30 mL 去离子水，用小火加热，使其全部溶解，同时不断搅拌，蒸发至原液体积的 1/2，此时烧杯内有晶体析出（此晶体是什么?），趁热快速过滤，滤液盛于另一洁净的小烧杯中，滤液中立即有晶体析出（此晶体又是什么?）。

再向滤液中加入 15 mL 去离子水，蒸发至原体积的 1/3，静置，充分冷却，待结晶完全后减压抽滤，将晶体尽量抽干，称量，计算产率。

保留少许晶体（约 0.2 g）供纯度检验，其余进行下面的重结晶。

2. KNO_3 的提纯

按 KNO_3 与 H_2O 的质量比 2∶1 的比例将粗产品溶于去离子水中，加热，搅拌，待溶液刚开始沸腾后即停止加热（若此时晶体还未完全溶解，可以加适量水使其刚好溶解）。自然冷却至室温后减压抽滤，烘干，称量。

3. 产品纯度检验

取粗产品和重结晶后的 KNO_3 晶体各 0.2 g，分别置于两支试管中，各加1 mL去离子水配成溶液，然后各加 2 滴 2 $mol \cdot L^{-1}$ HNO_3 和 2 滴 0.1 $mol \cdot L^{-1}$ $AgNO_3$，观察现象，进行对比。

五、实验数据记录与处理(表 3.9)

表 3.9 产品纯度检验结果

KNO_3	加入试剂	现象	结论
粗 KNO_3 溶液	HNO_3 + $AgNO_3$		
提纯后 KNO_3 溶液	HNO_3 + $AgNO_3$		

根据反应式计算出产品的理论产量，然后根据下式计算产品的产率。

$$产率=\frac{实际产量}{理论产量}\times 100\%$$

六、思考题

(1) 产品中的主要杂质是什么?

(2) 实验中为什么在第一次固、液分离时要采用热过滤?

(3) 将热过滤后的滤液冷却时，KCl 能否析出? 为什么?

(4) 能否将除去 NaCl 后的滤液直接冷却制取 KNO_3?

实验 7 硫酸亚铁铵的制备

一、实验目的

(1) 学习复盐的制备方法及性质。

(2) 掌握加热、过滤、蒸发、结晶等基本操作。

二、实验原理

硫酸亚铁铵 $(NH_4)_2SO_4 \cdot FeSO_4 \cdot 6H_2O$ 是一种复盐，俗称莫尔盐，为浅蓝绿色透明晶体，易溶于水，难溶于乙醇。一般亚铁盐在空气中都不稳定，很容易被空气氧化，形成复盐后则比较稳定，因此可用于氧化还原滴定中的基准物。

在 0～60 ℃的温度范围内，像所有的复盐那样，硫酸亚铁铵 $(NH_4)_2SO_4 \cdot FeSO_4 \cdot 6H_2O$ 在水中的溶解度比组成它的每一个组分 $FeSO_4$、$(NH_4)_2SO_4$ 的溶解度都要小。因此，经冷却后复盐在水溶液中首先结晶，形成 $(NH_4)_2SO_4 \cdot FeSO_4 \cdot 6H_2O$ 复盐。

通常先用铁屑与稀硫酸反应

$$Fe+H_2SO_4 = FeSO_4+H_2\uparrow$$

再与硫酸铵混合

$$FeSO_4+(NH_4)_2SO_4+6H_2O = (NH_4)_2SO_4 \cdot FeSO_4 \cdot 6H_2O$$

经加热、浓缩、冷却、结晶制备出硫酸亚铁铵复盐。

三、仪器与试剂

(1) 仪器：循环水泵，台秤，吸滤瓶，布氏漏斗，蒸发皿，小烧杯，量筒，锥形瓶，比色管。

(2) 试剂：铁屑(s)，$(NH_4)_2SO_4$(s)，3.0 mol·L^{-1} H_2SO_4，10% Na_2CO_3，3.0 mol·L^{-1} HCl，0.10 mol·L^{-1} KSCN。

四、实验步骤

1. 铁屑的净化

用台秤称取 2.0 g 铁屑于锥形瓶中，加入 10 mL 10% Na_2CO_3，小火加热煮沸 5～10 min 除去油污，倾去碱液，用水洗至中性。

2. $FeSO_4$ 溶液的制备

在上述锥形瓶内加入 15 mL 3.0 mol·L^{-1} H_2SO_4，加热至不冒气泡为止(约 30 min)。加热过程中可补充水分，防止晶体析出。然后趁热过滤，滤液盛于洁净的蒸发皿中，并分别用 2 mL 3.0 mol·L^{-1} H_2SO_4 和少量去离子水洗涤漏斗中的不溶物。

3. 硫酸亚铁铵的制备

在上述制备的 $FeSO_4$ 溶液中，加入一定量 $(NH_4)_2SO_4$(s)[根据 $FeSO_4$ 的理论产量，按照 $FeSO_4$ 与 $(NH_4)_2SO_4$ 的质量比为 1∶0.75 的比例，计算所需 $(NH_4)_2SO_4$ 的量]，小火加热搅拌至固体物质溶解，继续小火加热，浓缩至溶液表面出现晶膜为止。冷却后，减压抽滤，弃去母液，所得莫尔盐晶体用滤纸吸干。

4. 产品检验

检查 Fe^{3+} 的含量。称取 1 g 产品置于比色管中，加入 15 mL 自制的不含氧的去离子水使之溶解。加入 2 mL 3.0 mol·L^{-1} HCl 和 1 mL 0.10 mol·L^{-1} KSCN，最后用不含氧的去离子水稀释至刻度，摇匀，与标准溶液进行比较，确定产品级别。

五、实验数据记录与处理

(1) 根据反应式计算出产品的理论产量，然后根据下式计算产品的产率。

$$产率=\frac{实际产量}{理论产量}\times 100\%$$

(2) 采用比色法确定产品级别。

六、思考题

(1) 如何计算实验中铁屑、硫酸、硫酸铵的用量？

(2) 在制备硫酸亚铁铵的过程中，为什么溶液始终呈酸性？

第 4 章　化学基本原理的应用及常数测定

实验 8　乙酸离解常数的测定——电位滴定法

一、实验目的

(1) 掌握电位滴定的基本操作和滴定终点的确定方法。

(2) 学习测定乙酸离解常数的原理和方法,巩固弱酸离解平衡的基本概念。

(3) 了解 pH 计的工作原理,学习使用 pH 计。

二、实验原理

1. pH 的测定

乙酸(HAc)是一种弱酸,在水溶液中存在下列平衡:

$$HAc + H_2O \rightleftharpoons H_3O^+ + Ac^-$$

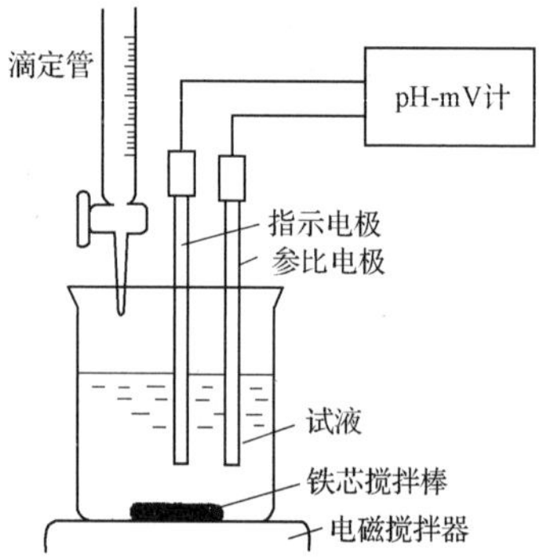

图 4.1　电位滴定装置

电位滴定法是在滴定过程中根据指示电极和参比电极的电位差或溶液 pH 突跃来确定终点的一种方法。在乙酸电位滴定过程中,随着滴定剂 NaOH 的不断加入,乙酸与 NaOH 发生反应,溶液 pH 不断增加,在化学计量点附近发生 pH 突跃。因此,测量溶液 pH 的变化,就能确定滴定终点(图 4.1)。滴定过程中,每加一定体积的滴定剂,测一次 pH,在接近化学计量点时,每次滴定剂加入量要小于 0.10 mL,滴定到超过化学计量点为止。最后得到一系列滴定剂用量 V 和相应的 pH 数据。溶液与电极构成的原电池如下:

(一) Ag,AgCl|内参比溶液|玻璃膜|试液‖KCl(饱和)| Hg_2Cl_2,Hg(+)

|←　玻璃电极　→|待测溶液|←　甘汞电极　→|

膜电位为

$$\varphi_{膜} = K + 0.0592\lg a_{H^+} = K - 0.0592\text{pH} \tag{4-1}$$

电极电位为

$$\varphi_{玻璃} = \varphi_{膜} + \varphi_{内参比} = K - 0.0592\text{pH} + \varphi_{内参比} \tag{4-2}$$

电池电动势为

$$\begin{aligned} E &= \varphi_{甘汞} - \varphi_{玻璃} + \Delta\varphi_{L} \\ &= \varphi_{甘汞} - (K - 0.0592\text{pH} + \varphi_{内参比}) + \Delta\varphi_{L} \\ &= K' + 0.0592\text{pH} \end{aligned} \tag{4-3}$$

2. 滴定终点的确定

确定滴定终点的方法有以下三种：

(1) pH-V 曲线法：以滴定剂用量 V 为横坐标，以 pH 为纵坐标，绘制 pH-V 曲线。作两条与滴定曲线相切的 45°倾斜的直线，两斜线的等分线与曲线的交点为滴定终点，见图 4.2(a)。

(2) $\Delta pH/\Delta V$ -V 曲线法（一级微商法），见图 4.2(b)。

(3) $\Delta^2 pH/\Delta V^2$-V 曲线法（二级微商法），见图 4.2(c)。

本实验采用 pH-V 曲线法。

3. 求 $pK_a^\ominus$

HAc 离解常数为 $K_a^\ominus=\frac{[H^+][Ac^-]}{[HAc]}$。当乙酸被 NaOH 中和了一半时，溶液中 $[Ac^-]=[HAc]$，此时 $K_a^\ominus=[H^+]$，即 $pK_a^\ominus=pH$。确定滴定终点体积以后，从 pH-V 曲线上查出 HAc 被中和一半时 $1/2V_e$ 的 pH。此时，$pH=pK_a^\ominus$，从而计算出 $K_a^\ominus$，见图 4.2(a)。

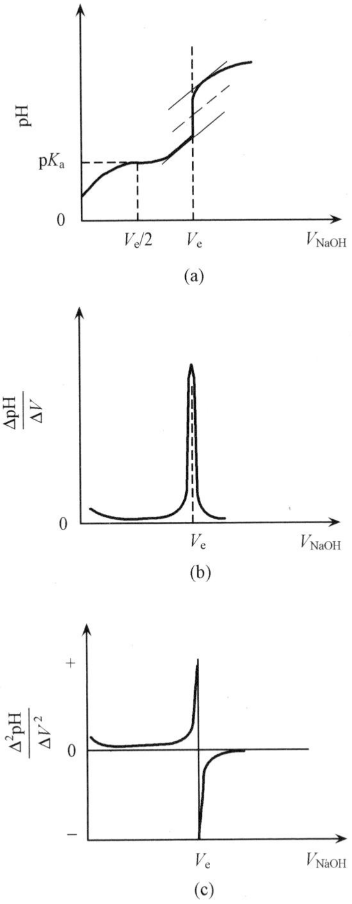

图 4.2　NaOH 滴定 HAc 的 3 种滴定曲线图

三、仪器与试剂

(1) 仪器：pHS-25 型酸度计，电磁搅拌器，231 型玻璃电极和 232 型饱和甘汞电极，滴定管，烧杯，移液管，容量瓶。

(2) 试剂：0.1 $mol \cdot L^{-1}$ HAc，1.0 $mol \cdot L^{-1}$ KCl，0.10 $mol \cdot L^{-1}$ NaOH，pH=4.00(25 ℃)的标准缓冲溶液，0.5%酚酞指示剂。

四、实验步骤

(1) 用 pH=4.00(25 ℃)的标准缓冲溶液将 pHS-25 型酸度计定位。

(2) 移取 25.00 mL 0.1 $mol \cdot L^{-1}$ HAc 溶液于 250 mL 锥形瓶中(一份)，滴入 2～3 滴酚酞指示剂，用氢氧化钠溶液滴定至溶液呈淡红色，30 s 内不褪色即为终点。记录 NaOH 体积，以供下面测定 pH 参考。

(3) 移取 25.00 mL 0.1 $mol \cdot L^{-1}$ HAc 溶液于小烧杯中，加 5.0 mL 1.0 $mol \cdot L^{-1}$ KCl，放入搅拌磁子，浸入 pH 玻璃电极和饱和甘汞电极。开启电磁搅拌器，用 0.10 $mol \cdot L^{-1}$ NaOH 溶液进行滴定，滴定开始时每间隔 2.00 mL 读数一次，待接近化学计量点时每间隔 0.10～0.20 mL 读数一次，数据填入表 4.1。

表 4.1 NaOH 滴定体积与溶液 pH

V(NaOH)/mL	pH	ΔV/mL	ΔpH	ΔpH/ΔV	Δ^2pH/ΔV^2
2.00					
4.00		2.00			
…	…	…	…	…	…

五、实验数据记录与处理

(1) 绘制 pH-V 曲线，确定滴定终点 V_e。

(2) 用一级、二级微商法分别确定滴定终点 V_e（可选作）。

(3) 由 $1/2V_e$ 法计算 HAc 的离解常数 $K_a^\ominus$，并与文献值比较（$K_a^\ominus=1.76\times10^{-5}$），分析误差的来源。

六、思考题

(1) 用电位滴定法确定终点与指示剂法相比有什么优缺点？

(2) 在什么条件下才能从测得的 pH 计算乙酸离解常数？

(3) 实验中为什么要加入 5.0 mL 1 mol · L^{-1} KCl？

(4) 当乙酸完全被氢氧化钠中和时，反应终点的 pH 是否等于 7.0？为什么？

(5) 玻璃电极在使用前为什么要在去离子水中浸泡活化？

实验 9 H_3BO_3 的测定——线性滴定法

一、实验目的

(1) 学习用线性滴定法确定极弱酸的滴定终点的方法。

(2) 学会用计算机进行数据处理。

二、实验原理

1. 线性滴定法

对于满足条件 $cK_{a_i}^\ominus\geqslant10^{-8}$ 的弱酸滴定曲线（pH-V）都是“s”形的，在化学计量点附近出现 pH 突跃，由此可以确定滴定终点。但对于极弱酸或极弱碱，它们的离解常数很小，化学计量点附近没有明显的 pH 突跃，不能准确确定滴定终点。线性滴定法可将滴定曲线改变为直线，使上述问题得到解决。滴定剂可以分步等体积地加入，避免在化学计量点附近逐点进行滴定，简化了操作，可用计算机控制进行自动滴定，数据也可用计算机进行处理。

若用强碱（NaOH）滴定极弱酸，如硼酸（$K_a^\ominus=5.75\times10^{-10}$，$K_{HA}^H=1/K_a^\ominus$，$\lg K_{HA}^H=9.24$），根据电离平衡、质量平衡、电中性平衡可以导出英曼（Ingman）公式如下：

$$V_e-V=VK_{HA}^H\{H\}+\frac{V_0+V}{c_B}([H]-[OH])(1+K_{HA}^H\{H\}) \qquad (4\text{-}4)$$

式中：V_e 为化学计量点时消耗的滴定剂体积（mL）；V_0 为滴定溶液的初始体积（mL）；V 为加入

滴定剂的体积(mL)；c_B 为滴定剂的摩尔浓度(mol · L^{-1})；K_{HA}^{H}为弱酸的稳定常数；{H}、[H]、[OH]分别为氢离子的活度、浓度和氢氧根离子的浓度，电荷符号省略。

利用滴定所得的 pH 和 V 的数据，由殷格曼公式计算出相应的 $V_e - V$ 值，再以 $V_e - V$ 为纵坐标，V 为横坐标，绘出滴定曲线(图 4.3)，图中两条直线与 V 轴相交于一点，此点对应的体积即为滴定终点时消耗滴定剂的体积。

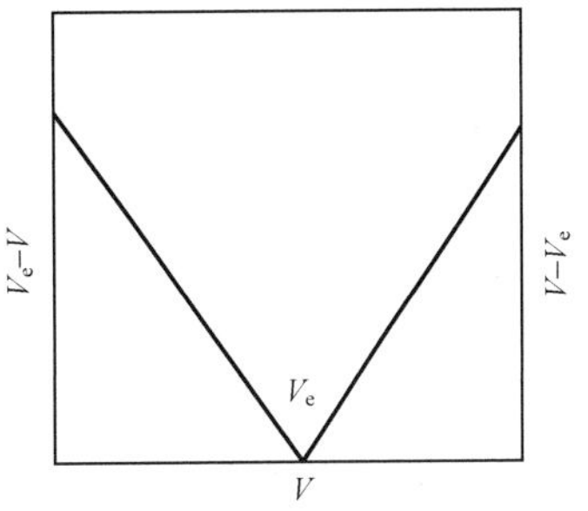

图 4.3　线性滴定曲线(0.1 mol · L^{-1} NaOH 滴定 0.1 mol · L^{-1} H_3BO_3)

2. pH 的测定

(－) Ag,AgCl|内参比溶液|玻璃膜|试液 ‖ KCl(饱和)|Hg_2Cl_2,Hg(＋)

|←　玻璃电极　→|待测溶液|←　甘汞电极　→|

$$\begin{aligned} E &= \varphi_{\text{甘汞}} - \varphi_{\text{玻璃}} + \Delta\varphi_L \\ &= \varphi_{\text{甘汞}} - (K - 0.0592\text{pH} + \varphi_{\text{内参比}}) + \Delta\varphi_L \\ &= K' + 0.0592\text{pH} \end{aligned} \quad (4\text{-}5)$$

3. H_3BO_3 离解常数 $pK_a^{\ominus}$ 的计算

$$H_3BO_3 + H_2O \rightleftharpoons H_3O^+ + H_2BO_3^-$$

$$K_a^{\ominus} = \frac{[H_3O^+][H_2BO_3^-]}{[H_3BO_3]} \quad (4\text{-}6)$$

当 $V_{NaOH} = 1/2\ V_e$ 时，$[H_2BO_3^-] = [H_3BO_3]$，因此 $pH = pK_a^{\ominus}$。

三、仪器与试剂

(1) 仪器：pHS-25 型酸度计，电磁搅拌器，231 型玻璃电极和 232 型饱和甘汞电极，碱式滴定管。

(2) 试剂：0.1 mol · L^{-1}NaOH，0.1 mol · L^{-1} H_3BO_3，1 mol · L^{-1}KCl，pH＝9.18 硼砂标准缓冲溶液。

四、实验步骤

(1) 用 pH＝9.18 标准缓冲溶液将 pHS-25 型酸度计定位。

(2) 用移液管准确移取 0.10 mol · L^{-1} H_3BO_3 溶液 5.00 mL 于干燥的100 mL烧杯中，加入 5.0 mL 1 mol · L^{-1}KCl 溶液，用滴定管加去离子水 40.0 mL(此时被滴定溶液的总体积为 50.0 mL，溶液的离子强度为 0.1)。插入玻璃电极和饱和甘汞电极，开启电磁搅拌器，读出开始的 pH，然后以间隔为 0.50 mL 分步加入 0.1 mol · L^{-1}NaOH，每加入一定量滴定剂读出相应的 pH，数据填入表 4.2。用测定取得的 V 和 pH 数据代入式(4-4)计算相应的 $V_e - V$ 值。本实验离子强度恒定，因而活度系数基本保持不变，故公式中的氢离子活度{H}可以近似用氢离子浓度[H]代替。

表 4.2　滴定剂 NaOH 的体积与对应溶液的 pH

V/mL									
pH									

在坐标纸上绘出(V_e-V)-V 曲线，找出滴定终点的 V_e 值。计算求得的 V_e-V 值在化学计量点后均为负值，因此等当点后的纵坐标可改写为 $V-V_e$。

五、实验数据记录与处理

(1) 绘制 pH-V 滴定曲线，由 1/2 V_e 法求 H_3BO_3 的离解常数。

(2) 绘制(V_e-V)-V 曲线，求出 V_e 后，计算 H_3BO_3 试液的准确浓度和含量($g \cdot L^{-1}$)(V_e-V 值可通过计算机编程处理)。

六、思考题

(1) 本实验为什么要加 5.0 mL 1 mol・L^{-1}KCl?

(2) 试比较线性滴定法和滴定曲线法确定终点的异同点和各自的优点。

实验 10　$BaSO_4$ 溶度积常数的测定——电导率法

一、实验目的

(1) 学习用电导率法测定 $BaSO_4$ 溶度积的方法。

(2) 了解电导率仪的工作原理与使用。

二、实验原理

硫酸钡是一种难溶强电解质，在饱和溶液中存在如下平衡：

$$BaSO_4(s) \rightleftharpoons BaSO_4(aq) = Ba^{2+}(aq) + SO_4^{2-}(aq)$$

$$K^{\ominus}_{sp,BaSO_4} = [Ba^{2+}][SO_4^{2-}] = c^2(BaSO_4) \tag{4-7}$$

因此，只需测定$[Ba^{2+}]$、$[SO_4^{2-}]$、$c(BaSO_4)$中任一值即可求出 $K^{\ominus}_{sp,BaSO_4}$。因为 $BaSO_4$ 的溶解度很小，所以可把饱和溶液看作无限稀释的溶液，离子的活度与浓度近似相等($a \approx c$)。由于饱和溶液中 $BaSO_4$ 的浓度很低，因此常采用电导法，通过测定 $BaSO_4$ 电解质溶液的电导率计算离子浓度。

物质导电能力的大小通常以电阻(R)或电导(G)表示，电阻 $R=\rho\dfrac{l}{A}$，电导是电阻的倒数

$$G=\frac{1}{R}=\frac{1}{\rho}\times\frac{A}{l}=K\frac{A}{l}$$

式中：G 为电导，单位是 S(西门子)；A 为截面积；l 为长度；K 为电导率($S \cdot cm^{-1}$)。当测定两平行电极之间溶液的电导时，若电极面积 $A=1\ cm^2$，电极相距1 cm，溶液浓度为 1 mol・L^{-1}，则电解质溶液的电导为摩尔电导率，用 λ 表示。当溶液浓度无限稀时，正、负离子之间的影响趋于零，摩尔电导率 λ 趋于最大值，用 λ_0 表示，称为极限摩尔电导率。实验证明当溶液无限稀时，每种电解质的极限摩尔电导率是离解的两种离子的极限摩尔电导率的简单加和，对 $BaSO_4$ 饱和溶液有

$$\lambda_{0,BaSO_4} = \lambda_{0,Ba^{2+}} + \lambda_{0,SO_4^{2-}}$$

当以 1/2 $BaSO_4$ 为基本单元时，$\lambda_{0,BaSO_4} = 2\lambda_{1/2\ BaSO_4}$，在 25 ℃时，无限稀的 1/2 Ba^{2+} 和 1/2 SO_4^{2-} 的 λ_0 值分别为 63.6 $S \cdot cm^2 \cdot mol^{-1}$、80.0 $S \cdot cm^2 \cdot mol^{-1}$，因此

$$\lambda_{0,\mathrm{BaSO_4}} = 2\lambda_{1/2\,\mathrm{BaSO_4}} = 2(\lambda_{0,\,1/2\,\mathrm{Ba^{2+}}} + \lambda_{0,\,1/2\,\mathrm{SO_4^{2-}}}) = 2\times(63.6+80.0)$$
$$= 287.2(\mathrm{S\cdot cm^2\cdot mol^{-1}})$$

摩尔电导率 λ 是 1 mol · L^{-1}溶液的电导率 $K(K=\lambda c)$，因此，只要测得电导率 K 值，即可求得溶液浓度。

$$c(\mathrm{BaSO_4}) = \frac{1000K_{\mathrm{BaSO_4}}}{\lambda_{0,\,\mathrm{BaSO_4}}} \tag{4-8}$$

由于测得 $BaSO_4$ 饱和溶液的电导率包括水的电导率，因此实际 $BaSO_4$ 的电导率为

$$K_{\mathrm{BaSO_4}} = K_{\mathrm{BaSO_4}(溶液)} - K_{\mathrm{H_2O}}$$
$$G_{\mathrm{BaSO_4}} = G_{\mathrm{BaSO_4}(溶液)} - G_{\mathrm{H_2O}}$$

$$K^{\ominus}_{\mathrm{sp,\,BaSO_4}} = \left[1000\times\frac{K_{\mathrm{BaSO_4}(溶液)} - K_{\mathrm{H_2O}}}{\lambda_{0,\,\mathrm{BaSO_4}}}\right]^2 = \left[1000\times\frac{(G_{\mathrm{BaSO_4}(溶液)} - G_{\mathrm{H_2O}})\dfrac{l}{A}}{\lambda_{0,\mathrm{BaSO_4}}}\right]^2 \tag{4-9}$$

式中：$\frac{l}{A}$为电极常数，在电极上标出。

三、仪器与试剂

（1）仪器：DDS-307 型电导率仪，烧杯，量筒，电炉。

（2）试剂：$BaSO_4$(s)，去离子水。

四、实验步骤

1. $BaSO_4$ 饱和溶液制备

将 0.2 g 分析纯的 $BaSO_4$ 置于 100 mL 烧杯中，加去离子水 60～80 mL，加热煮沸 3～5 min，并不断搅拌，然后静置，用去离子水洗 3 次，再加去离子水 60～80 mL，并加热煮沸 1～2 min，静置，冷却至室温，得 $BaSO_4$ 饱和溶液。

2. 电导测定

使用 DDS-307 电导率仪测定溶液电导，步骤如下：

（1）取 50 mL 去离子水，测定其电导率 $K_{\mathrm{H_2O}}$，测定时操作要迅速。

（2）将制得的 $BaSO_4$ 饱和溶液冷却至室温后测定溶液（取上层清液）$K_{\mathrm{BaSO_4}(溶液)}$（或电导 $G_{\mathrm{BaSO_4}}$）。

五、实验数据记录与处理

将测定的数据填入表 4.3。

表 4.3　电导率的测定

溶液温度 t/ ℃	去离子水 $K_{\mathrm{H_2O}}$/$\mathrm{S\cdot cm^{-1}}$	溶液的 $K_{\mathrm{BaSO_4}(溶液)}$/$\mathrm{S\cdot cm^{-1}}$	$K_{\mathrm{sp,BaSO_4}}$

六、思考题

(1) 为什么要测去离子水的电导率？

(2) 什么叫极限摩尔电导率？什么情况下 $\lambda_0=\lambda_{0正离子}+\lambda_{0负离子}$？

(3) 在什么条件下可用电导率计算溶液浓度？

实验 11　离子选择性电极测定水中微量的氟

一、实验目的

(1) 了解氟离子选择性电极的结构、特性和使用。

(2) 掌握用氟离子选择性电极测定水中氟含量的原理和方法。

(3) 掌握标准曲线法测定微量氟的方法。

(4) 了解酸度计的使用。

二、实验原理

饮用水中微量氟含量的高低对人体的健康有很大影响，氟含量太低，易引起龋牙(也称蛀牙)与骨质疏松等症状。但过量摄入氟，有可能导致人体氟中毒，轻度中毒产生氟牙症，俗称黄斑牙，重度中毒会产生氟骨病(国际卫生组织推荐饮用水中氟含量为 1.0～1.5 mg · L^{-1})，因此需对饮用水中氟含量进行监测。其中比色法测定微量氟操作繁琐且费时，而氟离子选择性电极测定简便快速，且干扰少，因此得到广泛应用。

氟离子选择性电极是一种电化学传感器，它将溶液中待测离子的活度转换成电位信号。氟离子选择电极的敏感膜是 LaF_3 单晶膜，内装 0.1 mol · L^{-1}NaCl-0.1 mol · L^{-1}NaF 内参比溶液，Ag-AgCl 为内参比电极。测定 F^- 浓度的方法与测定 pH 的方法相似。

当氟电极插入溶液时，其敏感膜对 F^- 产生响应，在膜和溶液间产生一定的膜电位

$$\varphi_{膜}=K-\frac{2.303RT}{F}\lg a(F^-) \tag{4-10}$$

在待测溶液中插入氟电极(指示电极)和饱和甘汞电极(参比电极)，组成工作电池：

(－) Hg, Hg_2Cl_2 | KCl(饱和) ‖ F^-溶液 | LaF_3 | NaF, NaCl | AgCl, Ag(＋)

|←— 甘汞电极 —→|待测溶液|←— 氟离子电极 —→|

25 ℃时电池电动势为

$$\begin{aligned}E&=\varphi_{F电极}-\varphi_{甘汞}+\Delta\varphi_L=\varphi_{膜}+\varphi_{内参比}-\varphi_{甘汞}+\Delta\varphi_L\\&=K-\frac{2.303RT}{F}\lg a(F^-)+\varphi_{内参比}-\varphi_{甘汞}+\Delta\varphi_L\\&=K'-\frac{2.303RT}{F}\lg a(F^-)\\&=K'-0.0592\lg a(F^-)\end{aligned} \tag{4-11}$$

电池的电动势 E 在一定条件下与 F^- 离子活度的对数值成直线关系，即

$$E=K'-0.0592\lg a(F^-) \tag{4-12}$$

式中：K'为包括内、外参比电极的电位、液接电位等的常数。通过测量电池电动势可以测定 F^- 的离子活度。实验中一般测定的是浓度，根据 $a(F^-)=\gamma c(F^-)$，当溶液的总离子强度不变

时，离子的活度系数 γ 为一定值，即

$$E = K'' - 0.0592\lg c(F^-) \tag{4-13}$$

E 与 F^- 的浓度的对数值成直线关系。测定氟离子时，能与氟离子生成络合物或沉淀的离子（Al^{3+}、Fe^{3+}、Ca^{2+}、Mg^{2+} 和稀土金属离子等）干扰测定，必须加掩蔽剂（柠檬酸钠、磺基水杨酸、EDTA 等）。另外，溶液 pH 对测定有较大影响，酸性溶液中，H^+ 与部分 F^- 形成 HF 或 HF_2^-，会降低氟离子的浓度；在碱性溶液中，LaF_3 薄膜与 OH^- 发生交换作用而使溶液中 F^- 浓度增加。因此氟电极适宜测定的 pH 范围为 5～8，通常用 HAc-NaAc 缓冲溶液来控制溶液 pH。

因此，测定氟离子的浓度时，常在标准溶液与试样溶液中同时加入相等的足够量的总离子强度调节缓冲溶液（TISAB）。本实验 TISAB 组成为 NaCl＋（HAc-NaAc）＋柠檬酸钠。

当 F^- 浓度在 10^{-1}～10^{-6} mol · L^{-1}时，E 与 pF（F^- 浓度的负对数）成直线关系，可用标准曲线法或标准加入法进行测定。

三、仪器与试剂

（1）仪器：pHS-25 型酸度计，电磁搅拌器，氟离子选择性电极，232 型饱和甘汞电极，塑料小烧杯，移液管，吸量管，容量瓶。

（2）试剂：0.1000 mol · L^{-1} F^- 标准溶液，总离子强度调节缓冲液 TISAB（58 g NaCl＋57 mL HAc ＋12 g 柠檬酸钠溶入 800 mL 去离子水中，用 40％ NaOH 调节 pH 为 5.0～5.5，然后稀释至 1000 mL）。

四、实验步骤

1. 氟电极的准备

氟电极在使用前应在去离子水浸泡数小时或在 10^{-3} mol · L^{-1} NaF 溶液中浸泡 1～2 h。将浸泡活化的氟电极和甘汞电极浸入去离子水中，加入搅拌磁子，开动电磁搅拌器，将电极洗至空白值＋300 mV（或－300 mV）左右。若洗不到空白值，更换去离子水，反复几次，直至达到要求。

2. 标准曲线法测定 F^-

（1）标准曲线的绘制。准确移取 10.00 mL 0.1000 mol · L^{-1} 氟标准溶液于 100 mL 容量瓶中，加入 10 mL TISAB，用去离子水稀释至刻度，摇匀。此溶液为 10^{-2} mol · L^{-1} 氟标准溶液。用逐级稀释法配成浓度为 10^{-3} mol · L^{-1}、10^{-4} mol · L^{-1}、10^{-5} mol · L^{-1} 及 10^{-6} mol · L^{-1} 的氟离子标准系列溶液。逐级稀释时，只需加入 9.0 mL TISAB 溶液。

将标准系列溶液由低浓度到高浓度依次转入塑料烧杯中，插入氟电极和甘汞电极，用电磁搅拌器搅拌 1～2 min 后，停止搅拌 0.5 min，开始读取平衡电位 E，然后每隔 0.5 min 进行一次读数，直至 3 min 内读数不变为止，数据填入表 4.4。在坐标纸上作 E-pF 或 E-lgF 图。

（2）水样的配制及 E 测定。准确移取自来水样 50.00 mL 于 100 mL 容量瓶中，加入 10 mL TISAB 溶液，用去离子水稀释至刻度，摇匀。在与测量标准曲线相同的条件下测定水样的电动势（测定前应先将氟电极洗至空白值，然后再测试液），数据填入表 4.4。从标准曲线上查出水样的 F^- 浓度，再计算出自来水中含氟量。

表 4.4　溶液电动势的测定

pF	2.00	3.00	4.00	5.00	6.00	水样
E/mV						

3. 标准加入法测定 F^-(选做)

(1) 准确吸取 50.00 mL 自来水样于 100 mL 容量瓶中(稀释倍数视水样中 F^- 的浓度而定),加入 10 mL TISAB 溶液,用去离子水稀释至刻度,摇匀,吸取50 mL试液(记为 V_0)于干燥塑料小烧杯中,测定电动势记为 E_1。

(2) 在上述试液中准确加入 0.5 mL(记为 V_s)浓度为 10^{-3} mol · L^{-1}(记为 c_s)的 F^- 标准溶液(可视水样中 F^- 的浓度而定),搅拌均匀,测定电动势记为 E_2。

根据测定数据,计算自来水中氟含量,并与标准曲线法测得结果比较。

五、实验数据记录与处理

1. 标准曲线法

(1) 绘制工作曲线。以 E 为纵坐标,pF 为横坐标绘制标准曲线。

(2) 在标准曲线上找出 E_x 值相应的 pF,换算出试样中氟离子的总含量,以 mg · L^{-1} 表示。

2. 标准加入法

E_1=________(mV),E_2=________(mV),$c(F^-)$(单位:mg · L^{-1})计算公式为

$$c(F^-)=\frac{\Delta c}{10^{(E_2-E_1)/S}-1}\times 1000\times 19.0\times 2$$

式中:$\Delta c=\frac{c_s V_s}{V_0}$;$S=\frac{2.303RT}{F}$。

六、思考题

(1) 本实验中加入总离子强度调节缓冲溶液的作用是什么?

(2) 为什么要把氟电极洗至空白值为+300 mV(或−300 mV)左右?

实验 12　氯离子选择性电极法测定氯化铅的溶度积常数

一、实验目的

(1) 掌握直接电位法测定氯离子含量及溶度积常数的原理和方法。

(2) 掌握酸度计的使用。

二、实验原理

以氯离子选择性电极为指示电极,双液接甘汞电极为参比电极,插入试液中组成工作电池。

(－) Hg_2Cl_2,Hg|饱和 KCl|0.1 mol·L^{-1} KNO_3|试液 ‖ AgCl,Ag_2S(＋)

|←—— 甘汞电极 ——→|待测溶液|←—氯离子电极—→|

$$E = \varphi_{氯电极} - \varphi_{甘汞} + \Delta\varphi_L = K - \frac{2.303RT}{F}\lg a(Cl^-) - \varphi_{甘汞} + \Delta\varphi_L$$

$$= K' - \frac{2.303RT}{F}\lg a(Cl^-)$$

T=298 K 时,上式可变为

$$E = K' - 0.0592\lg a(Cl^-) \tag{4-14}$$

当氯离子浓度在 1～10^{-4} mol·L^{-1}时,电池电动势与氯离子活度的对数成线性关系。分析工作中要求测定的是离子的浓度 c_i,根据 $a_i = \gamma_i c_i$,可以在标准溶液和被测溶液中加入 TISAB,使溶液的离子强度保持恒定,从而使活度系数 γ_i 为一常数,$\lg\gamma_i$ 可并入 K'项中,则式(4-14)变为 $E = K'' - 0.0592\lg c(Cl^-)$,即电池电动势与被测离子浓度的对数成线性关系。

一般的离子选择性电极都有其特定的 pH 使用范围,本实验所用的 301 型氯离子选择性电极的最佳 pH 范围为 2～7,这个 pH 范围是通过加入 TISAB 来控制的。在含有难溶盐 $PbCl_2$ 固体的饱和溶液中,存在着下列平衡反应:

$$PbCl_2(s) \rightleftharpoons Pb^{2+} + 2Cl^-$$

且$[Pb^{2+}]=[Cl^-]/2$,则

$$K_{sp}^{\ominus} = [Pb^{2+}][Cl^-]^2 = 1/2[Cl^-][Cl^-]^2 = 1/2[Cl^-]^3 \tag{4-15}$$

由氯离子选择性电极测得饱和 $PbCl_2$ 溶液中的$[Cl^-]$后,即可求得 $PbCl_2$ 的 $K_{sp}^{\ominus}$。

三、仪器与试剂

(1) 仪器:pHS-25 型酸度计,301 型氯离子选择性电极,217 型双液接甘汞电极(内盐桥为饱和 KCl 溶液,外盐桥为 0.1 mol·L^{-1} KNO_3 溶液),电磁搅拌器,塑料小烧杯,移液管,吸量管,容量瓶。

(2) 试剂:1.000 mol·L^{-1} NaCl 标准溶液,TISAB(由 $NaNO_3$ 加 HNO_3 组成,pH 为 2～3)。

四、实验步骤

1. 电极的准备

将用 10^{-3}mol·L^{-1}NaCl 溶液浸泡活化 1 h 以上的氯电极和双液接甘汞电极浸入去离子水中,加入搅拌子,开动电磁搅拌器,将电极洗至空白值 E=＋300 mV(或－300 mV)左右。若洗不到空白值,更换去离子水,反复几次,直至满足要求。

2. 标准曲线的绘制

吸取 1.00 mol·L^{-1}氯离子标准溶液 10.00 mL 于 100 mL 的容量瓶中,加入 TISAB 10.0 mL,用去离子水稀释至刻度,摇匀,得 pCl=1.00 溶液。移取 pCl=1.00 溶液 10.00 mL 置于另一个 100 mL 容量瓶中,加入 9.0 mL TISAB,用去离子水稀释至刻度,摇匀,得 pCl=2.00 溶液。用同样的方法依次配制 pCl=3.00、pCl=4.00、pCl=5.00 溶液。

将系列标准溶液由稀到浓逐个转入小烧杯中,插入氯电极和双液接甘汞电极,搅拌 1～2 min,停止搅拌 0.5 min 后读数。再搅拌,再读数,直至恒定,数据填入表 4.5。在坐标纸上

作 E-pCl 图。

表 4.5 溶液电动势的测定

pCl	1.00	2.00	3.00	4.00	5.00	饱和 $PbCl_2$ 溶液
E/mV						

3. 饱和 $PbCl_2$ 溶液平衡电动势的测定

用移液管吸取 10.00 mL $PbCl_2$ 饱和溶液于 100 mL 容量瓶中，加入 10 mL TISAB，用去离子水稀释至刻度，然后测定其电位值 E_x(测定前应先洗至空白值后再测试液)，数据填入表 4.5。求氯离子浓度，计算 $PbCl_2$ 溶度积。

五、实验数据记录与处理

(1) 绘制工作曲线。以 E 为纵坐标，pCl 为横坐标绘制标准曲线。

(2) 在标准曲线上找出 E_x 相应的 pCl，换算得出试样中氯离子的总含量，以 $mg \cdot L^{-1}$ 表示，并求出饱和 $PbCl_2$ 溶液中$[Cl^-]$，计算 $PbCl_2$ 的 $K_{sp}^{\ominus}$。

六、思考题

(1) 加入总离子强度调节缓冲液的作用是什么？

(2) 本实验中与电极响应的是氯离子的活度还是浓度？为什么？

(3) 氯离子选择性电极在使用前为什么要浸泡活化？是否可用去离子水浸泡活化？

(4) 本实验中为什么要用双液接甘汞电极，而不用一般的甘汞电极？使用双液接甘汞电极时应注意什么？

实验 13 邻二氮杂菲分光光度法测定微量铁

一、实验目的

(1) 了解分光光度计的结构、性能，学会使用 722N 型分光光度计。

(2) 掌握分光光度法的测定原理，并用邻二氮杂菲法测定微量铁。

(3) 学会绘图处理实验数据的方法。

二、实验原理

1. 分光光度法原理

分光光度法是根据物质对一定波长光的吸收程度来确定物质含量的光度分析法。分光光度法包括紫外分光光度法、可见分光光度法、红外分光光度法。本实验采用可见分光光度法。

被测组分在一定条件下加入显色剂后发生显色反应，生成具有颜色的物质，而一定颜色的物质对特定波长的单色光具有选择性的吸收，根据吸光物质对一定波长的光的吸收程度确定物质的含量。其定量依据为朗伯-比尔定律，即光吸收的基本定律，其数学表达式为

$$A = \varepsilon bc \tag{4-16}$$

式中：A 为吸光度；b 为液层厚度(cm)；c 为溶液中物质的浓度($mol \cdot L^{-1}$)；ε 为摩尔吸光系数($L \cdot mol^{-1} \cdot cm^{-1}$)。

根据朗伯-比尔定律可以得出：当入射光波长和吸收池光程一定时，吸光度 A 与浓度 c 成线性关系，$A=kc$。显色物浓度与 A 成正比例关系，可通过标准曲线法测定未知试样的浓度。

2. 测定原理

由于 Fe^{3+} 与邻二氮杂菲也能发生配合反应(配合物呈蓝色)而干扰 Fe^{2+} 的测定，因此在显色反应之前必须将试样中的 Fe^{3+} 还原为 Fe^{2+}。

当 pH<3 时

$$2Fe^{3+}+2NH_2OH \cdot HCl \!=\!=\!= 2Fe^{2+}+N_2\uparrow+2H_2O+4H^{+}+2Cl^{-}$$

在 pH=2～9 时(pH<2 时，显色反应慢，酸度太低时，Fe^{2+} 水解)，Fe^{2+} 与邻二氮杂菲生成橘红色配合物，$\lambda_{max}=508$ nm(图 4.4)，$\varepsilon_{508}=1.1\times10^{4}$，$\lg K^{\ominus}_{稳}=21.3$。

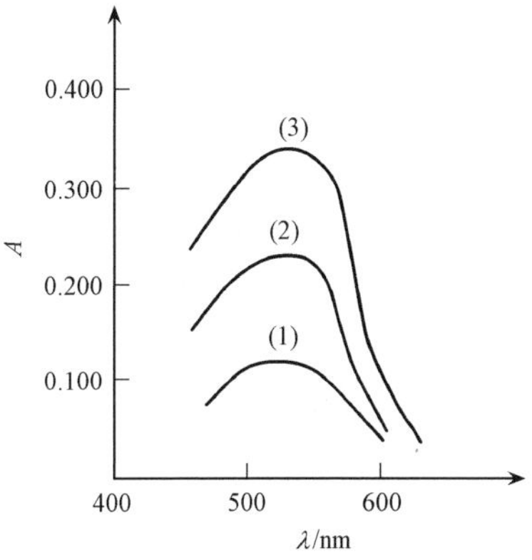

图 4.4　邻二氮杂菲亚铁溶液的吸收曲线

Fe^{2+} 与邻二氮杂菲的反应为

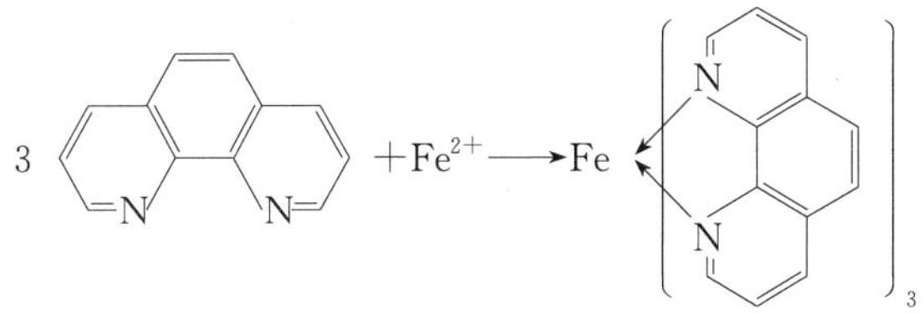

该法测定微量 Fe^{2+} 灵敏度较高，可测定 10^{-5}～10^{-6} $mol \cdot L^{-1}$ 的 Fe^{2+}。

3. 条件

(1) 显色反应的条件包括：显色剂的用量；溶液的酸度；显色温度；显色时间；配合物的稳定性。这些条件需通过实验确定，本实验按实验步骤操作，不再选择。

(2) 测定条件包括：λ_{max}；A 为 0.2～0.8；参比溶液(本实验选空白溶液)。

三、仪器与试剂

(1) 仪器：722N 型分光光度计，移液管，吸量管，容量瓶，比色管。

(2) 试剂：100 $mg \cdot L^{-1}$ 铁标准溶液，10% $NH_2OH \cdot HCl$，0.1% 邻二氮杂菲，1.0 $mol \cdot L^{-1}$ NaAc，6.0 $mol \cdot L^{-1}$ HCl，水样。

四、实验步骤

1. 铁标准溶液的配制

准确移取 10.00 mL 100 $mg \cdot L^{-1}$ 铁标准溶液，置于 100 mL 容量瓶中，加入 2.0 mL 6.0 $mol \cdot L^{-1}$ HCl 溶液，定容，此溶液含铁 10.0 $mg \cdot L^{-1}$，供实验使用。

2. 标准系列及未知样溶液的配制

取7支25 mL比色管(依次编号为0、1、2、…、6号)，用吸量管按表4.6所示用量，分别依次加入Fe^{2+}标液(10.0 mg·L^{-1})、$NH_2OH\cdot HCl$、NaAc、邻二氮杂菲溶液，稀释至25 mL，摇匀，放置10 min，待测定。

表4.6 标准系列溶液和样品溶液的配制

溶液编号	0	1	2	3	4	5	6(样品)
V[Fe^{2+}标液(10.0 mg·L^{-1})]/mL	0.00	2.00	4.00	6.00	8.00	10.00	5.00
V($NH_2OH\cdot HCl$)/mL	1.00	1.00	1.00	1.00	1.00	1.00	1.00
V(NaAc)/mL	5.00	5.00	5.00	5.00	5.00	5.00	5.00
V(邻二氮杂菲)/mL	3.00	3.00	3.00	3.00	3.00	3.00	3.00

3. 吸光度的测定

(1) 吸收曲线的绘制。用1 cm的比色皿取3号溶液测定，0号溶液为参比，在波长440～560 nm，每隔5～10 nm测定吸光度A，数据填入表4.7。

表4.7 3号溶液不同波长下的吸光度

λ/nm	440	460	480	500	505	508	510	512	515	520	540	560
A												

(2) 标准曲线的绘制。选取λ_{max}为测定波长，用1 cm的比色皿，0号溶液为参比，依次测定标准系列溶液的吸光度A，数据填入表4.8。

表4.8 标准系列溶液和样品溶液的吸光度

溶液编号	1	2	3	4	5	6(样品)
A						

(3) 样品溶液吸光度A测定。条件同标准系列溶液的测定，数据填入表4.8。

五、实验数据记录与处理

(1) 绘制吸收曲线(A-λ)和工作曲线(A-c)。
(2) 求出未知试样铁的浓度(mg·L^{-1})。

六、思考题

(1) 用邻二氮杂菲测定铁时，加入$NH_2OH\cdot HCl$的作用是什么?
(2) 配制标准系列溶液和样品溶液时，能否任意改变加入试剂的顺序？为什么?
(3) 如果试液吸光度不在吸收曲线线性范围内，应如何处理?

实验14 二苯碳酰二肼光度法测定水中六价铬

一、实验目的

(1) 学习用二苯碳酰二肼光度法测定水中六价铬的方法。

(2) 进一步熟悉 722N 型分光光度计的使用。

二、实验原理

1. 分光光度法原理

铬是环境优先监测的重金属污染物之一，水中铬主要以六价和三价两种形式存在。制革、电镀、印染、制备铬酸盐等工业废水，均可污染水源。医学研究发现，六价铬对人体有致癌的危害，六价铬的危害比三价铬强 100 倍，大量摄入铬可以在体内造成明显的蓄积。国家标准规定，生活饮用水中铬(Ⅵ)不得超过 0.05 mg · L^{-1}(GB 5749—2006)，地面水中铬(Ⅵ)含量不得超过 0.1 mg · L^{-1}(GB 3838—2002)，污水中铬(Ⅵ)和总铬最高允许排放浓度分别为 0.5 mg · L^{-1}和 1.5 mg · L^{-1}(GB 8978—1996)。测定微量铬的方法很多，常采用分光光度法和原子吸收光谱法。

分光光度法测铬主要采用二苯碳酰二肼[$CO(NH \cdot NH \cdot C_6H_5)_2$](DPCI)作为显色剂。在酸性条件下，六价铬与 DPCI 反应生成紫红色化合物，直接用光度法测定即可。若测定总铬，可以将三价铬氧化成六价铬。

2. 测定原理

Cr(Ⅵ)与 DPCI 生成紫红色化合物，Cr(Ⅵ)与 DPCI 的显色酸度为 0.1 mol · L^{-1} H_2SO_4 介质，适宜显色温度在 15 ℃左右，温度低反应慢，温度高稳定性差。显色反应在5 min内可完成，1.5 h 内可稳定存在。紫红色化合物最大吸收波长 λ_{max} = 540 nm，摩尔吸光系数 ε_{540} = $2.60\times10^4 \sim 4.17\times10^4$ L · mol^{-1} · cm^{-1}。对该反应的机理研究了几十年，但目前仍存在争论，产物的结构及反应机理尚没有确定。对于 Cr(Ⅲ)的氧化方法有 $KMnO_4$ 及过氧化物法，本实验对几种方法进行了选择，确定用$(NH_4)_2S_2O_8$氧化法将其氧化成 Cr(Ⅵ)，再用加热分解法分解过量的氧化剂，然后进行 Cr(Ⅵ)测定，取得了良好的效果。

干扰离子：汞与 DPCI 反应生成蓝色或蓝紫色的化合物，但在显色酸度下反应不灵敏；铁在浓度大于 1.0 mg · L^{-1}时，与 DPCI 生成黄色化合物而干扰，可加入 H_3PO_4 消除；钒(Ⅴ)与 DPCI 生成的化合物不稳定，10 min 后自行褪色，可不考虑。少量 Cu^{2+}、Ag^+、Au^{3+} 等离子在一定程度上干扰。钼含量低于 0.20 mg · L^{-1}不干扰。氧化性及还原性物质，如 ClO^-、Fe^{2+}、SO_3^{2-}、$S_2O_3^{2-}$ 等，以及水样有色或浑浊时，对测定均有干扰，须进行预处理。

3. 方法的适用范围

本方法适用于地表水和工业废水中六价铬的测定。当水样体积为 50.0 mL，使用 3 cm 比色皿，方法的最小检出量为 0.2 μg，方法的最低检出浓度为 0.004 mg · L^{-1}；使用 1 cm 比色皿，测定上限浓度为 1.0 mg · L^{-1}。

三、仪器与试剂

(1) 仪器：722N 型分光光度计，移液管，吸量管，容量瓶，比色管。

(2) 试剂：100 mg · L^{-1}铬标准储备溶液[准确称取 120 ℃干燥过的基准 $K_2Cr_2O_7$ 0.2829 g 于 50 mL 烧杯中，溶解后转至 1000 mL 容量瓶中，稀释至刻度，摇匀，此时 Cr(Ⅵ)浓度 100.0 mg · L^{-1}]，1.00 mg · L^{-1}铬标准溶液(使用时配制)，1 : 1 硫酸，1 : 1 磷酸，0.2%氢氧

化钠溶液，氢氧化锌共沉淀剂[①硫酸锌溶液：称取硫酸锌($ZnSO_4 \cdot 7H_2O$)8.0 g，溶于水并稀释至 100 mL；②2%氢氧化钠溶液：称取氢氧化钠 2.4 g，溶于新煮沸并放冷的水至 120 mL，同时将①、②两溶液混合]，4%高锰酸钾溶液，20%尿素溶液{将尿素[$(NH_2)_2CO$]20.0 g溶于水并稀释至 100 mL}，2%亚硝酸钠溶液(将亚硝酸钠 2.0 g 溶于水并稀释至 100 mL)，显色剂(称取 1.0 g DPCI 溶于 50 mL 丙酮后，用水稀至 100 mL，摇匀，贮于棕色瓶中，放入冰箱中保存，变色后不能使用)。

四、实验步骤

1. 样品预处理

(1) 样品中不含悬浮物，低色度的地表水可直接测定。

(2) 色度校正。如水样有色但不太深，可取另一水样，在此水样中按操作方法加入各种试液，并用 2 mL 丙酮代替显色剂，最后以此代替水作为参比来测定待测水样的吸光。

(3) 锌盐沉淀分离法。对混浊、色度较深的水样可用此法预处理。取适量水样(含六价铬少于 0.1 mg)置于 150～250 mL 烧杯中，加水至约 50 mL，滴加 0.2%氢氧化钠溶液，调节溶液 pH 为 7～8。在不断搅拌下，滴加氢氧化锌共沉淀剂至溶液 pH 为 8～9。将此溶液转移至 100 mL 容量瓶中，用水稀释至刻度。用慢速滤纸干过滤，弃去 10～20 mL 初滤液，移取其中 50.00 mL 滤液供测定。

注：当样品经锌盐经沉淀分离处理后仍含有机物干扰测定时，可用酸性高锰酸钾氧化，破坏有机物后再测定。可取 50.0 mL 滤液于 150 mL 左右锥形瓶中，加入几粒玻璃珠，加入 0.5 mL 1∶1 硫酸溶液、0.5 mL 1∶1 磷酸溶液，摇匀。加入 2 滴 4%高锰酸钾溶液，如紫红色褪去，则应再滴加高锰酸钾溶液保持紫红色。加热煮沸到溶液体积约 20 mL。冷却，用定量中速滤纸过滤，用去离子水洗涤数次，合并滤液和洗液至 50 mL 比色管中。加入 1.0 mL 20%尿素溶液，摇匀，用滴管滴加 2%亚硝酸钠溶液，每加一滴充分摇匀，至高锰酸钾的紫红色刚好褪去。反应有气泡产生，待溶液内气泡逸尽，转移至 50 mL 比色管中，用水稀释至刻度，供分析测定用。

(4) 二价铁、亚硫酸盐、硫代硫酸盐等还原性物质的消除。取适量水样(含六价铬少于 0.05 mg)置于 50 mL 比色管中，用水稀释至标线，加入 4 mL 显色剂(Ⅱ)，混匀。放置 5 min 后，加入 1∶1 硫酸溶液 1 mL，摇匀。放置 5～10 min 后，于波长 540 nm 处，用 1 cm 或 3 cm 的比色皿，以水作参比，测定吸光度。扣除空白从校准曲线查得六价铬含量。用同法作标准曲线。

(5) 次氯酸盐等氧化性物质的消除。取适量水样(含六价铬少于 0.05 mg)置于 50 mL 比色管中，用水稀释至刻度，加入 1∶1 硫酸溶液 0.5 mL、1∶1 磷酸溶液 0.5 mL、尿素溶液 1.0 mL，摇匀。逐滴加入 1 mL 亚硝酸钠溶液，边加边摇，以除去由过量的亚硝酸钠与尿素反应生成的气泡，待气泡除尽后，按下面样品测定实验方法进行测定(不用再加硫酸溶液和磷酸溶液)。

2. 标准曲线的制作

在 7 支 50 mL 比色管中，用吸量管分别加入 0.00 mL、0.50 mL、1.00 mL、2.00 mL、4.00 mL、6.00 mL 和 10.00 mL 的 1.00 $mg \cdot L^{-1}$ 铬标准溶液，用去离子水稀释至刻度，加入 1∶1 H_2SO_4 0.50 mL 和 1∶1 H_3PO_4 0.50 mL，摇匀。再加入 2.00 mL 显色剂溶液，立即摇

匀。静置 5 min，用 3 cm 比色皿，以试剂空白为参比溶液，在 540 nm 下测量吸光度。绘制吸光度 A 对六价铬含量的标准曲线。

3. 样品测定

取适量(含六价铬少于 0.05 mg)无色透明水样或经预处理的水样，置于 50 mL 比色管中，用水稀释至标线，加入 1∶1 硫酸溶液和 1∶1 磷酸溶液 0.50 mL，摇匀。再加入 2.00 mL 显色剂，立即摇匀。静置 5 min，用 3 cm 比色皿，以试剂空白为参比溶液，在 540 nm 下测量吸光度，从校准曲线上查得六价铬含量。

五、实验数据记录与处理

(1) 绘制工作曲线。
(2) 求出试样溶液中铬的浓度(单位：$mg \cdot L^{-1}$)。

六、思考题

(1) 怎样测定水样中六价铬和三价铬的含量?
(2) 如果实验中水样所测得的吸光度值不在标准曲线的范围内，怎么办?

实验 15　吸光光度法测定水和废水中总磷

一、实验目的

(1) 学习用过硫酸钾消解水样的方法。
(2) 掌握 722N 型分光光度计的使用。
(3) 掌握吸光光度法测定水和废水中总磷的原理和方法。

二、实验原理

磷是生物生长的必需元素之一，但水体中磷含量过高(如超过 0.2 $mg \cdot L^{-1}$)，可造成藻类的过度繁殖，湖泊、河流透明度降低，水质变坏，产生富营养化。一般天然水中磷的含量不高，淡水和海水中平均含量分别为 0.02 $mg \cdot L^{-1}$ 和 0.088 $mg \cdot L^{-1}$。在一些化工行业，如化肥、冶炼、洗涤剂等企业的工业废水中常含有较大量磷。

在天然水和废水中，磷基本都以各种磷酸盐的形式存在，分别为正磷酸盐、缩合磷酸盐(焦磷酸盐、偏磷酸盐和多磷酸盐)和有机结合的磷酸盐。

总磷分析测定主要分两步进行：第一步水样的消化分解，目的是将水样中不同形态的磷转化成正磷酸盐；第二步测定正磷酸盐量，以求磷的总量。

消化处理水样可用的氧化剂有：过硫酸钾、硝酸-硫酸、硝酸-高氯酸等，本次实验采用过硫酸钾消解法，本方法具有操作简单、结果稳定的优点，适用于绝大多数的地表水和一部分工业废水的处理。对于污染严重的工业废水，则要采用氧化性更强的试剂，如 HNO_3-$HClO_4$ 或 HNO_3-H_2SO_4 等才能分解消解完全。

测定的方法有：钼锑抗钼蓝光度法、氯化亚锡钼蓝光度法以及离子色谱法等。

本实验采用过硫酸钾氧化-钼锑抗钼蓝光度法测定总磷。在微沸(最好在高压釜内经

120 ℃加热)条件下,过硫酸钾将试样中不同形态的磷氧化为磷酸根。磷酸根在硫酸介质中同钼酸铵生成磷钼杂多酸。反应式如下:

$$K_2S_2O_8 + H_2O \longrightarrow KHSO_4 + O_2$$

$$P(\text{各种形态的磷}) + O_2 \longrightarrow PO_4^{3-}$$

$$PO_4^{3-} + 12MoO_4^{2-} + 24H^+ + 3NH_4^+ \xlongequal{} (HN_4)_3PO_4 12MoO_3 + H_2O$$

生成的磷钼杂多酸可用抗坏血酸还原,生成蓝色的低价钼的氧化物即钼蓝,生成钼蓝量与磷含量成正相关,以此测定水样中总磷。

钼锑抗钼蓝光度法采用中等强度还原剂抗坏血酸,可避免还原游离的钼酸铵,因而显色稳定,重现性好,灵敏度高。酒石酸锑钾可催化钼蓝反应,在室温下显色可较快完成。砷大于 2.0 mg · L^{-1}干扰测定,可用硫代硫酸钠除去。硫化物大于 2.0 mg · L^{-1}干扰测定,通氮气可以去除。铬大于 50.0 mg · L^{-1}干扰测定,用亚硫酸钠除去。

本方法最低检出浓度为 0.01 mg · L^{-1}。

三、仪器与试剂

(1) 仪器:722N 型分光光度计。

(2) 试剂:50.0 g · L^{-1}过硫酸钾溶液,1 ∶ 1 H_2SO_4,3 ∶ 7 H_2SO_4,1.0 mol · L^{-1} H_2SO_4,1.0 mol · L^{-1}NaOH,6.0 mol · L^{-1} NaOH,10.0 g · L^{-1}酚酞溶液(95%乙醇溶液),100.0 g · L^{-1}抗坏血酸溶液,钼酸盐溶液(13.0 g 钼酸铵溶于 100 mL 去离子水中,另称取 0.35 g 酒石酸锑钾溶于 100 mL 去离子水中,在不断搅拌下将钼酸铵溶液加入 300 mL 1 ∶ 1 H_2SO_4 中,再加入酒石酸锑钾溶液,搅匀,贮存于棕色瓶中,放置于暗处保存),50 mg · L^{-1}磷标准储备溶液[准确称取 0.2197 g 分析纯磷酸二氢钾(KH_2PO_4)于小烧杯中,加入 5.0 mL 1 ∶ 1 H_2SO_4 及适量去离子水溶解,然后定量转入 1000 mL 容量瓶中定容,摇匀,此溶液含磷 50 mg · L^{-1}],2.0 mg · L^{-1}磷标准溶液(使用时配制)。

四、实验步骤

1. 样品预处理

移取适量水样(含磷不超过 30 μg)于 150～250 mL 锥形瓶中,加去离子水至 50 mL 左右,加几个玻璃珠,5.0 mL 50.0 g · L^{-1}过硫酸钾溶液,1.0 mL 3 ∶ 7 H_2SO_4 溶液。加热微沸 30～40 min,至溶液体积 10 mL 为止,冷却,加 1～2 滴酚酞指示剂,边摇边滴加 NaOH 溶液至刚好变淡红色,再滴加 1.0 mol · L^{-1} H_2SO_4 使红色刚好褪去。然后转入 50 mL 比色管(若水样浑浊可过滤),定容,摇匀。

2. 标准曲线的制作及水样的测定

在 7 支 50 mL 比色管中,用吸量管分别加入 0.00 mL、1.00 mL、2.00 mL、4.00 mL、6.00 mL 和 10.00 mL 的 2.00 mg · L^{-1}磷标准溶液及适量水样溶液,各加入 1.0 mL 100.0 g · L^{-1}抗坏血酸溶液,摇匀,30 s 后加入 2.0 mL 摇匀。再加入 2.00 mL 钼酸盐溶液显色,立即摇匀。静置 15 min,用 3 cm 比色皿,以试剂空白为参比溶液,在 700 nm 下测量吸光度。绘制吸光度 A 对磷含量的标准曲线。

五、实验数据记录与处理

(1) 绘制工作曲线。

(2) 求出试样溶液中磷的浓度(单位:$mg \cdot L^{-1}$)。

六、思考题

(1) 含磷量较少的水样,可否用塑料瓶盛装?

(2) 测定水样中可溶性正磷酸盐或可溶性总磷酸盐时,如何处理水样?

实验 16　化学反应焓变的测定

一、实验目的

(1) 通过测定锌与铜离子的化学反应焓变,了解用热量计测定化学反应焓变的原理和方法。

(2) 学习温度计、秒表的使用。

二、实验原理

化学反应通常是在恒压条件下进行的,此时反应的热效应称为等压热效应。在化学热力学中则用反应体系焓 H 的变化 ΔH(简称焓变)来表示。对于放热反应,ΔH 为负值;对于吸热反应,ΔH 为正值。例如,在 298.15 K 温度下,1.0 mol 锌置换硫酸铜溶液 1.0 mol 铜离子时,放出 217 kJ 的热量,即反应 $Zn+Cu^{2+} \longrightarrow Zn^{2+}+Cu$ 的焓变 $\Delta H_{298}=-217\ kJ \cdot mol^{-1}$。

测定化学反应焓变的实验方法很多,本实验采用普通保温杯和精密温度计组成的简易热量计来测量上述反应的焓变(图 4.5)。反应所放出的热量除了使反应溶液的温度升高外,还使热量计的温度升高,因此反应产生的总热量 Q(J)可表示为

$$Q=(C_p+C_p')\Delta T \qquad (4\text{-}17)$$

式中:C_p 为热量计热容($J \cdot K^{-1}$);C_p'为溶液热容($J \cdot K^{-1}$);ΔT 为反应前后的温度变化(K)。

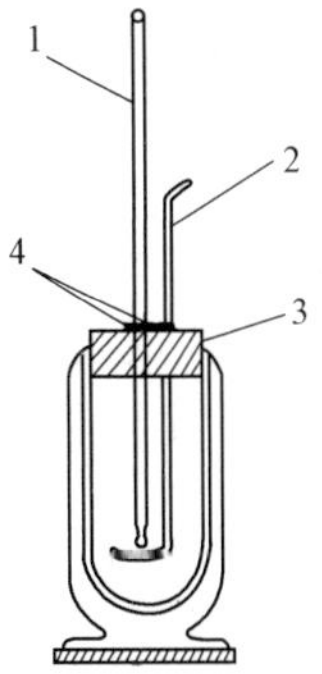

图 4.5　保温杯式简易热量计

1. 温度计;2. 搅拌棒;3. 塑料盖;4. 橡皮圈

用热量计测定热容方法为:在热量计中先放入质量为 m(g)、温度为 T_1(一般为室温)的冷水,再放入相同质量、温度为 T_2 的热水,混合后水温为 T_3,已知水的比热为 C,则热水放热量 $Q_1=Cm(T_2-T_3)$,冷水吸热量 $Q_2=Cm(T_3-T_1)$,热量计得到热量为 Q_1-Q_2,则热量计的热容 C_p 为

$$C_p=\frac{Cm(T_2-T_3)-Cm(T_3-T_1)}{T_3-T_1} \qquad (4\text{-}18)$$

由于冷、热水混合后的温度需要一段时间才能升到最高温度,而本实验用的热量计并非严格的绝热体系,因此在实验时间内,热量计不可避免地会与环境发生少量的热交换,实际测量到的最高温度与应该达到的最高温度有一定的误差,可采用外推法适当地消除此误

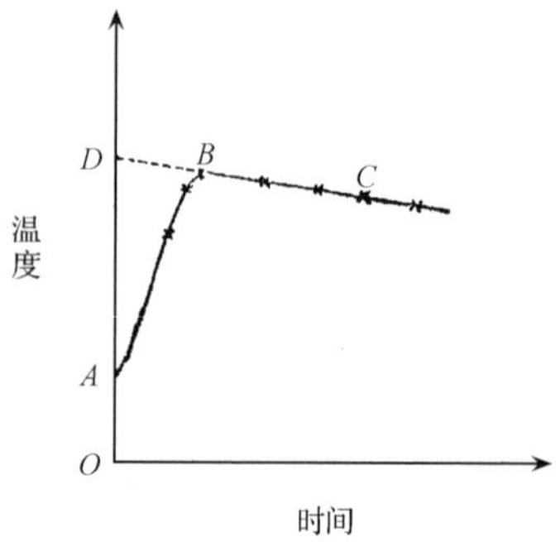

图 4.6　温度-时间曲线

差(图 4.6)。其具体方法是在冷、热水混合过程中,每隔一段时间记录一次温度,然后以温度为纵坐标,时间为横坐标作图,绘制温度与混合时间的变化曲线。将曲线上的 CB 线段延长,外推到与纵轴相交为 D 点,D 点表示的温度理应是热量计完全绝热时冷、热水混合后应该上升到的最高温度,A 点是混合前的冷水温度。利用式(4-18)可计算出热量计的热容。

溶液热容可用下式计算:

$$C'_p = CVd \tag{4-19}$$

式中:C 为溶液的比热,在此实验中用纯水比热(4.18 J·g^{-1}·K^{-1})代替作近似计算;V 为溶液的体积(mL);d 为溶液的密度,在此实验中用水的密度(1.00 g·mL^{-1})代替作近似计算。

式(4-17)中的 ΔT 也是通过外推法求得的,由式(4-17)可以求得反应中放出的总热量 Q。

在 $Zn + Cu^{2+} = Zn^{2+} + Cu$ 反应中,Zn 粉是过量的,根据反应中用的硫酸铜溶液的体积和浓度以及反应中放出的总热效应,可用下式求出上述反应的焓变 $\Delta_r H_m^\ominus$(kJ·mol^{-1})

$$\Delta_r H_m^\ominus = \frac{Q}{cV \times 10^{-3}} \tag{4-20}$$

式中:V 为硫酸铜溶液的体积(mL);c 为硫酸铜溶液的浓度(mol·L^{-1});Q 为反应放出的总热量(kJ)。

三、仪器与试剂

(1) 仪器:分析天平,台秤,热量计,容量瓶,移液管,量筒,烧杯,温度计。

(2) 试剂:$CuSO_4 \cdot 5H_2O$ (s),锌粉(s)。

四、实验步骤

实验前要对使用的两支温度计进行校对。将两支温度计插入同一盛水的烧杯中,几分钟后观察温度,记下两支温度计的差值。在以下的实验中均要考虑这个差值,从而消除因温度计之间的差值引起的实验误差。

1. 测定热量计热容(C_p)

用量筒量取 100.0 mL 自来水放入干燥的热量计中,盖好盖子上下搅动,几分钟后观察温度,若连续 2 min 内温度无变化,可认为已处于热平衡状态,记下此时温度 T_1。

用量筒量取 100.0 mL 水注入一烧杯中并加热,当温度高于冷水温度 20 ℃时停止加热,静置半分钟,观察此热水温度 T_2,当读出准确温度 T_2 后,迅速将热水倒入热量计中,盖好盖子并搅动,在倒热水的同时按动秒表,每 15 s 记录一次温度,当温度上升到最高点后每 30 s 记录一次,再连续观察记录 3 min,数据填入表 4.9。

表 4.9　冷、热水混合后温度随时间的变化

时间 t/s									
温度 T/K									

2. 测定锌粉与硫酸铜溶液的反应焓变

(1) 用台秤称取 3 g 锌粉。

(2) 0.2 $mol \cdot L^{-1}$硫酸铜溶液的配制。用分析天平准确称取 12～13 g $CuSO_4 \cdot 5H_2O$(小数点后只要求 3 位有效数字)晶体于烧杯中,加入 20～40 mL 去离子水,用玻璃棒搅拌,使硫酸铜完全溶解,定量转入 250 mL 容量瓶中,稀释至刻度,摇匀。

(3) 将热量计中的水倒出,用吸水纸擦干热量计。用移液管准确移取 100 mL 硫酸铜溶液于热量计中,盖好盖子,上下缓慢搅动,至溶液与热量计达热平衡,温度保持恒定后记录该温度 T_4。

(4) 将 3 g 锌粉迅速倒入热量计中,立即盖好盖子并用热量计的搅拌棒上下搅动,在倒入锌粉的同时按动秒表,每隔 15 s 记录一次温度,温度上升到最高点后每 30 s 记录一次温度,继续测定 3 min,数据填入表 4.10。

表 4.10　锌与硫酸铜溶液反应时温度随时间的变化

时间 t/s								
温度 T/K								

五、实验数据记录与处理

1. 热量计热容测定

(1) 绘制冷、热水混合后的温度随时间变化的曲线,采用外推法求出 T_3。

(2) 热容测定数据填入表 4.11,根据表 4.11 数据,按式(4-20)计算热量计热容 C_p。

表 4.11　热量计热容的测定

冷水温度 T_1/K	
热水温度 T_2/K	
冷、热水混合后温度 T_3/K	
冷水的质量 m/g	
热水的质量 m/g	
水的比热 $C/J \cdot g^{-1} \cdot K^{-1}$	
热量计热容 $C_p/J \cdot K^{-1}$	

2. 锌粉与硫酸铜溶液的反应焓变

(1) 绘制反应时间与温度变化的关系曲线,采用外推法求出 T_5。

(2) 反应焓变的测定数据填入表 4.12,根据表 4.12 数据,按式(4-17)、式(4-19)、式(4-20)计算反应放出的热量 Q 及反应焓变。

表 4.12　反应焓变的测定

反应前溶液的温度 T_4/K	
反应后溶液的温度 T_5/K	

续表

$\Delta T = T_5 - T_4$/K	
$m(CuSO_4 \cdot 5H_2O)$/g	
$c(CuSO_4)$/mol · L^{-1}	
V($CuSO_4$ 溶液) / mL	
溶液的密度 d/g · mL^{-1}	
溶液的比热 C / J · g^{-1} · K^{-1}	
溶液的热容 C'_p/ J · K^{-1}	
反应放出的总热量 Q/J	
反应焓变 $\Delta_r H_m^{\ominus}$/kJ · mol^{-1}	

六、思考题

(1) $CuSO_4 \cdot 5H_2O$ 晶体要用分析天平称量，而锌粉为何用台秤称取？

(2) 配制 0.200 mol · L^{-1}硫酸铜溶液时，称取 $CuSO_4 \cdot 5H_2O$ 晶体到几位有效数字即可？是否需要称准到 0.0001 g？

(3) ΔT 为什么不取反应后溶液升高到的最高温度作为温度的上限值，而采用温度对时间的外推法求得？

实验 17　化学反应速率与活化能的测定

一、实验目的

(1) 了解浓度、温度和催化剂对反应速率的影响。

(2) 测定过二硫酸铵与碘化钾反应的平均反应速率，并计算速率常数及反应级数。

(3) 测定不同温度下的速率常数并计算反应的活化能。

(4) 学习数据处理的一般方法及作图方法。

二、实验原理

1. 测定反应速率的基本原理

化学反应速率是以单位时间内反应物浓度或生成物浓度的改变来计算的。例如，在水溶液中过二硫酸铵与碘化钾反应的离子方程式为

$$S_2O_8^{2-} + 3I^- \!=\!=\!= 2SO_4^{2-} + I_3^-$$

对于 $S_2O_8^{2-}$ 反应速率为

$$v = -\Delta[S_2O_8^{2-}]/\Delta t \tag{4-21}$$

为了测定过二硫酸根浓度的改变量 $\Delta[S_2O_8^{2-}]$，在混合$(NH_4)_2S_2O_8$ 与 KI 溶液时，以淀粉为指示剂，同时加入一定体积已知浓度的 $Na_2S_2O_3$ 溶液，则在 $S_2O_8^{2-}$ 和 I^- 进行反应的同时，也进行如下的反应：

$$2S_2O_3^{2-} + I_3^- \!=\!=\!= S_4O_6^{2-} + 3I^-$$

$S_2O_3^{2-}$ 和 I_3^- 的反应进行得很快，几乎瞬间完成，而 $S_2O_8^{2-}$ 和 I^- 生成的 I_3^- 立即与 $S_2O_3^{2-}$ 反应生成 $S_4O_6^{2-}$ 和 I^-，而不会使淀粉变蓝。但当 $Na_2S_2O_3$ 反应完后，生成的 I_3^- 就与淀粉作用而呈蓝色。

从上述反应式可看出，$S_2O_8^{2-}$ 浓度减少的量总是等于 $S_2O_3^{2-}$ 浓度减少量的一半，即 $\Delta[S_2O_8^{2-}]=\Delta[S_2O_3^{2-}]/2$。所以 $S_2O_8^{2-}$ 在 Δt 时间内的浓度变化量可由 $S_2O_3^{2-}$ 的浓度变化量来求出，进而求出平均反应速率 $\bar{v}$。

另外，对 $S_2O_8^{2-}$ 和 I^- 的反应而言，其反应速率方程式可表示为

$$v=k[S_2O_8^{2-}]^m[I^-]^n$$

$$v=-\Delta[S_2O_8^{2-}]/\Delta t=k[S_2O_8^{2-}]^m[I^-]^n \tag{4-22}$$

式中：v 为反应速率(实际为平均速率)；k 为某温度下的速率常数；m、n 分别是对 $S_2O_8^{2-}$ 和 I^- 的反应级数。式(4-22)两边取对数得

$$\lg v=m\lg[S_2O_8^{2-}]+n\lg[I^-]+\lg k \tag{4-23}$$

当$[I^-]$不变时，以 $\lg v$ 为纵坐标、$\lg[S_2O_8^{2-}]$为横坐标作图，可得一条直线，斜率为 m。当$[S_2O_8^{2-}]$不变时，以 $\lg v$ 为纵坐标、$\lg[I^-]$为横坐标作图，也可得一直线，斜率为 n。此反应的反应级数则为 $m+n$。将求得的 m 和 n 代入式(4-22)，即可求得反应速率常数 k。

2. 温度对反应速率的影响

温度对反应速率有显著影响。反应速率常数 k 与反应温度 T 有以下关系：

$$\lg k=\lg A-\frac{E_a}{2.303RT} \tag{4-24}$$

式中：E_a 为反应的活化能；R 为摩尔气体常量；T 为反应温度(K)。

在不同的温度下测定反应速率 v，按式(4-22)求得不同温度下的 k 值。以 $\lg k$ 为纵坐标，$1/T$ 为横坐标作图，可得一条直线。由直线的斜率($-E_a/2.303R$)便可求出反应的活化能 E_a。

另外，催化剂的存在可以显著地改变反应速率。

三、仪器与药品

(1) 仪器：烧杯，量筒，秒表，温度计，电磁搅拌器。

(2) 药品：0.20 mol·L^{-1} $(NH_4)_2S_2O_8$，0.20 mol·L^{-1} KI，0.010 mol·L^{-1} $Na_2S_2O_3$，0.20 mol·L^{-1} KNO_3，0.20 mol·L^{-1} $(NH_4)_2SO_4$，0.020 mol·L^{-1} $Cu(NO_3)_2$，0.2% 淀粉溶液。

四、实验步骤

1. 浓度对化学反应速率的影响

在室温下用 3 个量筒(每种试剂所用量筒都贴上标签，以免混乱)，分别量取 20.0 mL 0.20 mol·L^{-1} KI 溶液、8.0 mL 0.010 mol·L^{-1} $Na_2S_2O_3$ 溶液和2.0 mL 0.2%淀粉溶液倒入100 mL 烧杯中(烧杯尽可能干燥)。再用另一量筒量取 20.0 mL 0.20 mol·L^{-1} $(NH_4)_2S_2O_8$ 溶液，迅速倒入烧杯中，同时按动秒表，不断搅动。当溶液刚出现蓝色时，立即停表，记录反应时间和室温。

用同样方法按表 4.13 用量进行另外六次实验。为了使每次实验中的溶液离子强度及总体积保持不变，所减少的 KI 或$(NH_4)_2S_2O_8$ 的用量可以分别用0.20 mol·L^{-1} KNO_3 和 0.20 mol·L^{-1} $(NH_4)_2SO_4$ 溶液补充。将实验数据填入表 4.13。

表 4.13 浓度对化学反应速率的影响

实验编号		Ⅰ	Ⅱ	Ⅲ	Ⅳ	Ⅴ	Ⅵ	Ⅶ
试剂用量/mL	0.20 mol·L^{-1} $(NH_4)_2S_2O_8$	5.0	10.0	15.0	20.0	20.0	20.0	20.0
	0.20 mol·L^{-1} KI	20.0	20.0	20.0	20.0	15.0	10.0	5.0
	0.010 mol·L^{-1} $Na_2S_2O_3$	8.0	8.0	8.0	8.0	8.0	8.0	8.0
	0.2%淀粉溶液	2.0	2.0	2.0	2.0	2.0	2.0	2.0
	0.20 mol·L^{-1} KNO_3	0.0	0.0	0.0	0.0	5.0	10.0	15.0
	0.20 mol·L^{-1} $(NH_4)_2SO_4$	15.0	10.0	5.0	0.0	0.0	0.0	0.0
混合液中反应物起始浓度/mol·L^{-1}	$c[(NH_4)_2S_2O_8]$/mol·L^{-1}							
	$c(KI)$/ mol·L^{-1}							
	$c(Na_2S_2O_3)$/ mol·L^{-1}							
反应时间 Δt/s								
$\Delta[S_2O_8^{2-}]$/ mol·L^{-1}								
反应速率 v/ mol·L^{-1}·s^{-1}								

2. 温度对化学反应速率的影响

按表 4.13 中实验Ⅵ的用量，把 KI、$Na_2S_2O_3$、KNO_3 和淀粉溶液倒入 100 mL 烧杯中，把 $(NH_4)_2S_2O_8$ 溶液倒入另一个小烧杯中。然后将它们同时放入热水浴中加热。待试液的温度高于室温 10 K 时，将$(NH_4)_2S_2O_8$ 溶液迅速倒入盛有 $Na_2S_2O_3$ 等温溶液的烧杯中，同时计时并不断搅拌，当溶液刚出现蓝色时，记录反应时间。

利用热水浴在高于室温 20 K 的条件下，重复上述实验，记录反应时间。将两次数据和实验Ⅵ的实验数据填入表 4.14 中进行比较。

表 4.14 温度对化学反应速率的影响

实验编号	Ⅵ	Ⅷ	Ⅸ
反应温度 T/K			
反应时间 Δt /s			
反应速率 v/ mol·L^{-1}·s^{-1}			

3. 催化剂对化学反应速率的影响

按表 4.13 实验Ⅵ用量，把 KI、$Na_2S_2O_3$、KNO_3 和淀粉溶液倒入 100 mL 烧杯中，再加入 2 滴 0.020 mol·L^{-1} $Cu(NO_3)_2$ 溶液，搅匀。然后迅速加入$(NH_4)_2S_2O_8$ 溶液，搅动，计时。将数据填入表 4.15，与不加 $Cu(NO_3)_2$ 试剂的反应Ⅵ的反应速率进行比较，作出结论。

表 4.15 催化剂对化学反应速率的影响

实验编号	Ⅵ	Ⅹ
有否有催化剂	无	有
反应时间 Δt /s		
反应速率 v/ mol·L^{-1}·s^{-1}		

五、实验数据记录与处理

(1) $S_2O_8^{2-}$ 初始浓度对反应速率的影响。

由实验Ⅰ、Ⅱ、Ⅲ、Ⅳ(表 4.13)，以 $-\lg[S_2O_8^{2-}]$ 为横坐标，以 $-\lg v$ 为纵坐标作图，得一条直线，其斜率为 $m=$______，即该反应对 $S_2O_8^{2-}$ 为______级反应。

(2) I^- 初始浓度对反应速率的影响。

由实验Ⅳ、Ⅴ、Ⅵ、Ⅶ(表 4.13)，以 $-\lg[I^-]$ 为横坐标，以 $-\lg v$ 为纵坐标作图，同样得一条直线，其斜率为 $n=$______，即该反应对 I^- 为______级反应。

(3) 该反应为 $m+n=$______级反应。

(4) 由实验Ⅰ～Ⅶ的数据，将求得的 m、n 代入式(4-22)，可分别求得反应速率常数 k，其平均值 $\bar{k}=$______。具体数据填入表 4.16。

表 4.16　速率常数的计算

实验编号	Ⅰ	Ⅱ	Ⅲ	Ⅳ	Ⅴ	Ⅵ	Ⅶ
$\lg[S_2O_8^{2-}]$							
$\lg[I^-]$							
$\lg v$							
k 1)							
$\bar{k}$							

1) k 的单位由学生自己写出。

(5) 温度对反应速率的影响。

由实验Ⅵ、Ⅷ、Ⅸ(表 4.14)，将 m 和 n 代入式(4-22)，可分别求得在各温度下的反应速率常数 k，数据填入表 4.17。以 $1/T\times10^{-3}$ 为横坐标，$-\lg k$ 为纵坐标作图，得到直线的斜率为 $S=$____。由 $S=E_a/2.303R$，求得活化能 $E_a=$____$kJ\cdot mol^{-1}$。

表 4.17　活化能的计算

实验编号	Ⅵ	Ⅷ	Ⅸ
T/K			
$\frac{1}{T}/K^{-1}$			
k			
$\lg k$			

(6) 由实验Ⅵ、Ⅹ(表 4.15)可见，在加入催化剂后反应速率明显变______。

六、思考题

(1) 若不用 $S_2O_8^{2-}$ 而用 I^- 或 I_3^- 的浓度来表示反应速率，则反应速率常数 k 是否一样？k 的单位是什么？

(2) 为什么可以由反应液出现蓝色的时间长短来计算反应速率？反应液出现蓝色后，反应是否就终止了？

(3) $Na_2S_2O_3$ 溶液的浓度是否是任意的？如不是则其最大浓度应为多少？

实验 18 排放水中微量铜的测定

一、实验目的

(1) 掌握原子吸收光谱分析法的基本原理。

(2) 了解原子吸收分光光度计的构造及使用。

(3) 学习电镀排放水中微量铜的测定方法。

二、实验原理

原子通常处于稳定状态(基态),当原子受到外界能量(光能、电能、热能)作用时,核外电子吸收能量从基态跃迁到不同的激发态,且满足 $\Delta E = h\nu = h\,\frac{c}{\lambda}$,激发态原子不稳定,极短时间内(约 10^{-8} s)又跃回到基态,放出一定能量的光,仍满足 $\Delta E = h\nu = h\,\frac{c}{\lambda}$。

基态与第一激发态之间跃迁产生的谱线称共振线。共振线又分为共振发射线和共振吸收线,因基态与第一激发态之间跃迁最易进行,因此共振线又是元素最灵敏的谱线。各种元素的原子结构和外层电子排布不同,不同元素共振线波长也不同,因此共振线又是元素的特征谱线,如铜为 324.8 nm,铬为 357.9 nm,锌为 213.9 nm,镍为 232.0 nm。

原子吸收光谱法是将待测的试样溶液变成原子蒸气,当特征谱线的光通过原子蒸气时,待测元素的基态原子要吸收一定能量的光,光的强度要减弱,由此可测定待测元素的含量。

每种元素的原子蒸气对光源辐射出的特征谱线的吸收程度与试液中待测元素的浓度成正比,符合朗伯-比尔定律。用 A-c 标准曲线法或标准加入法,可以求待测元素的含量。

原子吸收光谱仪一般由五部分组成:光源,原子化系统,分光系统,检测系统和读数系统。

三、仪器与试剂

(1) 仪器:TAS-990 型原子吸收分光光度计(备有铜的空心阴极灯 1 个),KJ-B 型无油空气压缩机,乙炔供气装置,容量瓶,吸量管。

(2) 试剂:100.0 mg · L^{-1} 铜标准溶液(0.2000g 光谱纯铜溶于 15 mL 6.0 mol · L^{-1} HNO_3 中,然后定量转入 2000 mL 容量瓶,用去离子水稀释至刻度,摇匀,此溶液含铜 100.0 mg · L^{-1}),6.0 mol · L^{-1} HNO_3,2.0 mol · L^{-1} HNO_3,6.0 mol · L^{-1} HCl,1.0 mol · L^{-1} HCl,二次去离子水。

四、实验步骤

1. 工作条件的设置

吸收线波长 324.8 nm;灯电流 4 mA;狭缝宽度 0.1 mm;原子化器高度 6 mm;空气、乙炔流量适当。

2. 标准曲线的绘制

吸取 100.0 mg · L^{-1} 铜标准溶液 0.00 mL、1.00 mL、2.00 mL、3.00 mL、4.00 mL 分别置

于 5 个 100 mL 容量瓶中(编号)，各加入 5.0 mL 6.0 mol·L^{-1} HCl，用去离子水稀释至刻度，摇匀。用 0 编号溶液调节吸光度 A 为零，测定各溶液中铜的吸光度 A，数据填入表 4.18 中。

表 4.18　溶液吸光度 A 的测定

溶液编号	1	2	3	4	水样
Cu 标液(100 mg·L^{-1})体积/mL	1.00	2.00	3.00	4.00	
Cu 标液浓度/mg·L^{-1}	1.00	2.00	3.00	4.00	
吸光度 A					

3. 排放水中铜的测定

(1) 取样。用硬质玻璃瓶或聚乙烯瓶取样。取样瓶先用 2.0 mol·L^{-1} HNO_3 浸泡一昼夜，再用去离子水洗净。取样时，先用水样将瓶润洗两三次，然后装入水样。

(2) 试液的制备。移取适量水样于 100 mL 容量瓶中，加入 5.0 mL 6.0 mol·L^{-1} HCl，用去离子水稀释至刻度，摇匀。水样如有浑浊，应用快速定量干滤纸过滤(滤纸应事先用 1.0 mol·L^{-1} HCl 洗过，并用去离子水洗净，晾干)。

(3) 测定。取制备试液，按仪器操作条件，用空白溶液(0 号)调零，测定铜的吸光度 A。

五、实验数据记录与处理

绘制标准曲线 A-c，根据水样吸光度，查出 Cu 元素的含量 m_x。再根据水样体积 $V_{水样}$ 计算出 Cu 元素在原水样中的浓度(mg·L^{-1})。

$$c = \frac{m_x \times 50}{V_{水样}}$$

六、思考题

(1) 用原子吸收光谱分析法测定不同的元素时，对光源有什么要求？

(2) 从这个实验了解到原子吸收光谱分析法的优点是什么？如果用吸光光度法来测定水样中的铜含量，它和本方法比较，有何优缺点？

实验 19　气相色谱法分析苯系物

一、实验目的

(1) 掌握色谱分析法的基本原理及操作。

(2) 掌握保留值的测定及用保留值进行定性的方法。

(3) 了解应用色谱图计算分离度 R，学习用归一化法计算各组分的含量。

二、实验原理

苯系物是指苯、甲苯、乙苯、二甲苯(包括对位、间位和邻位异构体)乃至异丙苯、三甲苯等。苯系物是重要的化工原料和工业溶剂，也是环境污染物质。过量吸入苯系物蒸气将引起中毒，诱发白血病和再生障碍性贫血。一般用气相色谱方法进行苯系物的检测分析。

在固定色谱条件(色谱柱、柱温、载气流速)下,某一组分的流出时间不受其他组分的影响。有纯粹样品时,直接对照保留时间(记录纸速固定时,对照峰的位置)即可确定试样的化学组成。由于在同一柱上不同的组分可能有相同的保留时间,因此在鉴定时往往要用到两种以上不同极性固定液配成的柱子。

有关保留值测定的计算公式如下:

调整保留时间 $t'_R = t_R - t_M$ (4-25a)

保留体积 $V_R = t_R F_0$ (4-25b)

调整保留体积 $V'_R = V_R - V_M$ 或 $V'_R = t'_R F_0$ (4-26)

相对保留值 $r_{21} = \dfrac{t'_{R(2)}}{t'_{R(1)}} = \dfrac{V'_{R(2)}}{V'_{R(1)}}$ (以苯为基准) (4-27)

分离度是从色谱峰判断相邻两组分在色谱柱中总分离效能的指标,用 R 表示,其定义为相邻两峰保留时间之差与两峰峰底宽度之和的一半的比值,即

$$R = \frac{t_{R(2)} - t_{R(1)}}{\frac{1}{2}[W_{b(2)} + W_{b(1)}]} \tag{4-28}$$

检测器产生信号 E(一般以 mV 计)的大小与进入检测器的某组分的量(单位为 mg 或 mL)或浓度 c(单位为 $mg \cdot mL^{-1}$ 或 $mol \cdot mL^{-1}$)成正比,即 $E=sc$ 或 $s=E/c$,s 称为检测器对此组分的响应值(也称灵敏度)。

在一定操作条件下,物质的含量(m_i)与响应讯号(峰面积 A_i)成正比,即

$$m_i = f_i A_i$$

式中:f_i 为绝对质量校正因子,它是响应值 s 的倒数,即 $f=1/s$,其物理意义是相当于单位峰面积的某组分的质量。在定量分析中都是用相对校正因子(f'_i),其测定方法为称取一定量的纯待测物 m_i 和纯标准物 m_s,混匀后取适量进样,得到的峰面积分别为 A_i 和 A_s,于是待测物相对于纯标准物的相对质量校正因子可按下式求得

$$f'_i = \frac{f_i}{f_s} = \frac{A_s m_i}{A_i m_s} \tag{4-29}$$

热导池检测器常用的标准物质是苯,而氢火焰离子化检测器常用的是正庚烷。各物质的校正因子可从文献中查得,查不到时需要自己测定,本实验也学习相对质量校正因子的测量。

三、仪器与试剂

(1) 仪器:GC-920 型气相色谱仪,色谱工作站,1 μL 微量注射器,载气钢瓶(用热导池检测器时只需 H_2,用氢火焰离子化检测器时需 N_2、H_2 和空气)。

(2) 试剂:苯、甲苯、乙苯、苯的混合物,混合标样等。

四、实验步骤

1. 气相色谱仪的准备

参考热导池或氢火焰离子化检测器操作方法及仪器工作条件(表 4.19)开动仪器,待基线平稳后即可进行分析。

表 4.19　仪器操作条件

检测器	热导池检测器	氢火焰离子化检测器
柱温/ ℃	90	90
检测器温度/ ℃	120	150
汽化室温度/ ℃	150	150
载气流速/mL · min^{-1}	H_2,30	N_2,25;燃气 H_2,40
桥电流/mA	110	
纸速/mm · h^{-1}	600	600
进样量/μL	1.0	0.5～1.0

2. 苯系物分析

(1) 用 1 μL 微量注射器分别取纯苯、甲苯和乙苯各 1.0 μL 进样，记录各色谱峰保留时间，数据填入表 4.20，进行定性分析。

表 4.20　各组分的保留值

组分	空气	苯	甲苯	乙苯
保留时间 t_R/s				
调整保留时间 t'_R/s				
保留体积 V_R/ mL				
调整保留体积 V'_R/ mL				
相对保留值 r_{21}(以苯为基准)				

(2) 用另一支 1 μL 微量注射器取混合标样 1.0 μL 进样，记录各峰的峰面积和保留时间，数据填入表 4.21，以苯为标准物，计算各组分的相对质量校正因子。

表 4.21　各组分峰面积、相对校正因子和含量

组分	苯	甲苯	乙苯
标样峰面积/cm^2			
相对质量校正因子 f'	1.0		
试样峰面积/cm^2			
分离度 R			
百分含量/%			

(3) 用另一支 1 μL 微量注射器取未知试样 1.0 μL 进样，记录各峰的峰面积和保留时间，数据填入表 4.21，然后计算未知样品中各组分的含量。

(4) 重复测定两三次，取其平均值。实验结束后按顺序关机。

五、实验数据记录与处理

(1) 计算各组分的保留值并填入表 4.20。

(2) 计算各组分的相对质量校正因子 f'、分离度 R 和百分含量并填入表 4.21。

六、思考题

(1) 保留值在色谱定性、定量分析中有什么意义？

(2) 分离度的意义是什么？如何从测得相邻两组分的分离度判断其分离情况？

第5章 定量分析

实验20 碱灰中总碱度的测定

一、实验目的

(1) 掌握 HCl 溶液配制与标定的原理和方法。
(2) 掌握碱灰中总碱度测定的原理和方法。
(3) 熟悉酸碱滴定中指示剂的选择原则。
(4) 学习由固体试样制备试液的一般方法。

二、实验原理

碱灰为不纯的 Na_2CO_3,其中混有少量的 NaCl、NaOH、Na_2SO_4 及 $NaHCO_3$ 等杂质。用 HCl 溶液滴定时,以甲基橙为指示剂,除 Na_2CO_3 被中和外,NaOH、$NaHCO_3$ 等碱性杂质也被中和,因此测定的结果是碱的总量,常以 Na_2O 含量来表示。HCl 滴定 Na_2CO_3 的反应如下:

$$Na_2CO_3 + HCl = NaHCO_3 + NaCl$$

$$NaHCO_3 + HCl = NaCl + CO_2\uparrow + H_2O$$

反应到第一化学计量点时产物为 $NaHCO_3$,pH 约为 8.3,第二化学计量点时产物为 H_2CO_3,pH 约为 3.9。由于第一化学计量点(pH≈8.3)突跃范围小,终点不敏锐,因此采用第二化学计量点为滴定终点,以甲基橙为指示剂,溶液由黄色到橙色即为滴定终点。

三、仪器与试剂

(1) 仪器:酸式滴定管,分析天平,容量瓶,移液管,锥形瓶,烧杯。
(2) 试剂:浓 HCl,碱灰(s),0.1%甲基橙水溶液,基准 Na_2CO_3(s)。

四、实验步骤

1. 0.1 $mol\cdot L^{-1}$ HCl 溶液的配制与标定

根据配制 HCl 溶液的体积,用量筒量取一定量浓 HCl,用去离子水稀释至一定体积,摇匀。准确称取 3 份 0.11~0.20 g 基准物质 Na_2CO_3,分别置于 250 mL 锥形瓶中,加入 20~30 mL去离子水使之溶解(可微热),然后加入 1~2 滴甲基橙指示剂,用配制的 HCl 溶液滴定至橙色,即为终点。平行测定 3 次,数据填入自行设计的实验表格中,求得 HCl 溶液的物质的量浓度,要求其相对平均偏差≤0.2%,否则需重新标定。

2. 测定

准确称取一份碱灰试样 1.5~2.2 g 于烧杯内,加去离子水使其溶解(必要时加热使其溶解,然后冷却),将溶液转移至 250 mL 容量瓶中,并用洗瓶吹洗烧杯的内壁和玻璃棒三四次,合并洗涤液于容量瓶中，用去离子水稀释到刻度，摇匀备用。

用移液管吸取25.00mL上述试液两份分别置于250 mL锥形瓶中，加入甲基橙指示剂1～2滴，用HCl标准溶液滴定至溶液呈橙色，即为终点。

五、实验数据记录与处理

将实验数据填入表5.1，计算碱灰中Na_2O含量。

表5.1 碱灰总碱度的测定

实验编号	Ⅰ	Ⅱ
m(碱灰)/g		
V(碱灰溶液)/mL		
c(HCl)/mol · L^{-1}		
HCl溶液终读数/mL		
HCl溶液初读数/mL		
V(HCl)/mL		
$w(Na_2O)$/%		
$\overline{w}(Na_2O)$/%		

六、思考题

(1) 配制0.1 mol · L^{-1} HCl溶液500 mL，需多少毫升浓HCl？

(2) 若基准Na_2CO_3保存不当，吸收少量水分，标定HCl浓度时，对结果有何影响？

(3) 碱灰的主要成分是什么？还含有哪些主要杂质？

(4) 为什么不直接称取0.15～0.22 g碱灰试样进行滴定？

实验21 有机酸摩尔质量的测定

一、实验目的

(1) 进一步巩固滴定操作及差减法称量操作。

(2) 掌握用邻苯二甲酸氢钾标定氢氧化钠溶液的方法。

(3) 掌握用酸碱滴定法测定有机酸摩尔质量的方法。

二、实验原理

有机酸(乙二酸、酒石酸、柠檬酸、苯甲酸等)一般为弱酸，若有机酸易溶于水，且其离解常数$K_a^\ominus \geqslant 10^{-7}$时，该有机酸中的氢均符合准确滴定的要求，可用酸碱滴定法测定，滴定突跃范围在弱碱性内，可选用酚酞为指示剂，摩尔质量可以根据滴定反应进行计算。本实验要求准确测定草酸的摩尔质量。

1. NaOH溶液标定原理

NaOH标准溶液不能用直接法配制，只能用间接法配制。标定基准物有邻苯二甲酸氢钾

$KHC_8H_4O_4$（相对分子质量为 204.2，$K_{a_1}^{\ominus}=1.1\times10^{-3}$，$K_{a_2}^{\ominus}=3.9\times10^{-6}$）和 $H_2C_2O_4\cdot2H_2O$ 等。一般选邻苯二甲酸氢钾，它与氢氧化钠的反应为

$$HC_8H_4O_4^- + OH^- \xlongequal{} C_8H_4O_4^{2-} + H_2O$$

计量点 pH≈9.1，指示剂为酚酞。

2. 测定原理

乙二酸是二元弱酸，$K_{a_1}^{\ominus}=5.9\times10^{-2}$，$K_{a_2}^{\ominus}=6.4\times10^{-5}$，滴定时两个氢都被滴定，反应为

$$H_2C_2O_4 + 2OH^- \xlongequal{} C_2O_4^{2-} + 2H_2O$$

计量点 pH≈8.2，指示剂为酚酞。

三、仪器与试剂

（1）仪器：碱式滴定管，分析天平，容量瓶，移液管，锥形瓶，烧杯。

（2）试剂：NaOH(s)，草酸(s)，0.2%酚酞指示剂，基准邻苯二甲酸氢钾（$KHC_8H_4O_4$ 在 105～110 ℃干燥 1 h 后，放入干燥器中备用）。

四、实验步骤

1. 配制 800 mL 0.1 mol·L^{-1} NaOH 溶液

称取 3.2 g NaOH，加入新鲜或煮沸除去 CO_2 的去离子水溶解，稀释至 800 mL，摇匀。

2. 标定

用差减法准确称取基准邻苯二甲酸氢钾 0.4～0.6 g 于 250 mL 锥形瓶中，用 30～40 mL 去离子水溶解，再滴入 2～3 滴酚酞指示剂，用氢氧化钠溶液滴定至溶液呈淡红色，在 30 s 内不褪色即为终点。记录读数，填入自行设计的表格中，计算氢氧化钠溶液的准确浓度，平行测定 3 次。

3. 测定

准确称取乙二酸 1.3～2.6 g 于小烧杯中，加去离子水溶解，然后定量转入250 mL容量瓶中，定容摇匀。

再移取 25.00 mL 此溶液两份，分别置于 250 mL 锥形瓶中，滴入 2～3 滴酚酞指示剂，用氢氧化钠溶液滴定至溶液呈淡红色，30 s 内不褪色即为终点，记录读数。

五、实验数据记录与处理

将实验数据填入表 5.2，计算乙二酸摩尔质量。

表 5.2　乙二酸摩尔质量的测定

实验编号	Ⅰ	Ⅱ
m(乙二酸)/g		
V(乙二酸溶液)/mL		
c (NaOH)/mol·L^{-1}		
NaOH 溶液终读数/mL		

续表

实验编号	Ⅰ	Ⅱ
NaOH 溶液初读数/mL		
V(NaOH)/mL		
M(乙二酸)/g · mol^{-1}		
$\overline{M}$(乙二酸)/g · mol^{-1}		

六、思考题

(1) 用邻苯二甲酸氢钾标定氢氧化钠溶液时，为什么用酚酞作指示剂而不用甲基红或甲基橙?

(2) 标定氢氧化钠溶液时，用基准邻苯二甲酸氢钾比用基准乙二酸有什么好处?

(3) 如何配制不含 Na_2CO_3 的氢氧化钠溶液? 若 NaOH 标准溶液在保存过程中吸收了空气中的 CO_2，用该标准溶液测定乙二酸对结果有无影响? 为什么?

(4) 称取 $KHC_8H_4O_4$ 质量为 0.4～0.6 g，其范围是如何确定的?

(5) 若本实验选用的乙二酸试样($H_2C_2O_4 \cdot 2H_2O$)失去一部分水，问所测结果会产生何种误差?

(6) 多元(有机)酸分步滴定的条件是什么?

实验 22　铵盐中氨的测定——甲醛法

一、实验目的

(1) 了解酸碱滴定法的应用，掌握甲醛法测定铵盐中氨含量的原理和方法。

(2) 掌握容量瓶、移液管的使用方法。

二、实验原理

NH_4Cl 和 $(NH_4)_2SO_4$ 是常用无机铵盐，由于 NH_4^+ 的离解常数太小($K_a^\ominus=5.6\times10^{-10}$)，不能用标准碱溶液直接滴定，一般可用两种间接方法测定其含量。

1. 蒸馏法

在试样中加入过量的碱，加热，把 NH_3 蒸馏出来，用酸标准溶液吸收，然后用碱标准溶液回滴过量的酸，以求出试样中含氨量。或者把蒸出的 NH_3 用硼酸溶液吸收，然后用酸标准溶液直接滴定生成 $H_2BO_3^-$。蒸馏法虽较准确，但操作麻烦且费时。

2. 甲醛法

铵盐与甲醛作用生成质子化六亚甲基四胺($K_a^\ominus=7.1\times10^{-6}$)和定量的强酸，反应如下：

$$4NH_4^+ + 6HCHO \xlongequal{} \underset{\text{六亚甲基四胺酸离子}}{(CH_2)_6N_4H^+} + 3H^+ + 6H_2O$$

由上述反应可知，4 mol NH_4^+ 与甲醛作用，生成 3mol H^+(强酸)和 1 mol $(CH_2)_6N_4H^+$，即 1 mol NH_4^+ 相当于 1 mol 酸。以酚酞为指示剂，用 NaOH 标准溶液滴定反应中生成的酸，

NH_4^+ 的含量以 NH_3 来表示，则测定结果可按下式计算：

$$w(NH_3)=\frac{c(NaOH)V(NaOH)M(NH_3)}{m(\text{样品})}\times 100\% \tag{5-1}$$

因为试样不够均匀，应多称取些试样，溶解于容量瓶中，然后吸取部分溶液进行滴定。

甲醛法准确度略差，但测定快速，故在生产化验上应用较多。试样如果含有 Fe^{3+} 等干扰离子，将影响终点观察，可改用蒸馏法。

若测定有机物中的氮，须先将试样硝化使之转化为铵盐，然后再进行测定。

三、仪器与试剂

(1) 仪器：碱式滴定管，分析天平，容量瓶，移液管，锥形瓶，烧杯。

(2) 试剂：NaOH(s)，硫酸铵样品(s)，20%甲醛，0.2%酚酞指示剂，基准邻苯二甲酸氢钾 $KHC_8H_4O_4$(s)（在 105～110 ℃干燥 1 h 后，放入干燥器中备用）。

四、实验步骤

1. 0.1 mol · L^{-1} NaOH 溶液的配制及标定

配制 500 mL NaOH，方法见实验 21，数据填入自行设计的表格中。

2. 测定

准确称取硫酸铵试样 1.5～2.0 g 于 100 mL 小烧杯中，加入 30～40 mL 去离子水使之溶解，然后定量转入 250 mL 容量瓶中，定容摇匀。

用移液管移出上述试液 25.00 mL 于 250 mL 锥形瓶中，加入 5.0 mL 预先用 0.2 mol · L^{-1}NaOH 溶液中和（以酚酞为指示剂）的 20%甲醛溶液和 20～30 mL 去离子水，放置 5 min，再加 2～3 滴酚酞指示剂，然后用 0.1 mol · L^{-1}NaOH 标准溶液滴定至呈淡红色，30 s 不褪色即为终点。平行测定 3 次。

五、实验数据记录与处理

将实验数据填入表 5.3，计算 NH_3 的含量。

表 5.3　硫酸铵中 NH_3 的测定

实验编号	Ⅰ	Ⅱ	Ⅲ
m(硫酸铵)/g			
V(硫酸铵溶液)/mL			
c(NaOH)/mol · L^{-1}			
NaOH 溶液终读数/mL			
NaOH 溶液初读数/mL			
V(NaOH)/mL			
$w(NH_3)$/%			
$\overline{w}(NH_3)$/%			

六、思考题

(1) 测定硫酸铵时为什么不能用碱标准溶液直接测定其中的氨？

(2) 加入的甲醛溶液为什么预先要用 NaOH 溶液中和，并以酚酞为指示剂？如未达中和，或者 NaOH 溶液过量，对结果各有什么影响？

(3) 硫酸铵中若含有游离酸，应先用 NaOH 溶液除去，在除游离酸时能否用酚酞作指示剂？为什么？

(4) 若试样为 NH_4Cl 或 NH_4HCO_3，是否都可用本法测定？为什么？

(5) 若铵盐中含有 NO_3^-，用此法测定的结果以含氮量表示时，此含氮量中是否包括 NO_3^- 中的氮？如何测定铵盐试样中的总氮量？

实验23 EDTA标准溶液的配制和标定

一、实验目的

(1) 学习 EDTA 标准溶液的配制和标定方法。

(2) 掌握配位滴定的原理，了解配位滴定的特点。

(3) 熟悉钙指示剂和二甲酚橙指示剂的使用。

二、实验原理

乙二胺四乙酸(简称 EDTA，常用 H_4Y 表示)是一种氨羧配位剂，其分子中含有氨、氮和羧氧配位原子，能与大多数金属离子形成稳定的 1∶1 配合物，是目前配位滴定中最重要、应用最广的配位滴定剂。乙二胺四乙酸难溶于水，常温下其溶解度为 0.2 g·L^{-1}(约 0.0007 mol·L^{-1})，在分析测试中通常使用其二钠盐($Na_2H_2Y \cdot 2H_2O$)配制标准溶液。乙二胺四乙酸二钠盐的溶解度为 120 g·L^{-1}，可配成0.3 mol·L^{-1}以上的溶液，其水溶液的 pH=4.8，通常采用间接法配制标准溶液。

标定 EDTA 溶液的基准物有 Zn、ZnO、$CaCO_3$、Bi、Cu、Ni、Pb 等。通常选用其中与被测物组分相同的物质作基准物，这样滴定条件较一致，可减小误差。

EDTA 溶液若用于测定石灰石或白云石中 CaO、MgO 的含量，则宜用 $CaCO_3$ 为基准物。用 $CaCO_3$ 为基准物标定 EDTA 溶液时，通常选钙指示剂(NN)指示终点(钙指示剂 pH=12～13 时为蓝色，其他 pH 时为紫色)，用 NaOH 控制 pH 为12～13，其变色原理为

滴定前 $\quad Ca + NN(蓝色) \rightleftharpoons Ca\text{-}NN(红色)$

滴定中 $\quad Ca + Y \rightleftharpoons CaY$

终点时 $\quad Ca\text{-}NN(红色) + Y \rightleftharpoons CaY + NN(蓝色)$

EDTA 溶液若用于测定 Pb^{2+}、Bi^{3+}，则宜以 ZnO 或金属锌为基准物，以二甲酚橙(XO)为指示剂(pH<6.3 呈黄色，pH>6.3 呈红色)，控制溶液 pH=5～6，其终点反应为

$$Zn\text{-}XO(紫红色) + Y \rightleftharpoons ZnY + XO(黄色)$$

配位滴定中所用的去离子水应不含 Fe^{3+}、Al^{3+}、Cu^{2+}、Ca^{2+}、Mg^{2+} 等杂质离子。

三、仪器与试剂

(1) 仪器：酸式滴定管，分析天平，锥形瓶，烧杯，移液管。

(2) 试剂：乙二胺四乙酸二钠(s)，基准 $CaCO_3$(s)，钙指示剂(s)，10%NaOH 溶液，镁溶液(溶解 1.0 g $MgSO_4 \cdot 7H_2O$ 于水中，稀释至 200 mL)，1∶3 $NH_3 \cdot H_2O$，基准 ZnO(s)，

6.0 mol · L^{-1} HCl，20%六亚甲基四胺溶液，0.2%二甲酚橙指示剂。

四、实验步骤

1. 0.02 mol · L^{-1} EDTA 溶液的配制

在台秤上称取 3.8 g 乙二胺四乙酸二钠盐（M_r=372.2）于大烧杯中，加入200～300 mL 去离子水，温热使其溶解后转入试剂瓶中，然后稀释至 500 mL，摇匀。如有混浊，应过滤。

2. 以 $CaCO_3$ 为基准物标定 EDTA 溶液

（1）0.02 mol · L^{-1} 钙标准溶液的配制。准确称取 0.5～0.6 g 基准碳酸钙（110 ℃干燥 2 h）于小烧杯中，盖上表面皿，加几滴去离子水润湿，再从杯嘴处逐滴加入 3～4 mL 6 mol · L^{-1} HCl，至碳酸钙完全溶解，用去离子水洗涤表面皿和烧杯内壁，加热近沸，待冷却后移入 250 mL 容量瓶中，稀释至刻度，摇匀。

（2）EDTA 标定。用移液管移取 25.00 mL 钙标准溶液于锥形瓶中，加入约25 mL去离子水、2 mL 镁溶液、5.0 mL 10%NaOH 溶液及约 10 mg（绿豆大小）钙指示剂，摇匀后，用 EDTA 溶液滴定至由红色变至蓝色即为终点。平行测定 3 次。

3. 以 ZnO 为基准物标定 EDTA 溶液

（1）锌标准溶液的配制。准确称取在 800～1000 ℃灼烧过（需 20 min 以上）的 ZnO 基准物 0.4～0.6 g 于 100 mL 烧杯中，用少量去离子水润湿，然后逐滴加入2～4 mL 6.0 mol · L^{-1} HCl，边加边搅拌至完全溶解。用去离子水洗涤表面皿和烧杯内壁，加热近沸，待冷却后定量转入 250 mL 容量瓶中，稀释至刻度，摇匀。

（2）标定。移取 25.00 mL 锌标准溶液于 250 mL 锥形瓶中，加入约 20 mL 去离子水，2～3 滴二甲酚橙指示剂，先加 1∶3 氨水至溶液由黄色刚变橙色（不能多加），然后滴加 20%六亚甲基四胺至溶液呈稳定的紫红色后再多加 3.0 mL，用 EDTA 溶液滴定至溶液由紫红色变为亮黄色，即为终点。平行测定 3 次，数据填入自行设计的表格中，并计算 EDTA 的浓度。

五、实验数据记录与处理

将实验数据填入表 5.4，计算 EDTA 的浓度。

表 5.4 0.02 mol · L^{-1} EDTA 溶液的标定（$CaCO_3$ 为基准物）

实验编号	Ⅰ	Ⅱ	Ⅲ
$m(CaCO_3)$/g			
$V(CaCO_3$ 溶液)/mL			
EDTA 溶液终读数/mL			
EDTA 溶液初读数/mL			
V(EDTA)/mL			
c(EDTA)/ mol · L^{-1}			
$\bar{c}$ (EDTA)/ mol · L^{-1}			
绝对偏差/mol · L^{-1}			
相对平均偏差/%			

六、思考题

(1) 以 $CaCO_3$ 为基准物标定 EDTA 溶液时，加入镁溶液的目的是什么？

(2) 以 $CaCO_3$ 为基准物，用钙指示剂作指示剂标定 EDTA 溶液时，应控制溶液的酸度为多少？为什么？怎样控制？

(3) 以 ZnO 为基准物，以二甲酚橙为指示剂标定 EDTA 溶液浓度的原理是什么？溶液的 pH 应控制在什么范围？若溶液为强酸性，应怎样调节？

(4) 配位滴定法与酸碱滴定法相比，有哪些不同点？操作中应注意哪些问题？

实验 24　水的硬度测定——配位滴定法

一、实验目的

(1) 了解水的硬度的测定意义和常用硬度表示方法。

(2) 掌握 EDTA 配位滴定法测定水的硬度的原理和方法。

(3) 掌握铬黑 T 和钙指示剂的应用，了解金属指示剂的特点。

二、实验原理

水的硬度是衡量水质的一项重要指标，尤其对工业用水的关系很大，水的硬度是形成锅炉中的水垢和影响产品质量的主要因素之一。

Ca^{2+}、Mg^{2+} 是自来水中的主要金属离子（一般还含有微量 Fe^{3+}、Al^{3+}、Cu^{2+} 等），通常以钙、镁含量来表示水的硬度。水分为硬水和软水（硬水和软水尚无明确的界限，一般硬度小于 5～6 度的称为软水）。硬度又有暂时硬度和永久硬度之分。

暂时硬度：由钙、镁的酸式碳酸盐引起的硬度。遇热即成碳酸盐沉淀而失去硬度性，其反应如下：

$$Ca(HCO_3)_2 \xrightarrow{\triangle} CaCO_3 \downarrow (\text{完全沉淀}) + H_2O + CO_2 \uparrow$$

$$Mg(HCO_3)_2 \xrightarrow{\triangle} MgCO_3 \downarrow (\text{不完全沉淀}) + H_2O + CO_2 \uparrow$$

$$MgCO_3 + H_2O \longrightarrow Mg(OH)_2 \downarrow + CO_2 \uparrow$$

永久硬度：由钙、镁的硫酸盐、氯化物、硝酸盐引起的硬度。这些盐加热时不沉淀，水的硬度也不变（但在锅炉运行温度下，溶解度低的可析出而成为锅垢）。

由钙、镁离子形成的硬度称总硬。由钙离子形成的硬度称为“钙硬”，由镁离子形成的硬度称为“镁硬”。

水中钙、镁含量可用 EDTA 配位滴定法测定。钙硬测定时 pH 控制在 12～13，用 EDTA 标准溶液滴定，钙指示剂指示终点；总硬则以铬黑 T 为指示剂（铬黑 T 指示剂，pH$<$6 红色，pH$>$12 橙色，pH8～11 蓝色），控制溶液的 pH$\approx$10，以 EDTA 标准溶液滴定。由 EDTA 溶液的浓度和用量，可算出水的钙硬和总硬，由总硬减去钙硬即为镁硬。

水的硬度的表示方法有多种，各国表示方法不尽相同。有将水中的盐类都折算成 $CaCO_3$，而以 $CaCO_3$ 的量作为硬度标准的，也有将盐类合算成 CaO 的量来表示的。本书采用我国目前常用的表示方法：以度(°)计，1 硬度单位表示十万份水中含 1 份 CaO，1°＝10 ppm CaO(1 ppm 为百万分之一)。

$$\text{硬度}(^\circ)=\frac{c\,(\text{EDTA})V\,(\text{EDTA})M\,(\text{CaO})\times 10^{-3}}{V\,(H_2O)}\times 10^5 \tag{5-2}$$

式中：c(EDTA)为 EDTA 标准溶液的浓度(mol · L^{-1})；V(EDTA)为滴定时用去的EDTA标准溶液的体积(mL)；$V(H_2O)$为水样体积(mL)；M(CaO)为 CaO 的摩尔质量(g · mol^{-1})。

三、仪器与试剂

(1) 仪器：酸式滴定管，分析天平，锥形瓶，烧杯，移液管。

(2) 试剂：乙二胺四乙酸二钠(s)，基准 $CaCO_3$(s)，钙指示剂(s)，0.5%铬黑 T 指示剂(用三乙醇胺配制)，10%NaOH 溶液，镁溶液，NH_3-NH_4Cl 缓冲溶液(pH≈10)。

四、实验步骤

1. 0.02 mol · L^{-1}EDTA 溶液的配制与标定

配制 500 mL 0.02 mol · L^{-1}EDTA，方法见实验 23，标定的基准物为 $CaCO_3$。数据填入自行设计的表格中。

2. 总硬的测定

移取适量水样于 250 mL 锥形瓶中，加入 5.0 mL NH_3-NH_4Cl 缓冲液，再滴加 3～4 滴铬黑 T 指示剂，摇匀。此时溶液呈酒红色，以 0.02 mol · L^{-1}EDTA 标准溶液滴定至纯蓝色，即为终点，平行测定 2 次。

3. 钙硬的测定

移取适量水样于 250 mL 锥形瓶内，加入 4.0 mL 10%NaOH 溶液，摇匀，再加入约 10 mg 钙指示剂，再摇匀。此时溶液呈酒红色，用 0.02 mol · L^{-1}EDTA 标准溶液滴定至呈纯蓝色，即为终点。平行测定 2 次，实验数据填入自行设计的表格中，计算水的钙硬。

4. 镁硬的确定

由总硬减去钙硬即得镁硬。

五、实验数据记录与处理

将实验数据填入表 5.5，计算水的总硬。

表 5.5　水的总硬测定

实验编号	Ⅰ	Ⅱ
V(水样)/mL		
c(EDTA)/mol · L^{-1}		
EDTA 溶液终读数/mL		
EDTA 溶液初读数/mL		
V(EDTA)/mL		
总硬/(°)		
总硬平均值/(°)		

六、思考题

(1) 用 EDTA 法测水的总硬时，pH 应控制在什么范围？如何控制？

(2) 如何得到镁硬的结果？

(3) 用 EDTA 法测定水的硬度时，哪些离子的存在有干扰？如何消除？

(4) 当水样中 Mg^{2+} 含量低时，以铬黑 T 作指示剂测定水中 Ca^{2+}、Mg^{2+} 总量，终点不明晰，因此常在水样中先加少量 MgY^{2-} 络合物，再用 EDTA 滴定，终点就敏锐。这样做对测定结果有无影响？说明其原理。

实验 25 铅、铋混合液中铅、铋含量的连续测定

一、实验目的

(1) 学习通过控制酸度实现混合离子选择性测定的原理和方法。

(2) 掌握用 EDTA 连续滴定金属离子的原理和方法。

(3) 熟悉二甲酚橙指示剂的使用。

二、实验原理

混合离子的滴定常用控制酸度法、掩蔽法、解蔽法等方法，可根据有关副反应系数论证对它们分别滴定的可能性：

Bi^{3+} 和 Pb^{2+} 均能与 EDTA 形成稳定的 1∶1 配合物，其 $\lg K^{\ominus}_{稳}$ 分别为 27.94 和 18.04，两者稳定性相差很大，$\Delta\lg K^{\ominus}_{稳}=9.90>6$，故可利用控制酸度的方法连续滴定 Bi^{3+} 和 Pb^{2+}。在测定中，均以二甲酚橙(XO)作指示剂，XO 在 pH<6.3 时呈黄色，在 pH>6.3 时呈红色，而它与 Bi^{3+} 和 Pb^{2+} 所形成的配合物呈紫红色($K^{\ominus}_{Bi\text{-}XO}>K^{\ominus}_{Pb\text{-}XO}$)，它们的稳定性与 Bi^{3+}、Pb^{2+} 和 EDTA 所形成的配合物相比要低，所以测定时应控制 pH<6.3。

测定时，用 HNO_3 先调节 Bi^{3+}、Pb^{2+} 混合溶液 pH≈1.0，以 XO 作指示剂，此时 Bi^{3+} 与 XO 形成紫红色配合物，而 Pb^{2+} 与 XO 不形成配合物，用EDTA标准溶液滴定，溶液由紫红色突变为亮黄色，即为滴定 Bi^{3+} 的终点。在滴定 Bi^{3+} 溶液中，加入六亚甲基四胺，调节溶液 pH 为 5～6，此时 Pb^{2+} 与 XO 形成紫红色配合物，继续用 EDTA 标准溶液滴定至溶液由紫红色突变为亮黄色，即为滴定 Pb^{2+} 的终点。

三、仪器与试剂

(1) 仪器：酸式滴定管，分析天平，锥形瓶，烧杯，移液管，容量瓶。

(2) 试剂：乙二胺四乙酸二钠(s)，基准 ZnO(s)，浓 HNO_3，6.0 mol·L^{-1} HCl，6.0 mol·L^{-1} 氨水，0.1 mol·L^{-1} HNO_3，20%六亚甲基四胺溶液，0.2%二甲酚橙指示剂，含量均约为 0.01 mol·L^{-1} 的 Pb^{2+}、Bi^{3+} 混合液[称取 33.0 g $Pb(NO_3)_2$ 和 48.0 g $Bi(NO_3)_3$，加到含 315 mL浓 HNO_3 的烧杯中，在电炉上微热溶解，稀释至 10.0 L]。

四、实验步骤

1. 0.01 mol·L^{-1} EDTA 溶液的配制与标定

配制 500 mL 0.01 mol·L^{-1} EDTA，方法见实验 23，标定基准物为 ZnO。数据填入自行

设计的表格中。

2. Pb^{2+}、Bi^{3+}混合液的分别测定

用移液管移取 pH≈1.0 的 Pb^{2+}、Bi^{3+}混合液 25.00 mL 于 250 mL 锥形瓶中，加 10 mL 0.1 mol·L^{-1} HNO_3 和 1～2 滴二甲酚橙指示剂，用 EDTA 标液滴定，当溶液由紫红色恰好变为亮黄色时，即为滴定 Bi^{3+} 的终点，体积记为 V_1。计算出混合液中 Bi^{3+} 的浓度(单位 g·L^{-1})。

在滴定 Bi^{3+}后的溶液中，补加 2 滴二甲酚橙指示剂，逐滴加入六亚甲基四胺溶液，至溶液由黄色呈现稳定的紫红色后，再过量 5 mL(此时溶液的 pH 为 5～6)，用 EDTA 标准溶液滴定，溶液又由紫红色变为亮黄色时，即为 Pb^{2+}滴定终点，体积记为 V_2。计算混合液中 Pb^{2+}的浓度(单位 g·L^{-1})，平行测定 2 次。

五、实验数据记录与处理

将实验数据填入表 5.6，计算 Pb^{2+}、Bi^{3+}的含量。

表 5.6 Pb^{2+}、Bi^{3+}混合液中 Pb^{2+}、Bi^{3+}含量的测定

实验编号	Ⅰ	Ⅱ
V(Pb^{2+}、Bi^{3+}混合液)/mL		
c(EDTA)/mol·L^{-1}		
V_1(EDTA)/mL		
V_2(EDTA)/mL		
c(Bi^{3+})/g·L^{-1}		
$\bar{c}$(Bi^{3+})/g·L^{-1}		
c(Pb^{2+})/g·L^{-1}		
$\bar{c}$(Pb^{2+})/g·L^{-1}		

六、思考题

(1) 按本实验操作，滴定 Bi^{3+}的起始酸度是否超过滴定 Pb^{2+}的最高酸度？滴定至 Bi^{3+}的终点时，溶液中酸度为多少？此时再加入六亚甲基四胺滴定 Pb^{2+}，溶液 pH 约为多少？

(2) 本实验中，能否先滴定 Pb^{2+}，再滴定 Bi^{3+}？为什么？

(3) 为什么不用 NaOH、NaAc 或 $NH_3 \cdot H_2O$，而用六亚甲基四胺调节 pH=5～6？

实验 26 高锰酸钾标准溶液的配制和标定

一、实验目的

(1) 了解高锰酸钾标准溶液的配制方法和保存条件。

(2) 掌握用 $Na_2C_2O_4$ 作基准物标定高锰酸钾溶液的原理、方法及滴定条件。

二、实验原理

高锰酸钾是氧化还原滴定中最常用氧化剂之一。市售的高锰酸钾常含有少量杂质，如硫

酸盐、氯化物、硝酸盐及 MnO_2 等，另外 $KMnO_4$ 氧化力强，还易和水中的有机化合物、空气中的尘埃及氨等还原性物质作用，$KMnO_4$ 能自行分解，其分解反应如下：

$$4KMnO_4 + 2H_2O \xlongequal{} 4MnO_2\downarrow + 4KOH + 3O_2\uparrow$$

因此不能直接配制准确浓度的高锰酸钾溶液。$KMnO_4$ 分解速度随溶液的 pH 而改变，在中性溶液中分解很慢，但 Mn^{2+} 和 MnO_2 能加速 $KMnO_4$ 的分解，见光则分解得更快。因此 $KMnO_4$ 溶液的浓度容易改变，必须正确地配制和保存。$KMnO_4$ 溶液应呈中性，不含 MnO_2，这样浓度就比较稳定，放置数月后浓度大约只降低 0.5%。但如果长期使用，仍应定期标定。

标定 $KMnO_4$ 溶液的基准物有 $Na_2C_2O_4$、$H_2C_2O_4 \cdot 2H_2O$、$FeSO_4 \cdot (NH_4)_2SO_4 \cdot 6H_2O$、纯铁丝及 As_2O_3 等。其中，$Na_2C_2O_4$ 不含结晶水，性质稳定、容易提纯，是最常用的基准物质。用 $Na_2C_2O_4$ 标定 $KMnO_4$ 溶液的反应为

$$2MnO_4^- + 5H_2C_2O_4 + 6H^+ \xlongequal{} 2Mn^{2+} + 10CO_2\uparrow + 8H_2O$$

为了使此反应能定量、迅速地进行，应注意下述滴定条件：

(1) 温度。在室温下此反应的速率缓慢，因此应将溶液加热至 75～85 ℃，但温度不宜过高，否则在酸性溶液中会使部分 $H_2C_2O_4$ 发生如下分解：

$$H_2C_2O_4 \xlongequal{} CO_2\uparrow + CO\uparrow + H_2O$$

(2) 酸度。溶液应保持足够的酸度，一般在开始滴定时，H_2SO_4 的浓度为0.5～1 mol · L^{-1}。酸度低时往往容易生成 MnO_2 沉淀；酸度过高又会促使 $H_2C_2O_4$ 分解。

(3) 滴定速度。由于 MnO_4^- 与 $C_2O_4^{2-}$ 的反应是自动催化反应，滴定开始时，加入的第一滴 $KMnO_4$ 溶液褪色很慢，因此开始滴定时滴定速度要慢些，待第一滴 $KMnO_4$ 红色褪去后，再滴入第二滴。如此几滴 $KMnO_4$ 溶液完全作用，生成一定量的 Mn^{2+} 后，滴定速度就可以稍快些，但不能太快，否则加入的 $KMnO_4$ 溶液来不及与 $C_2O_4^{2-}$ 反应，而在热的酸性溶液中发生如下分解：

$$4MnO_4^- + 12H^+ \xlongequal{} 4Mn^{2+} + 5O_2\uparrow + 6H_2O$$

(4) 滴定终点。$KMnO_4$ 作为自身指示剂，滴定终点颜色不太稳定，这是由于空气中的还原性气体及尘埃等杂质落入溶液中能使 $KMnO_4$ 缓慢分解，而使粉红色消失，因此经过 30 s 不褪色即为终点。

三、仪器与试剂

(1) 仪器：棕色酸式滴定管，分析天平，锥形瓶，棕色试剂瓶，玻璃砂芯漏斗，电炉。

(2) 试剂：$KMnO_4$(s)，基准 $Na_2C_2O_4$(s)，3.0 mol · L^{-1} H_2SO_4。

四、实验步骤

1. 0.02 mol · L^{-1} $KMnO_4$ 溶液的配制

称取 1.6 g 左右 $KMnO_4$(M_r=158.0)溶于 500 mL 去离子水中，加热煮沸20～30 min(随时加水以补充因蒸发而损失的水)。冷却后在暗处放置 2～3 天，然后用玻璃砂芯漏斗过滤除去 MnO_2 等杂质。滤液储于洁净的带玻璃塞棕色瓶中，放置暗处保存。如果溶液经煮沸并在水浴上保温 1 h，则不必长期放置，冷却后过滤，就可以标定其浓度。

2. $KMnO_4$ 溶液浓度的标定

准确称取 0.13～0.20 g 基准 $Na_2C_2O_4$(M_r=134.0)于 250 mL 锥形瓶中，加入 30～40 mL 去

离子水使之溶解，再加 10 mL 3.0 mol·L^{-1} H_2SO_4 溶液，并加热至 75～85 ℃，立即用待标定的 $KMnO_4$ 溶液滴定（不能沿瓶壁滴入）至呈粉红色，30 s 内不褪色即为终点。平行测定 3 次，实验数据填入自行设计的表格中，计算 $KMnO_4$ 溶液的浓度。

五、实验数据记录与处理

略。

六、思考题

（1）配制 $KMnO_4$ 标准溶液时为什么要把 $KMnO_4$ 水溶液煮沸一定时间（或放置数天）？配好的 $KMnO_4$ 溶液为什么要过滤后才能保存？过滤时能否用滤纸？配好的 $KMnO_4$ 溶液为什么要装在棕色瓶中并在暗处保存？

（2）用 $KMnO_4$ 溶液滴定 $Na_2C_2O_4$ 溶液时，为什么第一滴 $KMnO_4$ 溶液加入后红色褪去很慢，以后褪色较快？

（3）用 $Na_2C_2O_4$ 标定 $KMnO_4$ 溶液浓度时加入 H_2SO_4，其酸度过高或过低有无影响？是否可用 HCl 或 HNO_3 代替 H_2SO_4？为什么？为什么要加热至 75～85 ℃后才能滴定？溶液温度过高或过低有什么影响？

（4）$KMnO_4^-$ 滴定的终点不太稳定的原因是什么？

实验 27　石灰石中钙含量的测定

一、实验目的

（1）掌握氧化还原法间接测定钙含量的原理和方法。

（2）学习沉淀分离的基本知识，掌握沉淀、过滤、洗涤等分析操作。

二、实验原理

高锰酸钾法测定钙含量是一个氧化还原间接测定的方法，它利用 Ca^{2+} 与 $C_2O_4^{2-}$ 能生成难溶的 CaC_2O_4 沉淀，将沉淀过滤并洗去剩余的 $C_2O_4^{2-}$ 后，溶于稀硫酸中，再用 $KMnO_4$ 标准溶液滴定 $H_2C_2O_4$，根据所消耗的 $KMnO_4$ 标准溶液体积，便可间接地测得 Ca^{2+} 的含量。主要反应如下：

$$Ca^{2+} + C_2O_4^{2-} \xlongequal{} CaC_2O_4$$

$$CaC_2O_4 + SO_4^{2-} + 2H^+ \xlongequal{} CaSO_4 + H_2C_2O_4$$

$$5H_2C_2O_4 + 2MnO_4^- + 6H^+ \xlongequal{} 2Mn^{2+} + 10CO_2\uparrow + 8H_2O$$

在本实验中，要求 Ca^{2+} 与 $C_2O_4^{2-}$ 有 1∶1 定量关系，并尽量得到大颗粒沉淀，所以必须控制适当的沉淀 Ca^{2+} 的条件。一般是在酸性溶液中，加入沉淀剂 $(NH_4)_2C_2O_4$，此时 $C_2O_4^{2-}$ 浓度很小（主要以 $HC_2O_4^-$、$H_2C_2O_4$ 形式存在，故不会有 CaC_2O_4 沉淀生成），再滴加稀氨水逐渐中和溶液中的 H^+，使 $C_2O_4^{2-}$ 浓度缓缓增大，逐渐生成 CaC_2O_4 沉淀。因 CaC_2O_4 是弱酸盐沉淀，其溶解度随溶液酸度增大而增加，在 pH=4.0 时，CaC_2O_4 的溶解损失可以忽略。所以，最后控制溶液的 pH 在 4.2～4.5，这样，既可使 CaC_2O_4 沉淀完全，又不致生成 $Ca(OH)_2$ 或

$(CaOH)_2C_2O_4$沉淀，生成的沉淀再经陈化便可获得纯净的、颗粒粗大的 CaC_2O_4 晶形沉淀。

三、仪器与试剂

（1）仪器：棕色酸式滴定管，分析天平，容量瓶，移液管，锥形瓶，烧杯，漏斗，电炉。

（2）试剂：$KMnO_4$（s），6.0 mol·L^{-1} HCl，0.25 mol·L^{-1} $(NH_4)_2C_2O_4$，0.1% $(NH_4)_2C_2O_4$，3.0 mol·L^{-1}氨水，1.0 mol·L^{-1} H_2SO_4，10%柠檬酸铵，0.1%甲基橙指示剂，0.1 mol·L^{-1} $AgNO_3$，2.0 mol·L^{-1} HNO_3，石灰石(s)。

四、实验步骤

1. 0.02 mol·L^{-1} $KMnO_4$ 溶液配制与标定

配制 500 mL 0.02 mol·L^{-1} $KMnO_4$，方法见实验 26。数据填入自行设计的表格中。

2. CaC_2O_4 沉淀的制备

准确称取 0.1～0.2 g 石灰石样品 2 份，分别置于 300～400 mL 烧杯中，加少量水润湿，盖上表面皿，从烧杯嘴处缓慢滴加 7～8 mL 6.0 mol·L^{-1} HCl 溶液，同时轻轻摇动烧杯，使样品溶解。待不再发生气泡后，用去离子水洗涤表面皿和烧杯内壁上的附着物，加热近沸，冷却后加入 15～20 mL 0.25 mol·L^{-1} $(NH_4)_2C_2O_4$ 溶液（若有沉淀生成，说明溶液的酸度不足，则应滴加盐酸将沉淀溶解，但不能加入大量盐酸，否则用氨水调 pH 时，用量太大）、150 mL 去离子水、5 mL 10%柠檬酸铵和 1～2 滴甲基橙。在电炉上加热到 70～80 ℃，在不断搅拌下缓慢滴加 3.0 mol·L^{-1}氨水（每秒 1～2 滴）到红色恰变为橙黄色为止。盖上表面皿，放置过夜陈化（或者在水浴上保温陈化 30 min 左右，同时用玻璃棒搅拌）。陈化后的沉淀用中速滤纸以倾泻法过滤，用冷的 0.1 % $(NH_4)_2C_2O_4$ 溶液用倾泻法将沉淀洗涤三四次，每次 10 mL。再把沉淀转到滤纸上，用冷的去离子水洗涤，直至滤液中不含 Cl^- 为止（用 $AgNO_3$ 溶液检验）。

3. 测定

CaC_2O_4 洗涤干净后，把带有 CaC_2O_4 的滤纸小心展开并贴在原储存沉淀的烧杯内壁上（沉淀向杯内）。量取 50 mL 1.0 mol·L^{-1} H_2SO_4 溶液，用滴管把沉淀从滤纸上洗到烧杯里，然后稀释溶液到 100 mL，加热到 75～85 ℃，用 0.02 mol·L^{-1} $KMnO_4$ 标准溶液滴定，边滴边搅拌，到粉红色时，再用玻璃棒把滤纸浸入溶液中，用玻璃棒搅拌，如果溶液褪色，继续用 $KMnO_4$ 滴定，至出现粉红色，30 s 内不褪色即为终点。

五、实验数据记录与处理

将数据填入表 5.7，计算石灰石中氧化钙的含量。

表 5.7 石灰石中钙含量的测定

实验编号	Ⅰ	Ⅱ
m(石灰石)/g		
$c(KMnO_4)$/mol·L^{-1}		
$KMnO_4$ 溶液终读数/mL		

续表

实验编号	Ⅰ	Ⅱ
$KMnO_4$ 溶液初读数/mL		
$V(KMnO_4)$/mL		
$w(CaO)$/%		
$\overline{w}(CaO)$/%		
绝对偏差/%		
相对平均偏差/%		

六、思考题

(1) 沉淀 CaC_2O_4 时为什么要采用先在酸性溶液中加入沉淀剂 $(NH_4)_2C_2O_4$，然后再滴加氨水中和的办法使 CaC_2O_4 沉淀析出？加入甲基橙指示剂的目的是什么？

(2) CaC_2O_4 沉淀生成后为什么要陈化？

(3) 洗涤 CaC_2O_4 沉淀时，为什么先用 0.1% $(NH_4)_2C_2O_4$ 稀溶液洗涤，然后再用去离子水洗？怎样判断是否洗净？

(4) 若将带有沉淀的滤纸一开始便浸入溶液中，用 $KMnO_4$ 标准溶液滴定，这样操作对结果有什么影响？

实验 28　过氧化氢含量的测定

一、实验目的

(1) 掌握高锰酸钾标准溶液的配制、保存及标定方法，了解自动催化反应。

(2) 掌握应用高锰酸钾法测定双氧水中 H_2O_2 含量的原理和方法。

二、实验原理

过氧化氢又称双氧水，在工业、生物、医药等方面应用广泛。利用 H_2O_2 的氧化性可漂白毛、丝织物；医药上常用于消毒、杀菌；纯的 H_2O_2 可作火箭燃料的氧化剂；工业上利用 H_2O_2 的还原性除去氯气。

H_2O_2 中含有过氧键(—O—O—)，在酸性介质中是强氧化剂，但遇到 $KMnO_4$ 表现其还原性。H_2O_2 在 H_2SO_4 或 HCl 介质中，室温下很容易被 $KMnO_4$ 氧化，反应式为

$$5H_2O_2 + 2MnO_4^- + 6H^+ \xlongequal{} 2Mn^{2+} + 5O_2\uparrow + 8H_2O$$

滴定开始时反应速率慢些，待第一滴 $KMnO_4$ 红色褪去后，再滴入第二滴。几滴 $KMnO_4$ 溶液作用完全，生成一定量的 Mn^{2+} 后，滴定速度就可以稍快些。该反应为自动催化反应，$KMnO_4$ 作为自身指示剂，滴定终点颜色不太稳定，这是由于空气中的还原性气体及尘埃等杂质落入溶液中能使 $KMnO_4$ 缓慢褪色。

三、仪器与试剂

(1) 仪器：棕色酸式滴定管，分析天平，锥形瓶，烧杯，棕色试剂瓶，移液管，容量瓶。

(2) 试剂：$KMnO_4$(s)，基准 $Na_2C_2O_4$(s)，30% H_2O_2 样品，3.0 mol·L^{-1} H_2SO_4。

四、实验步骤

1. 0.02 mol·L^{-1} $KMnO_4$ 溶液的配制与标定

配制 500 mL 0.02 mol·L^{-1} $KMnO_4$，方法见实验 26。数据填入自行设计的表格中。

2. H_2O_2 含量的测定

移取 30% H_2O_2 样品 5.00 mL 于 250 mL 容量瓶中，定容摇匀。移取 10.00 mL 此溶液置于 250 mL 锥形瓶中，加入 10～20 mL 去离子水和 10 mL 3.0 mol·L^{-1} H_2SO_4 溶液，再用 0.02 mol·L^{-1} $KMnO_4$ 标准溶液滴定至溶液呈粉红色，30 s 内不褪色即为终点，平行测定 2 次。

五、实验数据记录与处理

将实验数据填入表 5.8，计算 H_2O_2 的含量。

表 5.8 H_2O_2 含量的测定

实验编号	Ⅰ	Ⅱ
$V(H_2O_2)$/mL		
$c(KMnO_4)$/mol·L^{-1}		
$KMnO_4$ 溶液终读数/mL		
$KMnO_4$ 溶液初读数/mL		
$V(KMnO_4)$/mL		
$c(H_2O_2)$/g·mL^{-1}		
$\bar{c}(H_2O_2)$/g·mL^{-1}		

六、思考题

(1) 为什么不直接移取 0.2 mL 30% H_2O_2 进行测定，而将样品稀释 50 倍后再移取 10.00 mL测定？

(2) H_2O_2 有哪些重要性质？使用时应注意什么？

(3) 为什么含乙酰苯胺等有机化合物作稳定剂的 H_2O_2 试样不能用高锰酸钾法而能用碘量法或铈量法准确测定？

实验 29 铁矿石中铁含量的测定——$K_2Cr_2O_7$ 法

一、实验目的

(1) 掌握 $K_2Cr_2O_7$ 标准溶液的配制和使用。

(2) 学习矿样的分解及试液的预处理过程。

(3) 掌握无汞 $K_2Cr_2O_7$ 法测定铁矿石中铁含量的原理和方法。

二、实验原理

铁矿石的种类很多，具有炼铁价值的铁矿石主要有磁铁矿(Fe_3O_4)、赤铁矿(Fe_2O_3)和菱铁矿($FeCO_3$)等。重铬酸钾法测定铁矿石中铁的含量通常有 $SnCl_2$-$HgCl_2$ 测铁法和 $SnCl_2$-$TiCl_3$ 测铁法。其中，$SnCl_2$-$HgCl_2$ 测铁法为有汞测铁，方法简便、准确，一直是铁矿石中铁含量测定的国家标准。但该法使用毒性极大的 $HgCl_2$，严重污染环境，为避免汞污染，目前主要采用 $SnCl_2$-$TiCl_3$ 无汞测铁法。

铁矿石试样用浓 HCl 溶解后，趁热用 $SnCl_2$ 将大部分 Fe(Ⅲ)还原为 Fe(Ⅱ)，再用 $TiCl_3$ 还原剩余的 Fe (Ⅲ)，反应式为

$$2Fe^{3+} + SnCl_4^{2-} + 2Cl^- \xlongequal{} 2Fe^{2+} + SnCl_6^{2-}$$

$$Fe^{3+} + Ti^{3+} + H_2O \xlongequal{} Fe^{2+} + TiO^{2+} + 2H^+$$

当全部 Fe(Ⅲ)定量还原为 Fe(Ⅱ)之后，稍过量的 $TiCl_3$ 即可使指示剂 Na_2WO_4 由无色还原为蓝色的 W(Ⅴ)(俗称钨蓝)，指示 Fe(Ⅲ)已被定量还原。然后用少量的稀 $K_2Cr_2O_7$ 溶液将过量的钨蓝氧化，使蓝色恰好消失，从而指示预还原的终点。

定量还原 Fe(Ⅲ)时，不能单独用 $SnCl_2$，因 $SnCl_2$ 不能很好地还原 W(Ⅵ)至W(Ⅴ)，一旦 $SnCl_2$ 过量，又没有适当的无汞法消除。但单独使用 $TiCl_3$ 还原Fe(Ⅲ)也不好，因在溶液中如果引入较多的钛盐，当用水稀释时，大量 Ti(Ⅳ)易水解而生成沉淀，影响测定，故只能采用 $SnCl_2$-$TiCl_3$ 联合预还原法。

预处理后，在硫磷混酸介质中，以二苯胺磺酸钠为指示剂，用 $K_2Cr_2O_7$ 标准溶液滴定至溶液呈紫色，即达终点，反应式为

$$6Fe^{2+} + Cr_2O_7^{2-} + 14H^+ \xlongequal{} 6Fe^{3+} + 2Cr^{3+} + 7H_2O$$

由于滴定过程中生成 Fe^{3+}(HCl 介质中 Fe^{3+} 为黄色)，对终点有干扰，通常加入磷酸与 Fe^{3+} 生成稳定的无色配合物 $Fe(PO_4)_2^{3-}$，消除 Fe^{3+} 的黄色，有利于终点的观察。另外，Fe^{3+} 生成了稳定的 $Fe(PO_4)_2^{3-}$，从而降低了 Fe^{3+}/Fe^{2+} 电对的电极电位，使化学计量点的电位突跃增大，减少测定的误差[二苯胺磺酸钠指示剂条件电位为 0.85 V，无 H_3PO_4 时，滴定突跃范围为 0.93～1.34 V，当 Fe^{3+} 生成$Fe(PO_4)_2^{3-}$时，突跃范围为 0.71～1.34 V]。

三、仪器与试剂

(1) 仪器：酸式滴定管，分析天平，锥形瓶，烧杯，棕色试剂瓶。

(2) 试剂：基准 $K_2Cr_2O_7$(s)，浓 HCl，5% $SnCl_2$(5 g $SnCl_2 \cdot 2H_2O$ 溶于100 mL 6.0 mol·L^{-1} HCl，用前配制)，10% $SnCl_2$，1.5% $TiCl_3$(取 10 mL $TiCl_3$ 试剂，用 2.0 mol·L^{-1}HCl 稀释至 100 mL，混合，储于棕色瓶中，用前配制)，硫磷混酸溶液(150 mL 浓 H_2SO_4 缓慢加入 700 mL 去离子水中，冷却后再加入 150 mL 浓 H_3PO_4)，2.5% Na_2WO_4，0.2%二苯胺磺酸钠，铁矿石(s)。

四、实验步骤

1. 0.02 mol·L^{-1} $K_2Cr_2O_7$ 标准溶液配制

准确称取约 1.47 g 基准 $K_2Cr_2O_7$(M_r=294.2)于小烧杯中，加去离子水溶解，然后定量转入 250 mL 容量瓶，定容，摇匀。

2. 矿样的溶解

准确称取 0.15～0.2 g 铁矿石试样 3 份，分别置于 250 mL 锥形瓶中，用少量去离子水润湿，加入 10 mL 浓 HCl，盖上表面皿，在通风橱中低温加热分解试样(若有带色不溶残渣，可加 0.2 g NaF 或加 8～10 滴 10% $SnCl_2$ 助溶，至残渣接近白色)，使试样溶解完全。溶液呈深黄色，用少量去离子水吹洗表面皿和锥形瓶内壁。

3. 预处理

趁热用滴管小心滴加 5% $SnCl_2$ 溶液以还原 Fe(Ⅲ)，边滴边摇，直到溶液由棕黄色变为浅黄色，表明大部分 Fe(Ⅲ)已被还原。加入 1 mL 2.5% Na_2WO_4 和60 mL去离子水，加热，在摇动下逐滴加入 1.5% $TiCl_3$ 至溶液出现稳定浅蓝色，冲洗瓶壁，并用自来水冲洗锥形瓶外壁使溶液冷却至室温。小心滴加稀释 10 倍的 $K_2Cr_2O_7$ 标准溶液，至蓝色刚刚消失。

4. 测定

将试液加去离子水稀释至 150 mL，加入 15 mL 硫磷混酸，再加入 5～6 滴二苯胺磺酸钠指示剂，立即用 $K_2Cr_2O_7$ 标准溶液滴定至溶液呈稳定的紫色，即为终点，平行测定 3 次。

五、实验数据记录与处理

将实验数据填入表 5.9，计算铁矿石中铁的质量分数。

表 5.9 铁矿石中铁含量的测定

实验编号	Ⅰ	Ⅱ	Ⅲ
$m(K_2Cr_2O_7)$/g			
$c(K_2Cr_2O_7)$/mol · L^{-1}			
m(铁矿石)/g			
$K_2Cr_2O_7$ 溶液终读数/mL			
$K_2Cr_2O_7$ 溶液初读数/mL			
$V(K_2Cr_2O_7)$/mL			
w(Fe)/%			
$\overline{w}$(Fe)/%			
绝对偏差/%			
相对平均偏差/%			

六、思考题

(1) 为什么能直接称量 $K_2Cr_2O_7$ 配制标准溶液?

(2) 在预处理时为什么 $SnCl_2$ 溶液、$TiCl_3$ 都要趁热逐滴加入?

(3) 在预还原 Fe(Ⅲ)至 Fe(Ⅱ)时，为什么要用 $SnCl_2$ 和 $TiCl_3$ 两种还原剂? 只使用其中一种有什么缺点?

(4) 在滴定前溶液中加 H_3PO_4 的作用是什么? 加 H_3PO_4 后为什么要立即滴定?

实验30　水样化学耗氧量的测定——$K_2Cr_2O_7$ 法

一、实验目的

(1) 了解化学耗氧量的概念及在环境分析中的作用。

(2) 掌握用重铬酸钾法测定水体化学耗氧量的原理和方法。

二、实验原理

化学耗氧量(COD)是量度水体受还原性物质(主要是有机化合物)污染程度的综合指标。指在一定条件下,水体中易被强氧化剂氧化的还原性物质所消耗的氧化剂量,换算成氧的量(以 O_2 的 $mg \cdot L^{-1}$ 表示)。COD越高,水体受污染程度越严重。

水体中还原性物质主要有有机化合物和亚硝酸盐、亚铁盐、硫化物等无机化合物。COD的测定分为酸性高锰酸钾法、碱性高锰酸钾法和重铬酸钾法。分别记为 COD_{Mn}(酸性)、COD_{Mn}(碱性)和 COD_{Cr}。目前我们国家在废水监测中主要采用 COD_{Cr} 法。

重铬酸钾法是在强酸性溶液中,准确加入过量的重铬酸钾,将还原性物质(有机和无机化合物)氧化,剩余的重铬酸钾以试亚铁灵为指示剂,用硫酸亚铁铵回滴,根据消耗的重铬酸钾量即可计算出水样中化学需氧量。

重铬酸钾是强氧化剂,可氧化的有机物质较多,但对直链烃、芳香烃等有机化合物氧化效果较差,所以加入硫酸银作催化剂,以提高氧化能力,但对芳香烃类无作用。

水体中氯离子是普遍存在的,在此条件下也能被重铬酸钾氧化生成氯气,消耗一定量重铬酸钾(氯离子也干扰硫酸银),因此测定前加硫酸汞消除干扰。

三、仪器与试剂

(1) 仪器:250 mL磨口三角瓶,球形冷凝器,酸式滴定管,分析天平,锥形瓶,烧杯。

(2) 试剂:试亚铁灵指示剂(称1.485 g分析纯邻菲罗啉与0.695 g硫酸亚铁 $FeSO_4 \cdot 7H_2O$,用去离子水溶解,稀释至100 mL,储存于棕色瓶中),硫酸亚铁铵[$FeSO_4 \cdot (NH_4)_2SO_4 \cdot 6H_2O$](s),基准 $K_2Cr_2O_7$(s),浓 H_2SO_4,Ag_2SO_4-H_2SO_4(在500 mL浓 H_2SO_4 中加入5 g Ag_2SO_4,摇动使其溶解),硫酸汞(s)。

四、实验步骤

1. 0.04 $mol \cdot L^{-1}$ 重铬酸钾标准溶液的配制

准确称取基准重铬酸钾2.8～3.0 g于小烧杯中,加去离子水溶解,然后定量转入250 mL容量瓶中,定容,摇匀。数据填入表5.10,计算重铬酸钾浓度。

表5.10　0.1 $mol \cdot L^{-1}$ 硫酸亚铁铵溶液的标定

实验编号	Ⅰ	Ⅱ	Ⅲ
$m(K_2Cr_2O_7)$/g			
$c(K_2Cr_2O_7)$/ $mol \cdot L^{-1}$			
$V(K_2Cr_2O_7)$/mL			

续表

实验编号	Ⅰ	Ⅱ	Ⅲ
$FeSO_4 \cdot (NH_4)_2SO_4$ 终读数/mL			
$FeSO_4 \cdot (NH_4)_2SO_4$ 初读数/mL			
$V[FeSO_4 \cdot (NH_4)_2SO_4]$/mL			
$c[FeSO_4 \cdot (NH_4)_2SO_4]/mol \cdot L^{-1}$			
$\bar{c}[FeSO_4 \cdot (NH_4)_2SO_4]/mol \cdot L^{-1}$			
绝对偏差/$mol \cdot L^{-1}$			
相对平均偏差/%			

2. 0.1 $mol \cdot L^{-1}$硫酸亚铁铵溶液的配制与标定

(1) 称取19.5 g硫酸亚铁铵于烧杯中,加适量去离子水及10 mL浓硫酸,溶解后稀释至500 mL,摇匀。

(2) 准确移取10.00 mL $K_2Cr_2O_7$ 标准溶液于锥形瓶中,加去离子水稀释至100 mL,加入8 mL浓硫酸,冷却后加2～3滴试亚铁灵指示剂,用硫酸亚铁铵溶液滴定到溶液由黄色经蓝绿色刚好变成红褐色即为终点。平行测定3次,数据填入表5.10,计算硫酸亚铁铵溶液的浓度。

3. 水样分析

(1) 准确移取2份25.00 mL水样(或适量水样稀释至25 mL)于250 mL带回流装置的磨口三角烧瓶中,准确加入10.00 mL 0.04 $mol \cdot L^{-1}$ $K_2Cr_2O_7$ 标准溶液,再缓慢地加入30 mL硫酸银-硫酸溶液,边加边摇动混合均匀,再加数粒玻璃珠(防爆沸),加热后回流2 h。清洁的水样加热回流的时间可以短一些。

(2) 若水样含氯化物大于30 $mg \cdot L^{-1}$,则取水样20.00 mL,加硫酸汞0.4 g、浓硫酸5 mL,待硫酸汞溶解,再加10.00 mL重铬酸钾溶液、30 mL硫酸银-硫酸溶液和数粒玻璃珠,加热回流2 h。

(3) 加热回流之后,冷却。先用约25 mL去离子水沿冷凝管壁冲洗,然后取下烧瓶将溶液移入250 mL锥形瓶,冲洗烧瓶四五次,再用去离子水稀释溶液至120～140 mL(若溶液体积太大,酸度低,终点不明显)。加入2～3滴试亚铁灵指示剂,用硫酸亚铁铵标准溶液滴定到溶液由黄色经蓝绿色刚变成红褐色为止。记录消耗的硫酸亚铁铵标准溶液的体积(V_1)。

(4) 同时做空白实验,即以25.00 mL去离子水代替水样,其他步骤同样品操作。记录消耗的硫酸亚铁铵标准溶液的体积(V_0),平行测定两次。

五、实验数据记录与处理

将实验数据填入表5.11,计算COD。

表5.11 水样COD的测定

实验编号	Ⅰ	Ⅱ
V(水样)/mL		
$c(K_2Cr_2O_7)/mol \cdot L^{-1}$		

续表

实验编号	Ⅰ	Ⅱ
$V(K_2Cr_2O_7)$/mL		
$V_1[FeSO_4 \cdot (NH_4)_2SO_4]$/mL		
$V_0[FeSO_4 \cdot (NH_4)_2SO_4]$/mL		
COD/mg · L^{-1}		
COD/mg · L^{-1}		

化学耗氧量

$$\mathrm{COD}=\frac{(V_0-V_1)c\,(\mathrm{Fe})\times 8\times 1000}{V(\text{水样})}(\mathrm{O_2\ mg \cdot L^{-1}})$$

式中：c (Fe)为硫酸亚铁铵标准溶液浓度(mol · L^{-1})；V_0 为空白消耗硫酸亚铁铵标准溶液体积(mL)；V_1 为水样消耗硫酸亚铁铵标准溶液体积(mL)；V(水样)为水样的体积(mL)。

六、思考题

(1) 测定 COD 有什么意义?

(2) 在实验中加入硫酸银的作用是什么?

(3) 在什么情况下才加入硫酸汞?

实验 31　碘和硫代硫酸钠溶液的配制和标定

一、实验目的

(1) 学习 I_2 及 $Na_2S_2O_3$ 溶液的配制方法和保存条件。

(2) 掌握标定 I_2 及 $Na_2S_2O_3$ 溶液浓度的原理和方法。

(3) 掌握直接碘法和间接碘法的测定条件。

二、实验原理

1. 基本原理

由于固体 I_2 在水中的溶解度很小(0.00133 mol · L^{-1})，故通常将 I_2 溶解在 KI 溶液中，此时 I_2 在溶液中以 I_3^- 形式存在，但为方便起见，I_3^- 一般仍简写为 I_2，其半反应为

$$I_2+2e^- \rightleftharpoons 2I^- \qquad \varphi^{\ominus}(I_2/I^-)=0.54\ \mathrm{V}$$

由 I_2/I^- 标准电极电位可知 I_2 是较弱的氧化剂，I^- 是中等强度的还原剂。

碘法是利用 I_2 的氧化性和 I^- 的还原性来进行滴定分析的方法，分为直接碘法和间接碘法。

直接碘法：利用碘的氧化性，用碘标准溶液直接滴定还原性物质的分析方法。I_2 是一种较弱的氧化剂，因此只能与较强的还原剂[如 Sn(Ⅱ)、S^{2-}、SO_3^{2-}、As_2O_3、SO_2 等]作用。

间接碘法：利用 I^- 的还原性，过量的 I^- 与具有氧化性的物质反应，生成定量的 I_2，再用 $Na_2S_2O_3$ 标准溶液滴定析出的 I_2，从而间接测定具有氧化性的物质，如测定 H_2O_2、$Cr_2O_7^{2-}$、

MnO_4^- 等。反应式如下：

$$H_2O_2 + 2I^- + 2H^+ = I_2 + 2H_2O$$

$$I_2 + 2S_2O_3^{2-} = 2I^- + S_4O_6^{2-}$$

2. 滴定条件

（1）直接碘法。不能在碱性溶液中进行，只能在中性或弱酸性介质下进行，因为在碱性溶液中，I_2 会发生歧化反应。

$$3I_2 + 6OH^- = IO_3^- + 5I^- + 3H_2O$$

（2）间接碘法。为了使 $S_2O_3^{2-}$ 与 I_2 之间的反应迅速、定量完成，也只能在中性或弱酸性介质下进行。若酸性强，$Na_2S_2O_3$ 溶液分解；I_2 在碱性条件下会发生歧化反应，还会发生如下副反应，影响测定结果。

$$S_2O_3^{2-} + 4I_2 + 10OH^- = 2SO_4^{2-} + 8I^- + 5H_2O$$

指示剂为淀粉，直接碘法开始时加入，间接碘法近终点时加入。

3. 标定原理

碘法用到的标准溶液有碘溶液和硫代硫酸钠。

1）I_2 标准溶液

用升华法可制得纯 I_2，但 I_2 很难准确称量，应先配成近似浓度（先将 I_2 与 KI 混合，用少量水充分研磨，溶解完全后再稀释），然后再标定。

标定 I_2 溶液浓度的最好方法是用 As_2O_3（俗名砒霜，剧毒）作基准物。As_2O_3 难溶于水，易溶于碱性溶液中生成亚砷酸盐，反应如下：

$$As_2O_3 + 6OH^- = 2AsO_3^{3-} + 3H_2O$$

亚砷酸盐与 I_2 的反应是可逆的，反应如下：

$$AsO_3^{3-} + I_2 + H_2O \rightleftharpoons AsO_4^{3-} + 2I^- + 2H^+$$

随着滴定反应的进行，溶液酸度增加，反应将反方向进行，即 AsO_4^{3-} 将氧化 I^-，使滴定反应不能完成。但是又不能在强碱溶液中进行滴定，因此一般在酸性溶液中加入过量的 $NaHCO_3$，使溶液的 pH 保持在 8 左右，实际上滴定反应式为

$$I_2 + AsO_3^{3-} + 2HCO_3^- \rightleftharpoons 2I^- + AsO_4^{3-} + 2CO_2\uparrow + H_2O$$

I_2 溶液的浓度也可用 $Na_2S_2O_3$ 标准溶液来标定。配制碘溶液时要加入过量的 KI，使 I_2 形成 I_3^- 配离子而减少其挥发，光照会促进 I^- 被空气氧化，也要避免阳光直接照射 I_2 溶液。用 $Na_2S_2O_3$ 滴定时，应在室温下（一般低于 30 ℃）于碘量瓶中进行，并防止剧烈振荡。

2）硫代硫酸钠标准溶液

硫代硫酸钠（$Na_2S_2O_3 \cdot 5H_2O$）一般含有少量杂质，如 S、Na_2SO_3、Na_2SO_4、Na_2CO_3 及 NaCl 等，同时 $Na_2S_2O_3$ 溶液易受空气和微生物等的作用而分解，还容易风化和潮解，因此不能直接配制准确浓度的溶液。

（1）溶解的 CO_2 的作用。$Na_2S_2O_3$ 在中性或碱性溶液中较稳定，当 pH＜4.6 时不稳定。溶液中含有 CO_2 时，它会促进 $Na_2S_2O_3$ 分解。

$$Na_2S_2O_3 + H_2CO_3 \longrightarrow NaHSO_3 + NaHCO_3 + S\downarrow$$

此分解反应一般发生在溶液配制后的最初十天内。在 pH＝9～10 时，硫代硫酸钠溶液最

为稳定，所以在 $Na_2S_2O_3$ 溶液中常加入少量的 Na_2CO_3。

(2) 空气的氧化作用。空气中的 O_2 能氧化硫代硫酸钠，反应如下：

$$2Na_2S_2O_3 + O_2 \longrightarrow 2Na_2SO_4 + 2S\downarrow$$

(3) 微生物的作用。这是使 $Na_2S_2O_3$ 分解的主要原因。为了避免微生物的分解作用，可加入少量 HgI_2（10 mg · L^{-1}）。

为了减少溶解在水中的 CO_2 和杀死水中微生物，应用新煮沸后冷却的去离子水配制溶液并加入少量 Na_2CO_3（浓度约为 0.02%），以防止 $Na_2S_2O_3$ 分解。日光能促进 $Na_2S_2O_3$ 溶液分解，所以 $Na_2S_2O_3$ 溶液应储于棕色瓶中，放置暗处，经 7～14 天再标定。长期使用的溶液应定期标定，若保存得好，可每两个月标定一次。

标定 $Na_2S_2O_3$ 常采用间接碘法，基准物有 $K_2Cr_2O_7$、KIO_3、$KBrO_3$、纯 Cu 等。通常用 $K_2Cr_2O_7$ 作基准物标定 $Na_2S_2O_3$ 溶液的浓度，$K_2Cr_2O_7$ 先与 KI 反应析出 I_2，反应式为

$$Cr_2O_7^{2-} + 6I^- + 14H^+ = 2Cr^{3+} + 3I_2 + 7H_2O$$

析出的 I_2 再用标准 $Na_2S_2O_3$ 溶液滴定，反应式为

$$I_2 + 2S_2O_3^{2-} = S_4O_6^{2-} + 2I^-$$

三、仪器与试剂

(1) 仪器：酸式滴定管（棕色），分析天平，碘量瓶，锥形瓶，烧杯。

(2) 试剂：Na_2CO_3(s)，$Na_2S_2O_3 \cdot 5H_2O$(s)，I_2(s)，KI(s)，4% $NaHCO_3$ 溶液，基准 $K_2Cr_2O_7$(s)，基准 As_2O_3(s)，0.5 mol · L^{-1} H_2SO_4，10%KI，1%淀粉，1.0 mol · L^{-1} NaOH，3.0 mol · L^{-1} H_2SO_4，1%酚酞。

四、实验步骤

1. 溶液的配制

(1) 0.05 mol · L^{-1} I_2 溶液的配制。称取 6.5 g I_2（M_r=253.8）和 20 g KI 置于小研钵或小烧杯中，加少量水，研磨或搅拌至 I_2 全部溶解后转入棕色瓶中，加水稀释至 500 mL，塞紧，摇匀后放置过夜，待标定。

(2) 0.1 mol · L^{-1} $Na_2S_2O_3$ 溶液的配制。称取 25 g $Na_2S_2O_3 \cdot 5H_2O$（M_r=248.2）于 300～400 mL 烧杯中，加入 200～300 mL 新煮沸已冷却的去离子水，再加入 0.2 g Na_2CO_3，待完全溶解后，用新煮沸已冷却的去离子水稀释至 1000 mL，储于棕色瓶中，在暗处放置 7～14 天后标定。

2. 溶液浓度的标定

1) 0.05 mol · L^{-1} I_2 溶液浓度的标定（两种方法任选一种）

(1) 用基准物 As_2O_3 标定。准确称取在 H_2SO_4 干燥器中干燥 24 h 的 As_2O_3（M_r=197.8）1.1～1.4 g 置于 250 mL 锥形瓶中，加入 10 mL 1 mol · L^{-1} NaOH 溶液，待 As_2O_3 完全溶解后，加入 1 滴酚酞指示剂，用 0.5 mol · L^{-1} H_2SO_4 溶液中和至微酸性，然后加入 25 mL 4% $NaHCO_3$ 和 1 mL 1%淀粉溶液，再用 I_2 标准溶液滴定至出现蓝色即为终点，平行测定 3 次。

(2) 用 $Na_2S_2O_3$ 标准溶液标定。准确吸取 25.00 mL I_2 标准溶液置于 250 mL 碘量瓶中，

加50 mL去离子水，用0.1 mol·L^{-1} $Na_2S_2O_3$标准溶液滴定至呈浅黄色后，加入1 mL 1%淀粉溶液，用$Na_2S_2O_3$溶液继续滴定至蓝色恰好消失即为终点。平行测定3次，根据$Na_2S_2O_3$及I_2溶液的体积和$Na_2S_2O_3$溶液的浓度，计算I_2标准溶液的浓度。

2) 0.1 mol·L^{-1} $Na_2S_2O_3$溶液浓度的标定

准确称取已烘干的$K_2Cr_2O_7$(M_r=294.2)0.11～0.16 g于250 mL碘量瓶中，加入20～30 mL水使之溶解，再加入10 mL 20%KI溶液(或2 g固体KI)和5 mL 3 mol·L^{-1} H_2SO_4溶液，混匀后盖好塞并水封，于暗处放置5～10 min。反应结束后加50 mL水稀释一倍，用0.1 mol·L^{-1} $Na_2S_2O_3$溶液滴定到呈浅黄绿色，加入1 mL 1%淀粉溶液，继续滴定至蓝色变为绿色即为终点，平行测定3次。

五、实验数据记录与处理

(1) 将以As_2O_3为基准物标定0.05 mol·L^{-1} I_2溶液的实验数据填入表5.12，计算I_2溶液的浓度。

表5.12　0.05 mol·L^{-1} I_2溶液的标定(As_2O_3为基准物)

实验编号	Ⅰ	Ⅱ	Ⅲ
$m(As_2O_3)$/g			
I_2溶液终读数/mL			
I_2溶液初读数/mL			
$V(I_2)$/mL			
$c(I_2)$/mol·L^{-1}			
$\bar{c}(I_2)$/mol·L^{-1}			
绝对偏差/mol·L^{-1}			
相对平均偏差/%			

(2) 将标定0.1 mol·L^{-1} NaS_2O_3溶液的实验数据填入表5.13，计算$Na_2S_2O_3$溶液的浓度。

表5.13　0.1 mol·L^{-1} $Na_2S_2O_3$溶液的标定

实验编号	Ⅰ	Ⅱ	Ⅲ
$m(K_2Cr_2O_7)$/g			
$Na_2S_2O_3$溶液终读数/mL			
$Na_2S_2O_3$溶液初读数/mL			
$V(Na_2S_2O_3)$/mL			
$c(Na_2S_2O_3)$/mol·L^{-1}			
$\bar{c}(Na_2S_2O_3)$/mol·L^{-1}			
绝对偏差/mol·L^{-1}			
相对平均偏差/%			

六、思考题

(1) 如何配制和保存浓度比较稳定的I_2和$Na_2S_2O_3$标准溶液？

(2) 用 As_2O_3 作基准物标定 I_2 溶液时，为什么先加酸至呈微酸性后，还要加入 $NaHCO_3$ 溶液？

(3) 用 $K_2Cr_2O_7$ 作基准物标定 $Na_2S_2O_3$ 溶液时，为什么要加入过量的 KI 和 H_2SO_4 溶液？为什么放置一定时间后才加水稀释？加水稀释的作用是什么？

(4) 为什么用 I_2 溶液滴定 $Na_2S_2O_3$ 溶液时应预先加入淀粉指示剂？而用 $Na_2S_2O_3$ 滴定 I_2 溶液时必须在将近终点之前才加入？

(5) I_2 溶液能否装在碱式滴定管中？为什么？

实验 32　维生素 C 含量的测定

一、实验目的

(1) 了解硫代硫酸钠和碘溶液的配制方法和保存条件。

(2) 掌握标定硫代硫酸钠和碘溶液的原理和方法。

(3) 掌握碘量法测定维生素 C 药片中抗坏血酸的原理和方法。

二、实验原理

维生素 C 又称抗坏血酸，分子式为 $C_6H_8O_6$（$M_r=176.1$），由于分子中烯二醇基具有还原性，能被碘定量氧化成二酮基，其反应为

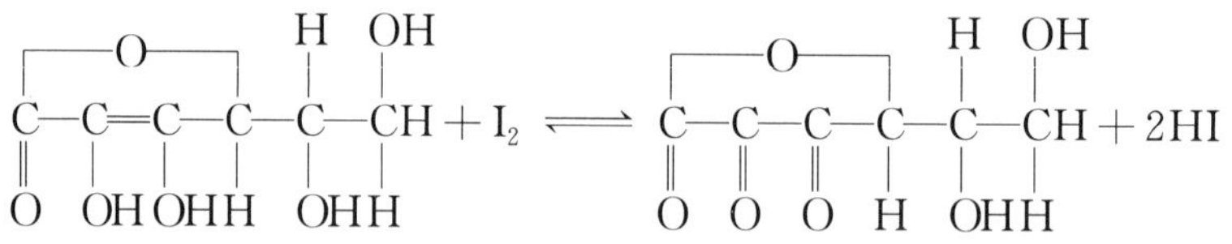

维生素 C 的半反应为

$$C_6H_8O_6 = C_6H_6O_6 + 2H^+ + 2e^- \qquad \varphi^{\ominus} = 0.18\ V$$

由于维生素 C 的还原性很强，在空气中极易被氧化，尤其在碱性介质中，测定时需加入乙酸使溶液呈弱酸性，减少维生素 C 的副反应。维生素 C 在医学和化学上应用非常广泛。在分析化学上常用在光度法和配位滴定法中作为还原剂。

本实验采用碘量法测定维生素 C 药片中的抗坏血酸含量，滴定反应以淀粉为指示剂，终点时溶液由无色变为蓝色。直接碘法不能在碱性溶液中进行，只能在中性或弱酸性介质下进行，因为在碱性溶液中 I_2 会发生歧化反应。

三、仪器与试剂

(1) 仪器：酸式滴定管（棕色），分析天平，容量瓶，移液管，锥形瓶。

(2) 试剂：I_2(s)，基准 $K_2Cr_2O_7$(s)，$Na_2S_2O_3 \cdot 5H_2O$(s)，$2.0\ mol \cdot L^{-1}$ HAc，1%淀粉溶液，维生素 C（药片）。

四、实验步骤

1. 标准溶液的配制与标定

(1) $0.1\ mol \cdot L^{-1}$ $Na_2S_2O_3$ 溶液的配制与标定。配制 500 mL $Na_2S_2O_3$，方法见实验 31，

数据填入自行设计的表格中。

(2) 0.02 mol · L^{-1} I_2 溶液的配制与标定。台秤称取约 2.5 g I_2(M_r=253.8)于小烧杯中，加入约 3.0 g KI 和 6～8 mL 去离子水，搅拌使 I_2 溶解，转入棕色瓶中，然后加去离子水稀释至 500 mL，摇匀。

用移液管移取 10.00 mL $Na_2S_2O_3$ 标准溶液，置于 250mL 锥形瓶中，加入1 mL 1%淀粉，用 I_2 溶液滴定溶液至蓝色，30 s 不褪色即为终点，平行测定 3 次。

2. 维生素 C 药片中抗坏血酸的测定

(1) 取 10 片左右的维生素 C 药片(每片约 0.1 g)，小心研磨，准确称取 0.4 g 于小烧杯中，加 20 mL 2.0 mol · L^{-1} HAc 溶液和适量刚煮沸的冷却去离子水，溶解后，定量转移入 100 mL 容量瓶中并定容，摇匀。用干燥滤纸迅速过滤，滤液备用。

(2) 用移液管移取 25.00 mL 上述溶液于碘量瓶中，加入 1 mL 1%淀粉，用 I_2 溶液滴定至蓝色，30 s 不褪色即为终点，平行测定 3 次。

五、实验数据记录与处理

(1) 将标定 0.02 mol · L^{-1} I_2 溶液的实验数据填入表 5.14，计算 I_2 溶液浓度。

表 5.14 0.02 mol · L^{-1} I_2 溶液的标定

实验编号	Ⅰ	Ⅱ	Ⅲ
$V(Na_2S_2O_3)$/mL			
$c(Na_2S_2O_3)$/mol · L^{-1}			
I_2 溶液终读数/mL			
I_2 溶液初读数/mL			
$V(I_2)$/mL			
$c(I_2)$/mol · L^{-1}			
$\bar{c}(I_2)$/mol · L^{-1}			
绝对偏差/mol · L^{-1}			
相对平均偏差/%			

(2) 将测定维生素 C 含量的实验数据填入表 5.15，计算维生素 C 的含量。

表 5.15 维生素 C 含量的测定

实验编号	Ⅰ	Ⅱ	Ⅲ
m(药片)/g			
$c(I_2)$/mol · L^{-1}			
I_2 溶液终读数/mL			
I_2 溶液初读数/mL			
$V(I_2)$/mL			
w(维生素 C)/%			
$\bar{w}$(维生素 C)/%			
绝对偏差/%			
相对平均偏差/%			

六、思考题

(1) 配制 I_2 溶液时加入 KI 的作用是什么?
(2) 维生素 C 药片为什么用刚煮沸的冷却去离子水溶解?
(3) 若用 $Na_2S_2O_3$ 标准溶液滴定 I_2 溶液时,淀粉指示剂在什么时候加入合适?
(4) 为什么 I_2 标准溶液不宜用纯 I_2 直接配制?

实验 33　氯化物中氯离子含量的测定

Ⅰ　莫尔法

一、实验目的

(1) 学习 $AgNO_3$ 标准溶液的配制和标定方法。
(2) 掌握沉淀滴定法中以 K_2CrO_4 为指示剂测定氯离子的方法。

二、实验原理

利用滴定法测定氯化物中氯的含量方法有莫尔法、福尔哈德法和法扬斯法三种。

莫尔法是在中性或弱碱性溶液中,以 K_2CrO_4 为指示剂,用 $AgNO_3$ 标准溶液直接滴定待测试液中的 Cl^-。由于 AgCl 沉淀的溶解度比 Ag_2CrO_4 小,因此溶液中首先析出 AgCl 沉淀,当 AgCl 定量沉淀后,过量 1 滴 $AgNO_3$ 溶液即与 CrO_4^{2-} 生成砖红色 Ag_2CrO_4 沉淀,指示达到终点。主要反应式如下:

$$Ag^+ + Cl^- \longrightarrow AgCl\downarrow(\text{白色}) \qquad K^{\ominus}_{sp,AgCl}=1.77\times10^{-10}$$

$$2Ag^+ + CrO_4^{2-} \longrightarrow Ag_2CrO_4\downarrow(\text{砖红色}) \qquad K^{\ominus}_{sp,Ag_2CrO_4}=1.1\times10^{-12}$$

滴定必须在中性或弱碱性溶液中进行,最适宜 pH 范围为 6.5~10.5。如果有铵盐存在,溶液的 pH 需控制在 6.5~7.2。

指示剂的用量对滴定有影响,一般以 5×10^{-3} mol·L^{-1}为宜。凡是能与 Ag^+生成难溶性化合物或配合物的阴离子都干扰测定,如 PO_4^{3-}、AsO_4^{3-}、SO_3^{2-}、S^{2-}、CO_3^{2-}、$C_2O_4^{2-}$ 等。其中,H_2S 可加热煮沸除去,将 SO_3^{2-} 氧化成 SO_4^{2-} 后不再干扰测定。大量 Cu^{2+}、Ni^{2+}、Co^{2+} 等有色离子将影响终点观察。凡是能与 CrO_4^{2-} 指示剂生成难溶化合物的阳离子也都干扰测定,如 Ba^{2+}、Pb^{2+}能与 CrO_4^{2-} 分别生成 $BaCrO_4$ 和 $PbCrO_4$ 沉淀。Ba^{2+}的干扰可加入过量的 Na_2SO_4 消除。Al^{3+}、Fe^{3+}、Bi^{3+}、Sn^{4+}等高价金属离子在中性或弱碱性溶液中易水解产生沉淀,会干扰测定。

三、仪器与试剂

(1) 仪器:酸式滴定管(棕色),分析天平,锥形瓶,烧杯。
(2) 试剂:基准 NaCl(s),$AgNO_3$(s),5% K_2CrO_4 溶液,氯化物试样(s)。

四、实验步骤

1. 0.1 mol·L^{-1} $AgNO_3$溶液的配制

称 8.5 g $AgNO_3$(M_r=169.9)于烧杯中,加适量水(不含 Cl^-)溶解,将溶液转入棕色试剂瓶中，稀释至 500 mL，摇匀，暗处保存。

2. 标定

准确称取 0.5～0.6 g 基准 NaCl（$M_r=58.44$）于小烧杯中，用去离子水溶解后，转入 100 mL容量瓶中，稀释至刻度，摇匀。用移液管移取 25.00 mL NaCl 溶液于 250 mL 锥形瓶中，加入约25 mL去离子水，加入 1 mL 5% K_2CrO_4 溶液，在不断摇动下，用 $AgNO_3$ 溶液滴定至呈杏黄色即为终点。平行测定 3 次，数据填入自行设计的表格中，计算 $AgNO_3$ 的浓度。

3. 试样分析

准确称取 1.5～2.0 g 试样于烧杯中，加去离子水溶解后，定量转入 250 mL 容量瓶中，用去离子水稀释至刻度，摇匀。用移液管移取 25.00 mL 试液于 250 mL 锥形瓶中，加入约 25 mL去离子水、1 mL 5% K_2CrO_4 溶液，在不断摇动下，用$AgNO_3$标液滴定至溶液出现杏黄色即为终点，平行测定 3 次。

五、实验数据记录与处理

将实验数据填入表 5.16，计算试样中 Cl^- 的含量。

表 5.16　试样氯离子含量的测定

实验编号	Ⅰ	Ⅱ	Ⅲ
m(试样)/g			
$c(AgNO_3)$/mol · L^{-1}			
$AgNO_3$ 溶液终读数/mL			
$AgNO_3$ 溶液初读数/mL			
$V(AgNO_3)$/mL			
$c(Cl^-)$/g · L^{-1}			
$\bar{c}(Cl^-)$/g · L^{-1}			
绝对偏差/g · L^{-1}			
相对平均偏差/%			

六、思考题

（1）莫尔法测 Cl^- 时，为什么溶液的 pH 要控制在 6.5～10.5？

（2）以 K_2CrO_4 作指示剂时，其浓度太大或太小对测定有什么影响？

（3）准确分析时，为什么要校正指示剂空白？它是引起正误差还是负误差？

（4）指示剂是 $K_2Cr_2O_7$ 溶液还是 K_2CrO_4 溶液？为什么？

Ⅱ　福尔哈德法

一、实验目的

（1）学习 NH_4SCN 标准溶液的配制和标定。

(2) 掌握福尔哈德法的原理、方法及应用。

(3) 掌握福尔哈德法返滴定测定氯化物中氯含量的原理和方法。

二、实验原理

用铁铵矾[$NH_4Fe(SO_4)_2 \cdot 12H_2O$]作指示剂的银量法称为福尔哈德法，本法分为直接滴定法和返滴定法。

1. 直接滴定法测定 Ag^+

在含有 Ag^+ 的酸性溶液中加入铁铵矾指示剂，用 NH_4SCN 标准溶液直接滴定。滴定过程中首先生成白色 AgSCN 沉淀，滴定到化学计量点时，过量的 SCN^- 与铁铵矾中的 Fe^{3+} 反应生成红色 $Fe(SCN)^{2+}$ 配合物时即为终点。反应式为

$$Ag^+ + SCN^- \longrightarrow AgSCN\downarrow(白色) \qquad K^{\ominus}_{sp,AgSCN} = 1.03\times10^{-12}$$

$$Fe^{3+} + SCN^- \rightleftharpoons Fe(SCN)^{2+}(红色) \qquad K^{\ominus} = 138$$

2. 返滴定法测定 Cl^-(也可测 Br^- 和 I^-)

在含 Cl^- 的酸性溶液中加入一定量过量的 $AgNO_3$ 标准溶液，定量生成 AgCl 沉淀后，过量的 $AgNO_3$ 以铁铵矾为指示剂，用 NH_4SCN 标准溶液回滴，由配离子 $Fe(SCN)^{2+}$ 的红色指示滴定终点。主要反应式为

$$Ag^+ + Cl^- \longrightarrow AgCl\downarrow(白色) \qquad K^{\ominus}_{sp,AgCl} = 1.77\times10^{-10}$$

$$Ag^+ + SCN^- \longrightarrow AgSCN\downarrow(白色) \qquad K^{\ominus}_{sp,AgSCN} = 1.03\times10^{-12}$$

$$Fe^{3+} + SCN^- \longrightarrow Fe(SCN)^{2+}(红色) \qquad K^{\ominus} = 138$$

指示剂用量多少对测定有影响，一般控制 Fe^{3+} 浓度为 0.015 mol · L^{-1}左右为宜。滴定时，控制 H^+ 浓度为 0.1～1.0 mol · L^{-1}。

应该指出：

(1) 滴定过程中不断有 AgSCN 沉淀形成，AgSCN 沉淀要吸附溶液中的 Ag^+，导致红色的最初出现会略早于化学计量点。因此，滴定过程中需剧烈摇动，使被吸附的 Ag^+ 释出。

(2) 采用本法测定 Cl^- 时，由于 AgSCN 的溶解度小于 AgCl 的溶解度，因此用 NH_4SCN 标准溶液回滴剩余的 Ag^+，达化学计量点后，稍微过量的 SCN^- 可能与 AgCl 作用，使 AgCl 转化为 AgSCN，反应式为

$$AgCl + SCN^- \rightleftharpoons AgSCN\downarrow + Cl^-$$

如果剧烈摇动溶液，反应将不断向右进行，直至达到平衡。显然，到达终点时已多消耗了一部分 NH_4SCN 标准溶液。

为了避免上述误差，通常可采用以下两种措施：

(1) 试液中加入一定量过量的 $AgNO_3$ 标准溶液之后，将溶液煮沸使 AgCl 凝聚，以减少 AgCl 沉淀对 Ag^+ 的吸附。滤去沉淀，并用稀 HNO_3 充分洗涤沉淀，然后用 NH_4SCN 标准溶液回滴滤液中过量的 Ag^+。

(2) 在滴入 NH_4SCN 标准溶液前，加 1～2 mL 硝基苯并且不断摇动，使 AgCl 沉淀进入硝基苯层中而不再与滴定溶液接触，从而避免发生上述 AgCl 沉淀转化为 AgSCN 沉淀的反应。

测定时，能与 SCN^- 生成沉淀或配合物，或者能氧化 SCN^- 的物质均干扰测定，本方法酸度较大，许多弱酸根离子如 PO_4^{3-}、AsO_4^{3-}、CrO_4^{2-}、$C_2O_4^{2-}$、CO_3^{2-} 等不干扰测定，因而此法的选择性较高。

三、仪器与试剂

(1) 仪器：酸式滴定管(棕色)，分析天平，锥形瓶，烧杯。

(2) 试剂：基准 NaCl(s)，$AgNO_3$(s)，40%铁铵矾溶液(溶剂为 1.0 mol·L^{-1} HNO_3)，6.0 mol·L^{-1} HNO_3(煮沸驱除氮的低价氧化物)，NH_4SCN(s)，硝基苯或石油醚，氯化物试样(s)。

四、实验步骤

1. 0.1 mol·L^{-1} $AgNO_3$ 溶液的配制与标定

使用莫尔法配制 500 mL 0.1 mol·L^{-1} $AgNO_3$ 溶液，数据填入自行设计的表格中。

2. 0.1 mol·L^{-1} NH_4SCN 溶液的配制与标定

称 3.8 g NH_4SCN 于烧杯中，用去离子水溶解稀释至 500 mL，转入试剂瓶中。用移液管移取 $AgNO_3$ 标准溶液 25.00 mL 于 250 mL 锥形瓶中，加入 5.0 mL 6.0 mol·L^{-1} HNO_3 和 1.0 mL 40%铁铵矾指示剂，然后用 NH_4SCN 溶液滴定。滴定时，激烈振荡溶液，当滴至溶液颜色为淡红色且稳定不变时即为终点，平行测定 3 次。

3. 氯含量的测定

准确称取 1.5～2.0 g 试样于烧杯中，加去离子水溶解后定量转入 250 mL 容量瓶中，稀释至刻度，摇匀。用移液管移取 25.00 mL 试样溶液于 250 mL 锥形瓶中，加入 25 mL 去离子水和 5.0 mL 6.0 mol·L^{-1} HNO_3，用滴定管加入 $AgNO_3$ 标准溶液至过量 5～10 mL，然后加入 2 滴硝基苯(或石油醚)，用橡皮塞塞住瓶口，剧烈振荡 30 s，使 AgCl 沉淀进入硝基苯层从而与溶液隔开。再加入 1.0 mL 40%铁铵矾指示剂，用 NH_4SCN 标液滴定至溶液出现淡红色并稳定不变时即为终点，平行测定 3 次。

五、实验数据记录与处理

(1) 将标定 NH_4SCN 溶液的实验数据填入表 5.17，计算 NH_4SCN 溶液的准确浓度。

表 5.17　0.1 mol·L^{-1} NH_4SCN 溶液的标定

实验编号	Ⅰ	Ⅱ	Ⅲ
$V(AgNO_3)$/mL			
$c(AgNO_3)$/mol·L^{-1}			
NH_4SCN 溶液终读数/mL			
NH_4SCN 溶液初读数/mL			
$V(NH_4SCN)$/mL			
$c(NH_4SCN)$/mol·L^{-1}			

续表

实验编号	Ⅰ	Ⅱ	Ⅲ
$\bar{c}(NH_4SCN)$/mol·L^{-1}			
绝对偏差/mol·L^{-1}			
相对平均偏差/%			

(2) 将测定氯含量的实验数据填入表 5.18 中,并计算结果。

表 5.18 试样氯离子含量的测定

实验编号	Ⅰ	Ⅱ	Ⅲ
m(试样)/g			
$V(AgNO_3)$/mL			
$c(AgNO_3)$/mol·L^{-1}			
NH_4SCN 溶液终读数/mL			
NH_4SCN 溶液初读数/mL			
$V(NH_4SCN)$/mL			
$c(Cl^-)$/g·L^{-1}			
$\bar{c}(Cl^-)$/g·L^{-1}			
绝对偏差/g·L^{-1}			
相对平均偏差/%			

六、思考题

(1) 福尔哈德法测定氯化物中氯含量的主要误差来源是什么？用哪些方法可避免？本实验如何避免？

(2) 福尔哈德法测氯时,为什么要加入石油醚或硝基苯？当用此法测定 Br^- 和 I^- 时,还需加入石油醚或硝基苯吗？

(3) 试讨论酸度对福尔哈德法测定卤素离子含量的影响。

(4) 本实验测氯时用 HNO_3 酸化的目的是什么？可否用 HCl 或 H_2SO_4 溶液酸化？为什么？

实验 34 $BaCl_2 \cdot 2H_2O$ 中钡含量的测定——重量法

一、实验目的

(1) 了解晶形沉淀的性质、沉淀条件和沉淀方法。

(2) 学习沉淀的过滤、洗涤、灼烧等操作技术。

(3) 用换算因数计算钡的含量。

二、实验原理

重量分析法是利用沉淀反应,将试液中的被测组分生成沉淀,然后转化为一定的称量形式，由称量形式的质量，测定组分的含量。该方法准确度高，尽管耗时较长，但在一些常量的S、Si、P、Ni和Ba等分析中经常使用。

Ba^{2+}可生成一系列微溶化合物，如$BaCO_3$、BaC_2O_4、$BaCrO_4$、$BaHPO_4$、$BaSO_4$等，其中以$BaSO_4$溶解度最小(25 ℃时100 mL溶液中仅溶解0.25 mg)，$BaSO_4$性质非常稳定，组成与化学式相符合，因此常以$BaSO_4$法测定Ba^{2+}。

将$BaCl_2$的试样溶解于水后，用稀盐酸酸化，加热至近沸，在不断搅拌下，缓慢地加入热、稀的H_2SO_4溶液，Ba^{2+}与SO_4^{2-}作用形成难溶于水的$BaSO_4$沉淀。

虽然$BaSO_4$溶解度小，但为了使$BaSO_4$沉淀完全，H_2SO_4必须过量。由于H_2SO_4在高温下可挥发除去，因此H_2SO_4可过量50%～100%。为了得到大颗粒$BaSO_4$沉淀，在不断搅拌下缓慢滴入热的稀H_2SO_4，进行硫酸钡沉淀。反应介质一般为0.05 $mol \cdot L^{-1}$左右的盐酸溶液，加热温度为近沸，酸性条件下可防止产生$BaCO_3$、$BaHPO_4$、$BaHAsO_4$沉淀以及$Ba(OH)_2$共沉淀，同时提高酸度可适当增加$BaSO_4$的溶解度，降低其相对过饱和度，有利于晶形沉淀的形成。所得$BaSO_4$沉淀经陈化、过滤、洗涤、烘干、炭化、灰化和灼烧后，得到$BaSO_4$称量形式，即可求得$BaCl_2$中钡含量。

注意，NO_3^-、ClO_3^-、Cl^-等阴离子和K^+、Na^+、Ca^{2+}、Fe^{3+}等阳离子均可以引起共沉淀现象，故应控制沉淀条件，减少共沉淀现象。

$BaSO_4$重量法还广泛用于试样中SO_4^{2-}含量的测定，方法原理相同。但这时是用Ba^{2+}为沉淀剂，因$BaCl_2$在高温下不易挥发除去，因此$BaCl_2$应过量20%～30%为宜。

三、仪器与试剂

(1) 仪器：分析天平，烧杯，表面皿，瓷坩埚，玻璃漏斗，沉淀帚，高温电炉。

(2) 试剂：1.0 $mol \cdot L^{-1}$ H_2SO_4，2.0 $mol \cdot L^{-1}$ HCl，0.1 $mol \cdot L^{-1}$ $AgNO_3$，$BaCl_2 \cdot 2H_2O(s)$，定量滤纸(慢速或中速)。

四、实验步骤

1. 瓷坩埚的准备

将洗净的瓷坩埚放入800～850 ℃高温炉灼烧，第一次灼烧约30 min，取出稍冷片刻，放入干燥器中冷却至室温(10～20 min)，称量。第二次灼烧15～20 min，冷至室温，再称量，如此操作直至恒量。

2. 沉淀的生成

准确称取0.4～0.6 g $BaCl_2 \cdot 2H_2O$试样2份，分别置于250 mL烧杯中，各加去离子水约70 mL，加入2～3 mL 2.0 $mol \cdot L^{-1}$盐酸，盖上表面皿，加热溶解近沸(勿使溶液沸腾，以防溅失)。再取4 mL 1 $mol \cdot L^{-1}$ H_2SO_4 2份，分别置于2个100 mL小烧杯中，各加去离子水稀释至30 mL，加热近沸，然后将2份热的H_2SO_4溶液用滴管分别逐滴滴入2份热的钡盐溶液中，并不断搅拌，沉淀完毕待溶液澄清后，于上层清液中加入1～2滴稀H_2SO_4，以检查其沉淀是否完全。如果上层清液中有混浊出现，必须再加入H_2SO_4溶液，直至沉淀完全为止。盖上表面皿，将玻璃棒靠在烧杯嘴边(勿将玻璃棒拿出杯外)置于水浴上加热保温，并不断搅拌，陈化0.5～1 h(也可在室温下放置过夜作为陈化)。

3. 沉淀的过滤、洗涤

溶液冷却后，用慢速定量滤纸过滤，先将上层清液倾注在滤纸上，再取稀 H_2SO_4（自配 0.01 mol·L^{-1}稀 H_2SO_4 200 mL），用倾泻法洗涤沉淀三四次，每次约 10 mL。然后将沉淀小心转移到滤纸上，用沉淀帚由上到下擦拭杯壁，并用撕下的小片滤纸擦净杯壁和玻璃棒，再用去离子水冲洗杯壁和玻璃棒直至转移完全，将滤纸片放在漏斗内的滤纸上，再用去离子水洗涤沉淀至无 Cl^- 为止（用 $AgNO_3$ 溶液检验）。

4. 沉淀的灼烧和恒量

将盛有沉淀的滤纸折成小包，放入已恒量的坩埚中，在电炉上烘干和炭化后，继续在 800～850 ℃高温中灼烧 1 h，取出置于干燥器内冷却至室温，称量。然后再灼烧 15～20 min，冷却，称量，如此操作直至恒量，平行测定 2 份。

五、实验数据记录与处理

将实验数据填入表 5.19，计算试样中钡的含量。

表 5.19　钡含量的测定

实验编号	Ⅰ	Ⅱ
$m(BaCl_2 \cdot 2H_2O)$/g		
$m(BaSO_4)$/g		
$w(Ba)$/%		
$\overline{w}(Ba)$/%		

六、思考题

（1）为什么要在稀 HCl 介质中沉淀 $BaSO_4$？HCl 加入太多有什么影响？

（2）为什么沉淀 $BaSO_4$ 要在热溶液中进行，而在冷却后过滤？沉淀后为什么要陈化？

（3）试解释用 $BaSO_4$ 重量法测定 Ba^{2+} 和测定 SO_4^{2-} 时，沉淀剂的过量程度有什么不同。为什么？

（4）若 $BaSO_4$ 沉淀未干燥、炭化和灰化时，即将沉淀送至高温炉中灼烧，有什么影响？

（5）什么是倾泻法过滤？重量法中灼烧至恒量是什么意思？

实验 35　钢铁中镍含量的测定——丁二酮肟镍重量法

一、实验目的

（1）学习有机沉淀剂丁二酮肟测定镍的原理和方法。

（2）学习重量分析操作技能。

二、实验原理

丁二酮肟（$C_4H_8O_2N_2$，M_r＝116.2）是二元弱酸，用 H_2D 表示，在溶液中存在下列离解平衡：

$$H_2D \underset{+H^+}{\overset{-H^+}{\rightleftharpoons}} HD^- \underset{+H^+}{\overset{-H^+}{\rightleftharpoons}} D^{2-}$$

研究表明只有其中 HD^- 形式在氨性溶液中与 Ni^{2+} 生成沉淀 $Ni(HD)_2$。丁二酮肟与 Ni^{2+} 形成鲜红色的二丁二酮肟合镍(Ⅱ)沉淀，反应式为

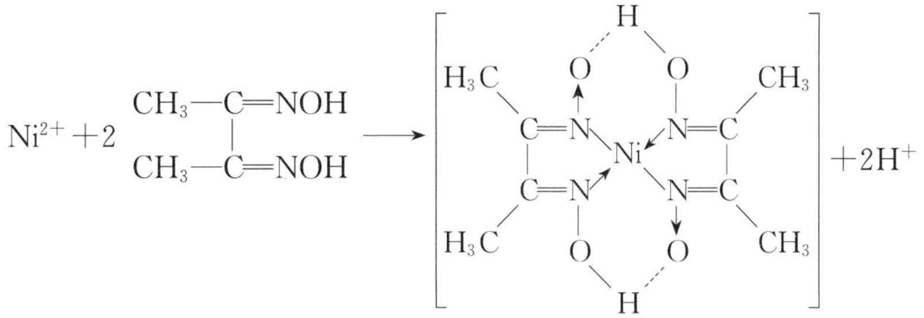

该沉淀组成恒定，经过滤、洗涤、烘干(120 ℃)后即可称量，计算 Ni^{2+} 的含量。实验证明，沉淀时溶液的 pH 以 7.0～10.0 为宜。溶液酸度过大时，由于生成 H_2D，沉淀的溶解度加大；溶液酸度过小时，由于生成 D^{2-} 形式，同样沉淀的溶解度也加大。通常在 pH＝8～9 的氨性溶液中进行沉淀，但氨的浓度不能太高，否则 Ni^{2+} 生成 $Ni(NH_3)_4^{2+}$ 配合物，也会使沉淀的溶解度加大。

丁二酮肟是一种选择性比较高的有机沉淀剂，它能与 Ni^{2+}、Pd^{2+}、Fe^{2+} 生成沉淀而干扰测定；与 Cu^{2+}、Co^{2+}、Zn^{2+} 等生成水溶性配合物，可引起共沉淀，若杂质含量高最好进行二次沉淀或预先分离。另外，Fe^{3+}、Al^{3+}、Cr^{3+}、Ti^{4+} 等在氨性溶液中生成氢氧化物沉淀而干扰测定，必须加柠檬酸或酒石酸进行配位掩蔽，使其生成水溶性的配合物。

丁二酮肟在水中的溶解度较小，所以容易引起试剂本身的共沉淀，加入适量乙醇可增大试剂的溶解度。但溶液中乙醇的浓度不能太大，否则又会增加丁二酮肟镍的溶解度。一般溶液中乙醇浓度以 30%～35%为宜。在热溶液中进行沉淀，趁热过滤，用热水洗涤，不仅可减少试剂的共沉淀，同时可减少其他杂质的共沉淀。由于丁二酮肟镍在水中的溶解度很小，约 4.0×10^{-9} mol · L^{-1}，故用热水洗涤沉淀时，不致引起过大的损失。

三、仪器与试剂

(1) 仪器：分析天平，G4 微孔玻璃坩埚，电热干燥箱。

(2) 试剂：混合酸(体积比 $HCl:HNO_3:H_2O=3:1:2$)，50%酒石酸或柠檬酸，6.0 mol · L^{-1} HCl，1%丁二酮肟乙醇溶液，6.0 mol · L^{-1} 氨水，2%氨水，氨-氯化铵溶液(由每 100 mL 水中加入 1 mL 氨水和 1.0 g 氯化铵配成)，钢样(s)。

四、实验步骤

1. 溶样

准确称取适量钢试样(含镍 30～80 mg)2 份，分别置于 400～500 mL 烧杯中，盖上表面皿，从杯嘴处加入 20～40 mL 混合酸，于通风橱中低温加热至完全溶解，再煮沸溶液除去氮的氧化物。稍冷却，在试液中加入 5～10 mL 50% 酒石酸溶液(1 g 试样加入 10 mL)，然后在不断搅拌下滴加 6.0 mol · L^{-1} 氨水至溶液呈弱碱性，此时溶液转变为蓝绿色。如有不溶

物，应将沉淀过滤，并用热的氨-氯化铵溶液洗涤沉淀数次，弃去残渣。在不断搅拌下，滤液用 6.0 mol · L^{-1} HCl 酸化至溶液变为深棕绿色，并用热水稀释至约 250 mL。

2. 沉淀

加热溶液至 70～80 ℃（水浴加热），在不断搅动下，加入适量 1%丁二酮肟乙醇溶液沉淀 Ni^{2+}（1 mg Ni^{2+} 约需 1 mL 1%丁二酮肟溶液），最后再多加 20～30 mL。然后在不断搅拌下，滴加 6.0 mol · L^{-1} 氨水，使溶液的 pH 为 8～9，产生沉淀至完全。然后在 60～70 ℃水浴中保温 30～40 min。

3. 过滤、烘干、称量

沉淀稍冷后，用已恒量的 G4 微孔玻璃坩埚过滤，用 2%氨水溶液洗涤烧杯和沉淀 8～10 次，再用温热水洗涤沉淀至无 Cl^- 为止（检查 Cl^- 时，可将滤液以稀 HNO_3 酸化，用 $AgNO_3$ 检查）。将微孔玻璃坩埚连同沉淀在 130～150 ℃干燥箱中烘干 1 h，冷却、称量，再烘干、冷却、称量，直至恒量为止（两次质量之差应不大于0.4 mg）。根据丁二酮肟镍的质量计算试样中镍的质量分数。实验完毕后，坩埚用稀 HCl 洗涤干净。

五、实验数据记录与处理

将实验数据填入表 5.20，并计算镍含量。

表 5.20　镍含量的测定

实验编号	Ⅰ	Ⅱ
m(钢样)/g		
m(丁二酮肟镍)/g		
w(镍)/%		
$\overline{w}$(镍)/%		

六、思考题

(1) 溶解试样时，加入 HCl 使试样全部溶解后，为什么还要加入 HNO_3？其作用是什么？

(2) 丁二酮肟镍沉淀属于哪种类型的沉淀？沉淀镍时为什么要在氨性溶液中进行？氨浓度太大对沉淀镍有什么影响？

(3) 加入酒石酸的作用是什么？

第 6 章　元素及其化合物的性质

实验 36　p 区（Ⅰ）：卤素、氧、硫、氮、磷

一、实验目的

（1）掌握卤素离子及 S^{2-} 的还原性。

（2）掌握氯和氮的含氧酸、含氧酸盐的氧化性、热稳定性。

（3）掌握不同价态硫的化合物的性质。

（4）掌握磷酸盐的重要性质。

（5）掌握 H_2O_2、H_2S 及硫化物的主要性质及其应用。

二、实验原理

p 区元素位于周期表的右上方，包括ⅢA～ⅧA 族，价电子层结构通式为 $ns^2np^{1\sim6}$。卤素（氟、氯、溴、碘）、氧、硫、氮、磷均为 p 区元素中有代表性的非金属元素，为电负性较大的元素。

1. 氧化还原性

卤素单质是强氧化剂，其氧化性顺序为 $F_2>Cl_2>Br_2>I_2$；卤素离子的还原性顺序恰好相反，$F^-<Cl^-<Br^-<I^-$，这可由其标准电极电位看出。

电对	F_2/F^-	Cl_2/Cl^-	Br_2/Br^-	I_2/I^-
$\varphi^\ominus$/V	2.87	1.36	1.06	0.535

例如，HI 可以将浓硫酸还原为 H_2S，HBr 可将浓硫酸还原为 SO_2，而 HCl 不能还原浓硫酸。

$$8HI+H_2SO_4(浓)=\!=\!=H_2S\uparrow+4I_2+4H_2O$$

$$2HBr+H_2SO_4(浓)=\!=\!=SO_2\uparrow+Br_2+2H_2O$$

氧的常见氧化值是−2。H_2O_2分子中 O 的氧化值为−1，介于 0 与−2 之间，因此既有氧化性又有还原性。

在酸性介质中：$H_2O_2+2H^++2e^-=\!=\!=2H_2O$　　$\varphi^\ominus(H_2O_2/H_2O)=1.776\ V$

$O_2+2H^++2e^-=\!=\!=H_2O_2$　　$\varphi^\ominus(O_2/H_2O_2)=0.682\ V$

在碱性介质中：$HO_2^-+H_2O+2e^-=\!=\!=3OH^-$　　$\varphi^\ominus(HO_2^-/OH^-)=0.878\ V$

$O_2+H_2O+2e^-=\!=\!=HO_2^-+OH^-$　　$\varphi^\ominus(O_2/HO_2^-)=-0.076\ V$

可见，H_2O_2 在酸性介质中是一种强氧化剂，它可以与 S^{2-}、I^-、Fe^{2+} 等多种还原剂反应

$$PbS+4H_2O_2=\!=\!=PbSO_4+4H_2O$$

$$H_2O_2+2I^-+2H^+=\!=\!=I_2+2H_2O$$

$$H_2O_2+2Fe^{2+}+2H^+=\!=\!=2Fe^{3+}+2H_2O$$

只有遇到 $KMnO_4$ 等强氧化剂时，H_2O_2 才表现出还原性，被氧化释放 O_2。

$$5H_2O_2+2MnO_4^-+6H^+ = 2Mn^{2+}+5O_2\uparrow+8H_2O$$

在碱性介质中，H_2O_2 可以使 Mn^{2+} 转化为 MnO_2，CrO_2^- 转化为 CrO_4^{2-}。

H_2O_2 不稳定，见光受热易分解，尤其当 I_2、MnO_2 以及重金属离子 Fe^{2+}、Mn^{2+}、Cu^{2+} 和 Cr^{3+} 等杂质存在时都会加快 H_2O_2 的分解。

和卤素不同，硫、磷单质及 S^{2-} 均表现为还原性。由于 S^{2-} 具有较大的变形性，因此和多种金属离子生成颜色不同、溶解度不同的金属硫化物。例如，Na_2S 可溶于水；ZnS(白色)难溶于水，易溶于稀盐酸；CdS(黄色)不溶于稀盐酸，易溶于较浓盐酸；CuS(黑色)不溶于盐酸，可溶于硝酸；HgS(黑色)不溶于硝酸，可溶于王水。依据金属硫化物溶解度和颜色的不同，可分离和鉴定金属离子。

2. 歧化反应

歧化反应是卤素的一个重要性质，将氯气通入冷的碱溶液中生成次氯酸盐，通入热的碱溶液中则生成氯酸盐。

$$Cl_2+2OH^- \xrightleftharpoons{冷} Cl^-+ClO^-+H_2O$$

$$3Cl_2+6OH^- \xrightleftharpoons{热} 5Cl^-+ClO_3^-+3H_2O$$

3. 含氧酸和含氧酸盐

卤素(氟除外)和氮的含氧酸及其盐具有相当强的氧化性和热不稳定性，因而许多氯酸盐、次氯酸盐、亚硝酸盐都是常用的氧化剂。

卤素和氮的含氧酸盐的一个明显特征是较低氧化态比较高氧化态的氧化性较强。例如，亚硝酸盐的氧化性比硝酸盐的氧化性强，次氯酸盐的氧化性比氯酸盐的氧化性强。次氯酸盐在碱性溶液中就是强氧化剂，而氯酸盐在酸性溶液中才能表现出明显的氧化性。

$$ClO_3^-+5Cl^-+6H^+ = 3Cl_2\uparrow+3H_2O$$

这些含氧酸及其盐的氧化性与它们对热不稳定性是相辅相成的。例如，亚硝酸只有在较低温度下才能存在。

$$2HNO_2 \underset{冷}{\overset{热}{\rightleftharpoons}} H_2O+\underset{(蓝)}{N_2O_3} \underset{冷}{\overset{热}{\rightleftharpoons}} H_2O+NO\uparrow+\underset{(红棕)}{NO_2}\uparrow$$

硝酸盐、亚硝酸盐、氯酸盐的热稳定性都较差，加热易分解放出氧气。

和卤素、氮的含氧酸及其盐不同，硫的含氧酸中只有浓硫酸才具有强氧化性。过硫酸及其盐有强的氧化性，其原因是分子中存在过氧键。在 Ag^+ 的催化作用下，过二硫酸盐可将 Mn^{2+} 氧化成 MnO_4^-。

$$2Mn^{2+}+5S_2O_8^{2-}+8H_2O \xrightarrow[\triangle]{Ag^+} 2MnO_4^-+10SO_4^{2-}+16H^+$$

硫的其他含氧酸及其盐中，亚硫酸盐、硫代硫酸盐都是常用的还原剂。例如，$Na_2S_2O_3$ 能将 I_2 还原为 I^-，而其本身被氧化为连四硫酸钠。

$$2Na_2S_2O_3+I_2 = Na_2S_4O_6+2NaI$$

中间氧化态的含氧酸及其盐，既可作氧化剂，又可作还原剂，这要看与之反应的还原剂或氧化剂的相对强弱。例如，$NaNO_2$ 既可作氧化剂将 I^- 氧化成 I_2，又可作还原剂被 MnO_4^- 氧化；$Na_2S_2O_3$ 虽为常用的还原剂，但又可将更强的还原剂 H_2S 氧化成 S。

磷的含氧酸及其盐不具有明显的氧化性。较常用的是正磷酸的酸性及可溶性磷酸盐的酸碱性。磷的其他含氧酸盐常用的是偏磷酸盐和焦磷酸盐。磷酸根、偏磷酸根、焦磷酸根的区别方法见表 6.1。

表 6.1　磷酸盐的鉴定

现象 离子 / 试剂	PO_4^{3-}	$P_2O_7^{4-}$	PO_3^-
$AgNO_3$	Ag_3PO_4↓（淡黄色）	$Ag_4P_2O_7$↓（白色）	$AgPO_3$↓（白色胶状）
蛋白溶液	不变化	不变化	凝固

三、仪器与试剂

(1) 仪器：试管，离心试管，烧杯，酒精灯，点滴板，离心机。

(2) 试剂：(以下括号中的数字是浓度值，除特别注明外，单位为 $mol \cdot L^{-1}$)。

NaCl(s)，KBr(s)，KI(s)，KNO_3(s)，$K_2S_2O_8$(s)，$KClO_3$(s)，$FeSO_4 \cdot 7H_2O$(s)，MnO_2(s)，锌粒，铜片，硫黄粉，pH 试纸，乙酸铅试纸，淀粉-碘化钾试纸，HCl(2.0，6.0，浓)，HNO_3(2.0，浓)，H_2SO_4(1.0，2.0，3.0，浓)，H_3PO_4(0.1)，HAc(2.0，6.0)，H_2O_2(3%)，Na_2S(0.1)，NaOH(2.0)，Na_2CO_3(0.5)，KI(0.1)，$KMnO_4$(0.01，0.1)，$K_2Cr_2O_7$(0.1)，Na_2SO_3(0.1)，$Na_2S_2O_3$(0.1)，$NaNO_2$(0.1，1.0，饱和)，KNO_3(0.5)，Na_3PO_4(0.1)，NaH_2PO_4(0.1)，Na_2HPO_4(0.1)，$NaPO_3$(0.1，0.2)，$K_4P_2O_7$(0.1)，$AgNO_3$(0.1)，$MnSO_4$(0.02)，NaCl(0.1)，$ZnSO_4$(0.1)，$CdSO_4$(0.1)，$Pb(NO_3)_2$(0.1)，$CuSO_4$(0.1)，$Hg(NO_3)_2$(0.1)，$BaCl_2$(0.1)，$CaCl_2$(0.2)，氯水，碘水，淀粉(1%)，品红溶液，鸡蛋白溶液(1%)，对氨基苯磺酸，α-萘胺，戊醇，乙醚。

四、实验步骤

1. 卤素离子的还原性

(1) 往盛有少量 KI 固体的试管中加入 1.0 mL 浓硫酸，观察产物的颜色和状态，用湿润的乙酸铅试纸检验气体产物，写出反应方程式。

(2) 往盛有少量 KBr 固体的试管中加入 1.0 mL 浓 H_2SO_4，观察产物的颜色和状态，用湿润的碘化钾淀粉试纸检验产生的气体，写出反应方程式。

(3) 往盛有少量 NaCl 固体的试管中加入 1.0 mL 浓 H_2SO_4，微热，观察反应产物的颜色和状态，用蘸有浓氨水的玻璃棒移近管口检验产生的气体(或用润湿的 pH 试纸检验)，写出反应方程式。

根据实验结果比较 Cl^-、Br^-、I^- 还原性的强弱和变化规律。

2. 卤素、氮的含氧酸及含氧酸盐的性质

1) 次氯酸钠的氧化性

往一支试管中加入 2.0 mL 氯水，逐滴加入 2.0 $mol \cdot L^{-1}$ NaOH 至溶液呈碱性为止(用 pH 试纸检验或用 1∶2 次氯酸钠溶液替代)。将溶液分成三份进行实验：

(1) 与浓盐酸作用，设法证明气体产物。

(2) 与碘化钾溶液作用。

(3) 与品红溶液作用。

记录反应现象并写出(1)、(2)步反应方程式。

2) 氯酸钾的氧化性

(1) 与浓盐酸作用。取少量 $KClO_3$ 晶体于试管中，加入约 1.0 mL 浓盐酸，观察产生气体的颜色(如反应不明显，可微热)。

(2) 在中性和酸性介质中与 KI 的作用。取少量 $KClO_3$ 晶体于试管中，加入约 1.0 mL 水使之溶解，再加入 1.0 mL 0.1 mol · L^{-1} KI 溶液和 0.5 mL CCl_4，摇动试管，观察水层和 CCl_4 层颜色有何变化，再加入 2.0 mL 3.0 mol · L^{-1} H_2SO_4，摇动试管，观察有何变化。

根据以上实验比较次氯酸盐与氯酸盐的性质，可得出什么结论？试用标准电极电位解释之。

3. 过氧化氢的检验与性质

1) 检验

取 1 滴 3% H_2O_2 溶液，加入 2.0 mL 去离子水、0.5 mL 戊醇(或乙醚)、0.5 mL 2.0 mol · L^{-1} H_2SO_4 溶液，再加入 3 滴 0.1 mol · L^{-1} $K_2Cr_2O_7$ 溶液，振荡后观察有机层及水层的颜色，解释现象，写出反应方程式。

2) 性质

(1) 催化分解。取 1.0 mL 3% H_2O_2 溶液于小试管中，加入少量 MnO_2，迅速将火柴余烬伸入试管中，检验生成的气体。反应完毕，检验溶液中是否有 H_2O_2(如何检验)，解释现象，写出反应方程式。

(2) 氧化性。① 取 5 滴 0.1 mol · L^{-1} $Pb(NO_3)_2$ 溶液，加入 4 滴 0.1 mol · L^{-1} Na_2S 溶液，观察沉淀颜色，再加入 3% H_2O_2 溶液直至沉淀变为白色，解释现象，写出反应方程式；② 取 0.5 mL 0.1 mol · L^{-1} KI 溶液，加几滴稀 H_2SO_4 酸化，再加入 0.5 mL 3% H_2O_2 溶液，观察现象，并加入 2～3 滴 1% 淀粉溶液，解释现象，写出反应方程式。

(3) 还原性。取 1 滴 0.01 mol · L^{-1} $KMnO_4$ 溶液，加几滴稀硫酸溶液，振荡滴加 3% H_2O_2 溶液，解释现象，写出反应方程式。

4. 硫的含氧酸盐的氧化还原性

1) 亚硫酸盐的氧化还原性

分别试验酸性介质中 0.1 mol · L^{-1} Na_2SO_3 与 0.1 mol · L^{-1} Na_2S 溶液、0.01 mol · L^{-1} $KMnO_4$ 溶液的反应，观察现象并写出反应方程式。

2) 硫代硫酸钠的还原性

(1) 往 5 滴 0.1 mol · L^{-1} $Na_2S_2O_3$ 溶液中滴加 2 滴碘水，溶液的颜色有何变化？写出反应方程式。

(2) 往 2 滴 0.1 mol · L^{-1} $Na_2S_2O_3$ 溶液中注入氯水(注意氯水要过量，否则有单质硫生成)，然后证明 SO_4^{2-} 生成。

3) 过二硫酸盐的氧化性

往试管中加入 5.0 mL 1.0 mol · L^{-1} H_2SO_4、5.0 mL 去离子水和 4 滴 0.02 mol · L^{-1}

$MnSO_4$ 溶液，混匀后，将溶液分成两份。

(1) 往一份溶液中加 1 滴 0.1 $mol \cdot L^{-1}$ $AgNO_3$ 溶液和少量 $K_2S_2O_8$ 固体，微热之，观察溶液颜色有何变化。写出反应方程式。

(2) 另一份溶液中只加少量 $K_2S_2O_8$ 固体，微热之，观察溶液颜色有无变化。比较两个实验结果有什么不同，为什么？

根据以上 1、2、3、4 的实验总结 p 区非金属元素含氧酸及其盐的氧化还原性有何规律。

5. 硝酸和亚硝酸盐(在通风橱中进行)

1) 亚硝酸的形成和分解

在两支试管中，一支加入 5 滴 2 $mol \cdot L^{-1}$ H_2SO_4 溶液，另一支加入 5 滴饱和 $NaNO_2$ 溶液。两支试管均在冰水中冷却后，将 H_2SO_4 溶液倒入 $NaNO_2$ 溶液中继续冷却并观察现象。将试管从冰水中取出，放置片刻，又有什么现象发生？

2) 硝酸的氧化性

(1) 浓硝酸与非金属的反应。在少许硫粉中加入 1.0 mL 浓硝酸，水浴加热，反应一段时间后取几滴清液，检查有无 SO_4^{2-}，写出反应方程式。

(2) 硝酸与铜的反应。分别试验浓 HNO_3、稀 HNO_3 与铜的反应(若反应慢可加热)。写出反应方程式。

3) 亚硝酸盐的氧化性和还原性

(1) 在 2 滴 0.1 $mol \cdot L^{-1}$的 $NaNO_2$ 溶液中，滴入 2 滴 0.1 $mol \cdot L^{-1}$ KI 溶液，有什么变化？再滴入 2.0 $mol \cdot L^{-1}$ H_2SO_4 溶液，又有什么变化？

(2) 在 2 滴 0.1 $mol \cdot L^{-1}$的 $NaNO_2$ 溶液中滴入 1 滴 0.01 $mol \cdot L^{-1}$ $KMnO_4$ 溶液，有什么变化？再滴入 2.0 $mol \cdot L^{-1}$ H_2SO_4 溶液，又有什么现象？

(3) 亚硝酸根离子的鉴定。取 1 滴 0.1 $mol \cdot L^{-1}$的 $NaNO_2$ 溶液于试管中，滴入 1 滴去离子水，再滴入数滴 6.0 $mol \cdot L^{-1}$ HAc，然后加 1 滴对氨基苯磺酸和 1 滴 α-萘胺，溶液显红色。

6. 硝酸和金属的反应及硝酸根的鉴定

1) 与锌反应

往 1.0 mL 2.0 $mol \cdot L^{-1}$ HNO_3 中加几粒锌粒，放置一段时间。取出少许溶液，检验有无 NH_4^+ 生成(用奈斯勒试剂检验)。实验后将锌粒洗净回收。

2) 硝酸根离子的鉴定

往小试管中加入豆粒大的 $FeSO_4 \cdot 7H_2O$ 晶体和 5 滴 0.5 $mol \cdot L^{-1}$ KNO_3 溶液，摇匀，斜持试管，沿管壁缓慢滴入 1 滴管浓硫酸。由于浓硫酸的相对密度比上述液体大，流入试管底部形成两层(注意：不要振动)，这时两层液体界面上有一棕色环。反应方程式如下：

$$NO_3^- + 3Fe^{2+} + 4H^+ \xlongequal{\quad} NO + 3Fe^{3+} + 2H_2O$$

$$Fe^{2+} + NO \xlongequal{\quad} [Fe(NO)]^{2+} \text{(棕色)}$$

7. p 区非金属元素某些含氧酸及其盐的不稳定性

1) 亚硫酸、硫代硫酸的分解

(1) 往 0.1 $mol \cdot L^{-1}$ Na_2SO_3 溶液中滴加 2.0 $mol \cdot L^{-1}$ HCl，观察有什么变化。写出反应方程式。

(2) 往 0.1 $mol \cdot L^{-1}$ $Na_2S_2O_3$ 溶液中滴加 2.0 $mol \cdot L^{-1}$ HCl，观察有什么变化。写出反

应方程式。

2）硝酸盐的热分解

在干燥的小试管中加入少量固体 KNO_3，加热熔化，使其分解，设法检验气体产物。写出反应方程式。

8. 硫化氢和硫化物

1）硫化氢的还原性

往试管中滴入几滴 0.01 mol · L^{-1} $KMnO_4$ 溶液，用 1.0 mol · L^{-1} H_2SO_4 酸化，然后滴加 H_2S 水溶液，观察现象，写出反应方程式。

2）硫化物的溶解性

往分别盛有 5 滴 0.1 mol · L^{-1}的 NaCl、$ZnSO_4$、$CdSO_4$、$CuSO_4$ 和 $Hg(NO_3)_2$ 溶液的离心试管中各加入 5 滴 0.1 mol · L^{-1} Na_2S 溶液，观察沉淀的颜色，离心分离，弃去清液，往沉淀中分别加入 2.0 mol · L^{-1}盐酸，观察沉淀是否溶解。

将不溶解的沉淀离心分离，洗涤，往沉淀中分别加入 6.0 mol · L^{-1} HCl，观察沉淀是否溶解。

再将不溶解的沉淀离心分离，洗涤后，往沉淀中加入浓硝酸，微热，观察沉淀是否溶解。最后，把不溶于 HNO_3 的沉淀洗涤后加入王水，观察沉淀是否溶解。

根据实验结果，对金属硫化物的溶解性作出比较，写出反应方程式。

9. 磷酸盐的性质

1）磷酸银的生成

在点滴板中分别滴入 2 滴 0.1 mol · L^{-1} Na_3PO_4、Na_2HPO_4 和 NaH_2PO_4 溶液，用 pH 试纸测其 pH。然后各滴入 5～6 滴 0.1 mol · L^{-1} $AgNO_3$ 溶液，观察现象并测其 pH，说明原因。

2）磷酸钙盐的溶解性

在 3 支离心试管中加入 4 滴 0.1 mol · L^{-1} Na_3PO_4、Na_2HPO_4 和 NaH_2PO_4 溶液，再滴入 4 滴 0.2 mol · L^{-1} $CaCl_2$ 溶液，摇匀后，离心沉淀（试管中溶液不要吸出）。滴入几滴稀氨水后有何变化？再注入稀盐酸又有什么变化？以上实验说明什么问题？

3）PO_4^{3-}、$P_2O_7^{4-}$、PO_3^- 的区别

（1）分别往 0.1 mol · L^{-1} H_3PO_4（用 0.5 mol · L^{-1} Na_2CO_3 溶液调至微酸性）、0.1 mol · L^{-1} $K_4P_2O_7$ 和 0.2 mol · L^{-1} $NaPO_3$ 溶液中加入 0.1 mol · L^{-1} $AgNO_3$ 溶液，有什么现象发生？试验沉淀与 2.0 mol · L^{-1} HNO_3 溶液的作用结果。

（2）在 H_3PO_4、$K_4P_2O_7$、$NaPO_3$溶液中各加入 2.0 mol · L^{-1} HAc 和 1%鸡蛋白水溶液，有什么现象发生？

10. Cl^-、Br^-、I^- 的分离与鉴定

在试管中加入 0.1 mol · L^{-1} NaCl、KBr、KI 溶液各 2 滴，进行 Cl^-、Br^-、I^- 的分离与鉴定。

五、实验现象记录与解释

参照第 1 章 1.2 节中的性质验证实验的示例实验报告，列表记录实验现象并解释。

六、思考题

(1) 如何区别次氯酸盐和氯酸盐?

(2) 有三瓶未贴标签的溶液,只知道它们是 $NaNO_2$、Na_2SO_3 和 KI,如何区别?

(3) 欲用酸溶解磷酸银沉淀,在盐酸、硫酸和硝酸中,选用哪一种最适宜? 为什么?

(4) 实验室里能否用 FeS 加硝酸来制备 H_2S?

(5) H_2S、Na_2S 和 Na_2SO_3 溶液为什么不能长期保存?

实验 37　p 区(Ⅱ):锡、铅、锑、铋、铝

一、实验目的

(1) 掌握锡、铅、锑、铋氢氧化物的酸碱性及其盐的水解性。

(2) 掌握锡、铅、锑、铋高低价态时的氧化还原性。

(3) 掌握锡、铅、锑、铋的硫化物和硫代酸盐的生成和性质。

(4) 掌握 Sn^{2+}、Pb^{2+}、Sb^{3+}、Bi^{3+} 的鉴定法。

(5) 了解铅的难溶盐及其性质。

(6) 了解金属铝的性质。

二、实验原理

锡、铅、锑、铋是 p 区中有代表性的金属元素,其原子的电子构型与呈现的氧化数为

	电子构型	氧化数
Sn,Pb	ns^2np^2	+2,+4
Sb,Bi	ns^2np^3	+3,+5

这些金属能形成两种价态的氢氧化物。低氧化态的氢氧化物中 $Sn(OH)_2$、$Pb(OH)_2$、$Sb(OH)_3$都显两性,只有 $Bi(OH)_3$ 为碱性氢氧化物。相应低价态的盐除 Pb^{2+} 水解不显著外,Sn^{2+}、Sb^{3+}、Bi^{3+} 的盐都易于水解,其水解产物为碱式盐的沉淀,例如:

$$SnCl_2 + H_2O = Sn(OH)Cl\downarrow(白色) + HCl$$

$$SbCl_3 + H_2O = SbOCl\downarrow(白色) + 2HCl$$

$$BiCl_3 + H_2O = BiOCl\downarrow(白色) + 2HCl$$

所以在配制它们的盐溶液时,应加入足够量相应的酸抑制碱式盐沉淀的生成。

从氧化值的稳定性来看,Sn(Ⅳ)的稳定性大于 Sn(Ⅱ),而 Pb(Ⅱ)的稳定性大于 Pb(Ⅳ)。故 Sn(Ⅱ)化合物有明显的还原性,$SnCl_2$ 是实验室常用的还原剂,而 PbO_2 是常用的强氧化剂。例如,$SnCl_2$ 可将 $HgCl_2$ 还原为 Hg_2Cl_2,并进一步还原为 Hg,生成灰黑色沉淀。这一反应可用来鉴定 Hg^{2+} 和 Sn^{2+}。

$$SnCl_2 + 2HgCl_2 = SnCl_4 + Hg_2Cl_2\downarrow(白色)$$

$$SnCl_2 + Hg_2Cl_2 = 2Hg\downarrow(黑色) + SnCl_4$$

在碱性介质中 $[Sn(OH)_4]^{2-}$(或 SnO_2^{2-})的还原性更强。例如,在碱性溶液中 SnO_2^{2-} 可将 Bi^{3+} 还原成黑色的金属铋,这是鉴定 Bi^{3+} 的一种方法。

$$2Bi^{3+} + 6OH^- + 3[Sn(OH)_4]^{2-} = 2Bi\downarrow + 3[Sn(OH)_6]^{2-}$$

PbO_2 在酸性介质中能将 Mn^{2+} 氧化成紫红色的 MnO_4^-，与此相似，五价的铋也呈强氧化性。在硝酸介质中 $NaBiO_3$ 也能将 Mn^{2+} 氧化成 MnO_4^-，反应式为

$$5PbO_2+2Mn^{2+}+4H^+ = 2MnO_4^-+5Pb^{2+}+2H_2O$$

$$5NaBiO_3+2Mn^{2+}+14H^+ = 2MnO_4^-+5Bi^{3+}+5Na^++7H_2O$$

上述两个反应都可用来鉴定 Mn^{2+}。

锡、铅、锑、铋各价态的硫化物（PbS_2 不存在）都有特征的颜色：

SnS	SnS_2	PbS	Sb_2S_3	Sb_2S_5	Bi_2S_3
棕色	黄色	黑色	橙红色	橙红色	黑色

其中，SnS_2、Sb_2S_3、Sb_2S_5 与可溶性硫化物如 Na_2S 溶液作用，生成相应的硫代酸盐而溶解

$$Sb_2S_3+3S^{2-} = 2SbS_3^{3-}$$

$$SnS_2+S^{2-} = SnS_3^{2-}$$

硫代酸盐很不稳定，遇酸即分解

$$2SbS_3^{3-}+6H^+ = Sb_2S_3\downarrow+3H_2S\uparrow$$

Pb^{2+} 有多种难溶盐，且有特征的颜色，如 $PbCrO_4$（黄）、PbI_2（黄）、$PbSO_4$（白）、PbS（黑），可利用 Pb^{2+} 生成难溶盐的反应（一般用 $PbCrO_4$）来鉴定 Pb^{2+} 的存在。

三、仪器与试剂

（1）仪器：试管，离心试管，烧杯，量筒，酒精灯，托盘天平，离心机。

（2）试剂：（以下括号中的数字是浓度值，除特别注明外，单位为 $mol \cdot L^{-1}$）。

$SnCl_2 \cdot 2H_2O$(s)，PbO_2(s)，$NaBiO_3$(s)，锡片，铝片，pH 试纸，$SnCl_4$(0.5)，HCl (2.0，6.0，浓)，H_2SO_4(2.0)，HNO_3(2.0，6.0)，NaOH(2.0，6.0)，$NH_3 \cdot H_2O$(2.0)，$Bi(NO_3)_3$(0.1)，$BiCl_3$(0.1)，$HgCl_2$(0.1)，$MnSO_4$(0.1)，KI(0.1)，K_2CrO_4(0.1)，Na_2S(0.5)，$(NH_4)_2S_2$(1.0)，$Pb(NO_3)_2$(0.1)，$SbCl_3$(0.1)，H_2S(饱和)，$AgNO_3$(0.1)，碘水。

四、实验步骤

1. 锡、锑、铋低价态盐溶液的配制和水解作用

（1）配制 0.1 $mol \cdot L^{-1}$ $SnCl_2$ 溶液 20.0 mL，供下面使用（思考如何配制）。

（2）Sb^{3+}、Bi^{3+} 盐的水解。

（i）取 0.5 mL 0.1 $mol \cdot L^{-1}$ $SbCl_3$ 溶液逐渐加水稀释，有何现象发生？再缓慢滴加 6.0 $mol \cdot L^{-1}$ HCl 溶液，沉淀是否溶解？再稀释有什么变化？写出反应方程式。

（ii）取少量 0.1 $mol \cdot L^{-1}$ $BiCl_3$，进行同样实验，观察现象，写出反应方程式。

2. 低价态氢氧化物的酸碱性

往 4 支试管中分别加入 10 滴 0.1 $mol \cdot L^{-1}$ $SnCl_2$、$Pb(NO_3)_2$、$SbCl_3$、$Bi(NO_3)_3$ 溶液，再向各试管中逐滴加入 2.0 $mol \cdot L^{-1}$ NaOH 溶液，制得白色沉淀。将沉淀各分成两份，用实验证明它们是否有两性[注意：试验 $Pb(OH)_2$ 的碱性应该用什么酸]，写出反应方程式。

3. 锡、铅、锑、铋化合物的氧化还原性

1) Sn(Ⅱ)、Sb(Ⅲ)的还原性

(1) 往 0.1 mol·L^{-1} $HgCl_2$ 溶液中逐滴加入 0.1 mol·L^{-1} $SnCl_2$ 溶液，观察有何变化。继续滴加 $SnCl_2$，又有什么变化？写出反应方程式。此反应用来鉴定 Sn^{2+} 或 Hg^{2+}。

(2) 往亚锡酸钠溶液(自己配制)中加入 0.1 mol·L^{-1} $Bi(NO_3)_3$ 溶液，观察现象，写出反应方程式。此反应用来鉴定 Sn^{2+} 或 Bi^{3+}。

(3) 取少量自制的亚锑酸钠溶液调 pH 至中性左右，滴加碘水。观察现象，然后将溶液用浓盐酸酸化，又有何变化？写出反应方程式，并解释之。

2) Pb(Ⅳ)、Bi(Ⅴ)的氧化性

(1) 在少量 PbO_2 中加入浓 HCl，观察现象，并鉴定生成的气体。

(2) 取少量 PbO_2 于试管中，加 1 滴 0.1 mol·L^{-1} $MnSO_4$ 溶液，加入 2.0 mL 6.0 mol·L^{-1} HNO_3 溶液，微热，观察现象，写出反应方程式。

(3) 取 2 滴 0.1 mol·L^{-1}的 $MnSO_4$ 溶液和 2.0 mL 6.0 mol·L^{-1} HNO_3，然后加入少量固体 $NaBiO_3$，用玻璃棒搅动并微热。观察现象，写出反应方程式。

比较上面几个实验，指出对 Sn、Pb、Sb、Bi 各价态的氧化还原性的认识。

4. 锡、铅、锑、铋的硫化物及硫代酸盐

往 5 支离心试管中各加入 1.0 mL 0.1 mol·L^{-1} $SnCl_2$、$SnCl_4$、$Pb(NO_3)_2$、$SbCl_3$、$Bi(NO_3)_3$溶液，然后分别滴入 0.1 mol·L^{-1} Na_2S 溶液，观察生成物的颜色和状态。离心分离，弃去清液，用少量去离子水洗涤沉淀一两次，试验它们与 0.5 mol·L^{-1} Na_2S 的作用，如沉淀溶解，再用稀 HCl 酸化，观察有何变化。写出反应方程式，比较它们的硫化物的性质。

5. Pb^{2+} 的难溶盐的生成和溶解

(1) 按 $Pb^{2+} \rightarrow PbCl_2 \rightarrow PbSO_4 \rightarrow PbCrO_4 \rightarrow PbS$（PbS 再返回 Pb^{2+}）转化的实验方案，记录实验现象，写出转化反应方程式，并比较铅的难溶性盐的溶解度大小。

(2) 往 1 滴 0.1 mol·L^{-1} $Pb(NO_3)_2$溶液中加入 2 滴稀盐酸，把生成的沉淀连同溶液一起加热，沉淀是否溶解？再把溶液冷却，又有什么变化？解释现象。

通常用 Pb^{2+} 与 CrO_4^{2-} 生成 $PbCrO_4$ 黄色沉淀的反应鉴定 Pb^{2+} 的存在。

6. 金属铝在空气中的氧化以及与水的反应

取一片铝片，用砂纸擦净，在洁净的表面上滴 1 滴 $HgCl_2$ 溶液，当此溶液覆盖下的金属表面呈灰色时，用棉花或纸将溶液擦去，并将湿润处擦干后置于空气中，观察铝表面有大量蓬松的 Al_2O_3 析出后，将铝片置于有水的试管中，观察氢气的放出(如气体产生过于缓慢可微热)。

7. 混合离子的分离与鉴定

1) Sb^{3+}的鉴定

(1) 取 1 滴 0.1 mol·L^{-1} $SbCl_3$ 溶液，加入 6 mol·L^{-1} NaOH 至过量，然后加 2 mol·L^{-1} $NH_3 \cdot H_2O$ 和 0.1 mol·L^{-1} $AgNO_3$ 的混合液[混合液为$Ag(NH_3)_2^+$]，微热，观察黑色

Ag 的生成。此反应常用来鉴定 Sb^{3+} 的存在。

$$2Ag(NH_3)_2^+ + Sb(OH)_4^- + 2OH^- \xlongequal{\triangle} 2Ag\downarrow(黑色) + 4NH_3\uparrow + Sb(OH)_6^-$$

(2) 在一小片光亮锡片上滴加 1 滴 0.1 mol·L^{-1}的 $SbCl_3$ 溶液，锡片上出现黑色，此反应也可用来鉴定 Sb^{3+} 的存在。(注意：该现象对 Bi^{3+} 溶液也有，须在 Sb^{3+}、Bi^{3+} 分离后才可用此反应)

2) 分离鉴定 Sn^{2+}、Pb^{2+}

取 Sn^{2+}、Pb^{2+}溶液各 5 滴，自己设计分离鉴定方案并试验。

3) 分离鉴定 Sb^{3+}、Bi^{3+}

取 Sb^{3+}、Bi^{3+}溶液各 5 滴，自己设计分离鉴定方案并试验。

五、实验现象记录与解释

参照第 1 章 1.2 节中的性质验证实验的示例实验报告，列表记录实验现象并解释。

六、思考题

(1) 如何用实验证明铅丹的组成是 $PbO \cdot PbO_2$？

(2) 如何鉴别 $SnCl_4$ 和 $SnCl_2$？

(3) 怎样配制 $SbCl_3$ 和 $Bi(NO_3)_3$ 溶液？

(4) SnS 能否溶于 Na_2S 溶液？哪些硫化物能溶于硫化钠溶液中？

实验 38　d 区：铬、锰、铁、钴、镍

一、实验目的

(1) 掌握铬、锰化合物的氧化还原性及介质的影响。

(2) 掌握铬、锰各价态相互转化的规律及转化条件。

(3) 掌握+2、+3 价态铁、钴、镍的氢氧化物的酸碱性、氧化还原性及制备。

(4) 掌握铁、钴、镍配合物的生成及其在离子鉴定中的应用。

二、实验原理

铬、锰分属于周期系中ⅥB、ⅦB 族，可变氧化数较多，其中锰为 d 区元素中最典型的多氧化态金属元素。二者呈现的氧化数见表 6.2。

表 6.2　铬、锰的氧化数

元素	稳定氧化态	不稳定氧化态
Cr	+3，+6	+2
Mn	+2，+4，+6，+7	+3，+5

铬和锰的不同氧化态氢氧化物的酸碱性见表 6.3，表明同一元素氧化态由低到高相应氢氧化物由碱性到酸性的过渡。对锰来说，这种规律性更为明显。

表 6.3　铬和锰的不同氧化态氢氧化物的酸碱性

氧化态	+2	+3	+4	+5	+6	+7
Cr	—	$Cr(OH)_3$ 两性	—	—	H_2CrO_4、$H_2Cr_2O_7$ 强酸	—
Mn	$Mn(OH)_2$ 碱性	$Mn(OH)_3$	$MnO(OH)_2$ 两性	—	—	$HMnO_4$ 强酸

铬和锰各价态的氧化还原性受介质的影响较大。低价态的 Mn^{2+}、Cr^{3+} 在中性、酸性介质中是相当稳定的，但在碱性介质中都容易被氧化。Cr(Ⅲ)在碱性溶液中易被氧化为黄色的 CrO_4^{2-}，例如：

$$2CrO_2^- + 3H_2O_2 + 2OH^- \xlongequal{} 2CrO_4^{2-} + 4H_2O$$

铬酸盐和重铬酸盐在水溶液中有如下平衡：

$$2CrO_4^{2-} + 2H^+ \rightleftharpoons Cr_2O_7^{2-} + H_2O$$

在酸性介质中，上述平衡向右移动，碱性介质中向左移动。

在酸性介质中，$Cr_2O_7^{2-}$ 与 H_2O_2 反应生成过氧化铬，在乙醚中呈蓝色，其反应为

$$Cr_2O_7^{2-} + 4H_2O_2 + 2H^+ \xlongequal{} 2CrO_5 + 5H_2O$$

这个反应用来鉴定 $Cr_2O_7^{2-}$ 或 Cr^{3+}。另外，还可用生成 $PbCrO_4$ 黄色沉淀作为鉴定反应。

白色的 $Mn(OH)_2$ 在空气中易被氧化，逐渐变为棕色的 MnO_2 的水合物$MnO(OH)_2$。

Mn^{2+} 只有在硝酸介质中用更强的氧化剂(如 PbO_2、$NaBiO_3$)才能被氧化生成 MnO_4^-，反应如下：

$$5NaBiO_3 + 2Mn^{2+} + 14H^+ \xlongequal{} 2MnO_4^- + 5Bi^{3+} + 5Na^+ + 7H_2O$$

利用这一反应可以鉴定 Mn^{2+} 的存在。

由锰的电位图可知，在酸性介质中 MnO_4^{2-} 不能稳定存在。实际上，在中性或弱碱性介质中 MnO_4^{2-} 就可发生歧化反应，生成 MnO_4^- 和 MnO_2。

$$3MnO_4^{2-} + 2H_2O \xlongequal{} 2MnO_4^- + MnO_2\downarrow + 4OH^-$$

但在较强的碱性介质中由 $KMnO_4$ 和 MnO_2 作用即可得 K_2MnO_4，即发生上述反应的逆反应。

铬和锰较高价态的化合物大都呈强氧化性。$K_2Cr_2O_7$、$KMnO_4$、MnO_2 都是实验室及工业上常用的氧化剂。例如，实验室常用 MnO_2 与浓盐酸反应来制取氯气，也可用 $KMnO_4$ 与盐酸作用制取氯气。

$$MnO_2 + 4HCl(浓) \xlongequal{} MnCl_2 + Cl_2\uparrow + 2H_2O$$

在中性溶液中 MnO_4^- 也可与 Mn^{2+} 反应生成棕色沉淀($MnO_2 \cdot nH_2O$)，反应如下：

$$2MnO_4^- + 3Mn^{2+} + 2H_2O \xlongequal{} 5MnO_2\downarrow + 4H^+$$

由于Ⅷ族的铁、钴、镍 d 电子增多，这三个元素不像锰有较多氧化态，而且相互之间在性质上又极相近。铁、钴、镍常见的氧化态为+2、+3。+2、+3 价态氢氧化物的性质见表 6.4、表 6.5。

表 6.4　铁、钴、镍+2 氧化态氢氧化物的性质

氢氧化物	颜色	酸碱性	$\varphi^\ominus[M(OH)_3/M(OH)_2]$	与空气中氧的作用
$Fe(OH)_2$	白	略显两性	−0.56	迅速氧化成 $Fe(OH)_3$
$Co(OH)_2$	粉红	略显两性	+0.17	缓慢氧化成 $Co(OH)_3$
$Ni(OH)_2$	苹果绿	碱性	+0.48	不起作用

表 6.5　铁、钴、镍+3 氧化态氢氧化物的性质

氢氧化物	颜色	与盐酸的作用
$Fe(OH)_3$	红棕色	生成+3 价铁盐
$Co(OH)_3$	褐色	生成+2 价盐，放出氯气
$Ni(OH)_3$	黑色	生成+2 价盐，放出氯气

$Fe(OH)_2$、$Co(OH)_2$ 在浓的强碱溶液中可分别形成$[Fe(OH)_6]^{4-}$和$[Co(OH)_4]^{2-}$。+2、+3 价铁盐在水溶液中均易发生水解作用，Fe^{3+}水解能生成大而密实的絮状体，因而可用于水处理絮凝剂。

$Co(OH)_3$、$Ni(OH)_3$ 与 HCl 的反应如下：

$$2Co(OH)_3+6HCl = 2CoCl_2+Cl_2\uparrow+6H_2O$$

$$2Ni(OH)_3+6HCl = 2NiCl_2+Cl_2\uparrow+6H_2O$$

由电位 $\varphi^{\ominus}(Fe^{3+}/Fe^{2+})=+0.771$ V 看出，Fe^{2+}在中性、酸性介质中可作还原剂，而 Fe^{3+}也可被较强的还原剂还原，故 Fe^{3+}是常使用的弱氧化剂。

铁、钴、镍能形成多种配合物，其中以钴最典型。常见的配体有 NH_3、CN^-、SCN^-、F^-等。氨配合物的稳定性按 Fe^{2+}、Co^{2+}、Ni^{2+}顺序增强。Fe^{2+}、Fe^{3+}难以形成稳定的氨配合物，它们与氨水作用生成相应的氢氧化物沉淀。Co^{2+}与氨形成土黄色的$[Co(NH_3)_6]^{2+}$，$[Co(NH_3)_6]^{2+}$易被 H_2O_2、Br_2 等氧化成红褐色的$[Co(NH_3)_6]^{3+}$。Ni^{2+}与 NH_3 的配合物$[Ni(NH_3)_6]^{2+}$（蓝紫色）是稳定的，不存在 Ni(Ⅲ)的氨配合物。Fe^{3+}与 SCN^-形成血红色配合物$[Fe(SCN)_n]^{3-n}$，反应灵敏，常用来检出 Fe^{3+}。Co^{2+}与 SCN^-形成蓝色的$[Co(SCN)_4]^{2-}$配合物，可溶于丙酮或戊醇中，常用来检出 Co^{2+}。但在检出前需将 Fe^{3+}分离除去或掩蔽。

Fe^{3+}和 Fe^{2+}可以形成稳定的铁氰配合物，Fe^{3+}与亚铁氰化钾 $K_4[Fe(CN)_6]$（黄血盐）溶液反应生成蓝色沉淀（普鲁士蓝），Fe^{2+}与铁氰化钾 $K_3[Fe(CN)_6]$（赤血盐）溶液反应也生成蓝色沉淀（滕氏兰）。常利用此反应鉴定 Fe^{3+}和 Fe^{2+}。

Ni^{2+}在 pH=5～10 介质中与丁二酮肟反应，生成红色螯合物，pH=7.5～8.1 时发生定量沉淀，其反应为

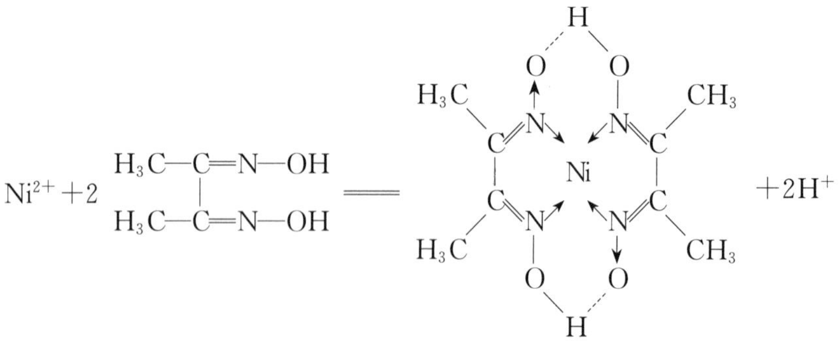

此沉淀溶于强酸、强碱和很浓的氨水，故鉴定 Ni^{2+}应在有 NH_4^+ 存在的氨性介质中。Fe^{2+}也有类似的反应，干扰 Ni^{2+}的鉴定，应当除去。

三、仪器与试剂

(1) 仪器：试管，离心机，酒精灯，烧杯等。

(2) 试剂:(以下括号中的数字,除特别注明外,单位为 $mol \cdot L^{-1}$)。

$(NH_4)_2Fe(SO_4)_2 \cdot 6H_2O$(s),$MnO_2$(s),$NaBiO_3$(s),KSCN(s),$FeSO_4 \cdot 7H_2O$(s),$NH_4F$(s),HCl(2.0,6.0,浓),$H_2SO_4$(1.0,2.0,3.0,浓),$HNO_3$(6.0,浓),NaOH(2.0,6.0,40%),$CrCl_3$(0.1),$K_2Cr_2O_7$(0.1),$KMnO_4$(0.01),KSCN(0.1),$MnSO_4$(0.1,0.5),$Pb(Ac)_2$(0.1),$K_4[Fe(CN)_6]$(0.1),$K_3[Fe(CN)_6]$(0.1),$CoCl_2$(0.1,0.5),$NiSO_4$(0.1,0.5),KI(0.1),$FeCl_3$(0.1),NH_4Cl(1.0),H_2O_2(3%),Na_2SO_3(0.5),丁二酮肟(1%),氨水(2.0,6.0),乙醚,溴水,丙酮,四氯化碳,石蕊试纸,淀粉碘化钾试纸,pH 试纸。

四、实验步骤

1. Cr(Ⅲ)、Mn(Ⅱ)氢氧化物的酸碱性

(1) 在 0.1 $mol \cdot L^{-1}$ $CrCl_3$ 溶液中逐滴加入 2.0 $mol \cdot L^{-1}$ NaOH 溶液,观察沉淀的颜色。分别试验产物与 2.0 $mol \cdot L^{-1}$ HCl 和 2.0 $mol \cdot L^{-1}$ NaOH 溶液的作用,观察现象,写出反应方程式。

(2) 在两支试管中各加入 10 滴 0.1 $mol \cdot L^{-1}$ $MnSO_4$ 溶液,分别加入 5 滴 2.0 $mol \cdot L^{-1}$ NaOH,观察现象。一支试管中迅速加入 2.0 $mol \cdot L^{-1}$ HCl 溶液,另一支试管中加入 2.0 $mol \cdot L^{-1}$ NaOH 溶液,观察现象。

2. Cr(Ⅲ)、Mn(Ⅱ)的还原性

(1) 取 1～2 滴 0.1 $mol \cdot L^{-1}$ $CrCl_3$ 溶液,加入 6.0 $mol \cdot L^{-1}$ NaOH 使生成的沉淀又溶解后,再过量 2 滴,然后加入 3 滴 3% H_2O_2 溶液,微热至溶液呈浅黄色(此黄色产物是什么)。冷却后加入 0.5 mL 乙醚,然后慢慢滴入 6.0 $mol \cdot L^{-1}$ HNO_3 酸化,摇动试管,观察乙醚层出现的深蓝色(此反应用来鉴定 Cr^{3+}、CrO_4^{2-}、$Cr_2O_7^{2-}$)。写出反应方程式。

(2) 在 0.1 $mol \cdot L^{-1}$ $MnSO_4$ 溶液中加入 2.0 $mol \cdot L^{-1}$ NaOH 溶液,沉淀生成后,振荡并置于空气中,观察沉淀颜色的变化,解释并写出反应方程式。

(3) 取 5 滴 0.1 $mol \cdot L^{-1}$ $MnSO_4$ 溶液于试管中,加入少量 $NaBiO_3$ 固体,再滴加 6.0 $mol \cdot L^{-1}$ HNO_3 溶液,振荡,待离心沉降后,观察上层清液紫色 MnO_4^- 的生成(此反应用于鉴定 Mn^{2+})。写出反应方程式。

比较 Mn(Ⅱ)在不同介质中的稳定性。

3. Cr(Ⅵ)的转化平衡和氧化性

(1) 往试管中加入 10 滴 0.1 $mol \cdot L^{-1}$ $K_2Cr_2O_7$ 溶液,加入 1 滴 2.0 $mol \cdot L^{-1}$ NaOH 使溶液呈碱性,观察溶液颜色的变化。再用 2～3 滴 2.0 $mol \cdot L^{-1}$ H_2SO_4 酸化,观察溶液颜色又有何变化。解释现象并写出反应方程式。

(2) 用 0.5 $mol \cdot L^{-1}$ Na_2SO_3 溶液试验 $K_2Cr_2O_7$ 在酸性溶液中的氧化性,写出反应方程式。

4. Mn(Ⅳ)的生成和氧化性

(1) 在 10 滴 0.01 $mol \cdot L^{-1}$ $KMnO_4$ 溶液中滴加 0.1 $mol \cdot L^{-1}$ $MnSO_4$ 溶液,观察沉淀的生成及颜色,写出反应方程式。

(2) 取少量 MnO_2 于试管中，加入 10 滴浓盐酸，微热，检验有无氯气产生。写出反应方程式。

5. Mn(Ⅵ)的生成及其稳定性

在 2.0 mL 0.01 mol · L^{-1} $KMnO_4$ 溶液中加入 1.0 mL 40% NaOH，然后加入少量的 MnO_2 固体，微热，搅动后静置片刻，离心沉降，观察上层清液颜色，解释现象，写出反应方程式。

取出上层溶液，加入 3.0 mol · L^{-1} H_2SO_4 酸化，观察溶液颜色的变化和沉淀的析出，写出反应方程式。

6. Mn(Ⅶ)的氧化性

分别试验在酸性(2.0 mol · L^{-1} H_2SO_4)、中性(去离子水)、碱性(40% NaOH)介质中 0.01 mol · L^{-1} $KMnO_4$ 溶液与 0.5 mol · L^{-1} Na_2SO_3 溶液的反应。比较它们的产物与介质的关系。解释并写出反应方程式。

7. Fe(Ⅱ)、Co(Ⅱ)、Ni(Ⅱ)氢氧化物的制备和性质

1) $Fe(OH)_2$ 的生成和性质

在一支试管中加 2.0 mL 去离子水和几滴稀 H_2SO_4，煮沸片刻(为什么)，然后溶入几粒硫酸亚铁铵晶体。在另一支试管中加入 1.0 mL 6.0 mol · L^{-1} NaOH 溶液，煮沸，冷却后用一滴管(细长)吸取 0.5 mL，插入硫酸亚铁铵溶液(直至试管底部)内，慢慢放出 NaOH 溶液，观察产物的颜色和状态。然后加入 2.0 mol · L^{-1} HCl，观察沉淀是否溶解。解释现象，写出反应方程式。

按同样方法另制得两份沉淀后，一份迅速加入 40% NaOH 并加热，观察沉淀是否溶解。另一份沉淀振荡后放置一段时间，观察有何变化，写出反应方程式。

2) $Co(OH)_2$ 的制备和性质

在少量 0.5 mol · L^{-1} $CoCl_2$ 溶液中滴加 2.0 mol · L^{-1} NaOH，将试管不断振荡或微热，观察 $Co(OH)_2$ 沉淀的生成及反应过程中沉淀颜色的变化。将沉淀分为三份，两份试验 $Co(OH)_2$的酸碱性，一份静置数分钟后观察沉淀颜色的变化。解释现象，并写出反应方程式。

3) $Ni(OH)_2$ 的制备和性质

在少量 0.1 mol · L^{-1} $NiSO_4$ 溶液中，滴加 2.0 mol · L^{-1}NaOH，观察现象。将沉淀分为三份，分别检验 $Ni(OH)_2$ 的酸碱性及在空气中放置后颜色是否变化。写出反应方程式。

根据以上实验结果，试对 Fe(Ⅱ)、Co(Ⅱ)、Ni(Ⅱ)氢氧化物的酸碱性和还原性作比较。

8. Fe(Ⅲ)、Co(Ⅲ)、Ni(Ⅲ)氢氧化物的制备和性质

1) $Fe(OH)_3$ 的制备和性质

在 0.1 mol · L^{-1} $FeCl_3$ 溶液中滴入 2.0 mol · L^{-1} NaOH，观察沉淀的颜色和形状，再与 2.0 mol · L^{-1} HCl 作用，观察现象。写出反应方程式。

2) $Co(OH)_3$ 的制备和性质

在 0.5 mol · L^{-1} $CoCl_2$ 溶液中加入几滴溴水，然后加入 2.0 mol · L^{-1} NaOH，观察沉淀

的颜色。将溶液加热至沸，静置，弃去清液，洗涤沉淀，在沉淀上滴几滴浓 HCl，加热，用湿润的淀粉碘化钾试纸检验逸出的气体，观察现象，解释并写出反应方程式。

3) $Ni(OH)_3$ 的制备和性质

用与上面制备 $Co(OH)_3$ 相同的方法，由 $NiSO_4$ 溶液制备 $Ni(OH)_3$。依同法检验 $Ni(OH)_3$ 与浓 HCl 反应时有无氯气产生。

根据上述实验结果，比较 Fe(Ⅲ)、Co(Ⅲ)、Ni(Ⅲ)氢氧化物的氧化性。

9. 铁盐的水解和氧化还原性

(1) 自行配制少量 $FeSO_4$ 溶液，用 pH 试纸检验其溶液的酸碱性(保留此溶液)。

(2) 检验 $FeCl_3$ 溶液的酸碱性，用其水解性解释下述现象。

用 500 mL 烧杯取一杯浊水(可用泥水)，加 2～5 mL 0.1 mol · L^{-1} $FeCl_3$ 溶液，匀速搅拌 2 min，静止，观察沉淀的形状和沉降情况以及浊水是否澄清。

(3) Fe^{2+} 的还原性。将上面保留的 $FeSO_4$ 溶液用 0.01 mol · L^{-1} $KMnO_4$ 试验其还原性。观察现象，写出反应方程式。

(4) Fe^{3+} 的氧化性。在 2 滴 0.1 mol · L^{-1} KI 溶液中加入 5 滴 1.0 mol · L^{-1} $FeCl_3$ 溶液，观察现象，写出反应方程式。

10. 铁、钴、镍的配合物

1) 氨配合物

(1) 在 2 滴 0.1 mol · L^{-1} $FeCl_3$ 溶液中加入 5 滴 2.0 mol · L^{-1} 氨水溶液，观察现象，写出反应方程式。

(2) 在 5 滴 0.5 mol · L^{-1} $CoCl_2$ 溶液中加入几滴 1.0 mol · L^{-1} NH_4Cl 溶液，再滴加 6.0 mol · L^{-1} 氨水，振荡试管，观察沉淀的颜色，再继续加氨水至沉淀溶解为止，观察溶液的颜色。静置一段时间后，再观察溶液颜色有什么变化，解释并写出反应方程式。

(3) 在 0.5 mol · L^{-1} $NiSO_4$ 溶液中，逐滴加入几滴 2.0 mol · L^{-1} 氨水，微热，观察绿色碱式盐沉淀的生成，然后加入几滴 NH_4Cl，继续加氨水至沉淀溶解，观察溶液的颜色。

2) 硫氰配合物(Fe^{3+}、Co^{2+} 的鉴定)

(1) 在 2 滴 0.1 mol · L^{-1} $FeCl_3$ 溶液中滴入 2 滴 0.1 mol · L^{-1} KSCN 溶液，观察血红色配合物的生成，写出反应方程式。

(2) 在试管中加入 5 滴 0.1 mol · L^{-1} $CoCl_2$ 溶液和少量固体 KSCN，再加数滴丙酮，观察蓝色 $[Co(SCN)_4]^{2-}$ 配离子的生成，此反应用来鉴定 Co^{2+} {若有 Fe^{3+} 时，生成的血红色 $[Fe(SCN)_n^{3-n}]$ 配离子会掩盖蓝色的 $[Co(SCN)_4]^{2-}$，可加入 NH_4F 固体，使 Fe^{3+} 生成 FeF_6^{3-}，以消除干扰}。

11. 混合离子的分离与鉴定

(1) Fe^{2+} 的鉴定。取几滴 Fe^{2+} 溶液，加入 2.0 mL 水稀释，然后加 1～2 滴 $K_3[Fe(CN)_6]$ 溶液，观察蓝色产物的生成。

(2) Fe^{3+} 的鉴定。取几滴 Fe^{3+} 溶液，加入 2.0 mL 水稀释，然后加 1～2 滴 $K_4[Fe(CN)_6]$ 溶液，观察蓝色产物的生成。

(3) Ni^{2+}的鉴定。在试管中加几滴 $NiSO_4$ 溶液，再加几滴 2.0 mol · L^{-1}氨水至呈弱碱性，再加入 1 滴 1%的丁二酮肟溶液，即生成红色的螯合物沉淀。

(4) 分离鉴定 Fe^{3+}、Co^{2+}。取 Fe^{3+}溶液 5 滴、Co^{2+}溶液 10 滴，自己设计分离鉴定方案，并试验。

五、实验现象记录与解释

参照第 1 章 1.2 节中的性质验证实验的示例实验报告，列表记录实验现象并解释。

六、思考题

(1) 刚配制的 $CrCl_3$ 水溶液为绿色，随着时间的延长，逐渐转变为紫色，为什么？

(2) 向含有三种阴离子的混合溶液中滴加 $AgNO_3$ 溶液至不再有沉淀析出为止，过滤，当用稀 HNO_3 处理沉淀时，砖红色沉淀溶解得橙色溶液，但仍有白色沉淀。滤液呈紫色，用 H_2SO_4 酸化后加入 Na_2SO_3，则紫色渐消失。指出上述溶液中含有哪三种阴离子，并写出有关反应方程式。

实验 39 ds 区：铜、银、锌、镉、汞

一、实验目的

(1) 了解铜、银、锌、镉、汞的氢氧化物的酸碱性和热稳定性。

(2) 了解铜、银、锌、镉、汞的配合物的性质和应用。

(3) 掌握 Cu(Ⅰ)、Cu(Ⅱ)重要化合物的性质和相互转化条件。

(4) 熟悉 Hg_2^{2+}、Hg^{2+}的转化，并了解锌、镉、汞离子的鉴定反应。

二、实验原理

铜、银、锌、镉、汞分别属 ds 区中ⅠB 和ⅡB 族，在水溶液中分别以 Cu^{2+}、Ag^+、Zn^{2+}、Cd^{2+}、Hg^{2+}、Hg_2^{2+} 的水合离子存在，也可以它们的某些配离子存在。Cu(Ⅰ)在高温或干态时稳定，在水溶液中只以某些配离子形式存在。

1. Cu^{2+}、Ag^+、Zn^{2+}、Cd^{2+}、Hg^{2+}与常见试剂 NaOH、$NH_3 \cdot H_2O$、KI 的反应

参见附录 18。重点注意以下几个异同点：

(1) 由于它们的氢氧化物热稳定性相差很大，因而与 NaOH 作用分别得到$Cu(OH)_2$、Ag_2O、$Zn(OH)_2$、$Cd(OH)_2$、HgO。$Cu(OH)_2$ 在加热时分解生成黑色的 CuO；$Zn(OH)_2$ 为典型的两性化合物；$Cd(OH)_2$ 则主要呈碱性，仅缓慢溶于热的浓强碱；$Cu(OH)_2$ 也呈两性，但其碱性大于酸性。

(2) 与适量氨水反应时，Cu^{2+}生成相应的碱式盐沉淀；Ag^+生成 Ag_2O 沉淀；Zn^{2+}、Cd^{2+}生成 $Zn(OH)_2$、$Cd(OH)_2$；而 Hg^{2+}则生成氨基汞盐的沉淀物。与过量的 $NH_3 \cdot H_2O$ 反应大都生成氨配合物，但 $HgNH_2Cl$ 不溶于过量 $NH_3 \cdot H_2O$，硝酸氨基汞在有大量铵盐存在时可溶于过量 $NH_3 \cdot H_2O$。

$$HgCl_2 + 2NH_3 \rightleftharpoons HgNH_2Cl\downarrow(\text{白色}) + NH_4Cl$$

$$2Hg(NO_3)_2+4NH_3\cdot H_2O \rightleftharpoons HgO\cdot HgNH_2NO_3\downarrow(\text{白色})+3NH_4NO_3$$

Hg_2^{2+} 与过量氨水反应时，同时发生歧化反应，生成氨基汞化合物和汞。

$$2Hg_2(NO_3)_2+4NH_3\cdot H_2O \rightleftharpoons HgO\cdot HgNH_2NO_3\downarrow+2Hg\downarrow+3NH_4NO_3$$

(3) Cu^{2+} 与 I^- 反应即生成 Cu_2I_2 白色沉淀，此处 I^- 既作还原剂又作沉淀剂。

$$2Cu^{2+}+4I^- = Cu_2I_2\downarrow+I_2$$

Cu_2I_2 又可溶于过量 I^- 生成 $[CuI_2]^-$，也可溶于 KSCN 生成 $[Cu(SCN)_2]^-$ 配离子。这两种离子在稀释时又重新生成 Cu_2I_2 和 $Cu_2(SCN)_2$。

与 Cu^{2+} 不同，Hg^{2+} 与 I^- 的反应先生成 HgI_2 橘红色沉淀，与过量 I^- 作用则生成无色的 $[HgI_4]^{2-}$ 配离子。$K_2[HgI_4]$ 和强碱(如 40%NaOH 溶液)的混合溶液被称为奈斯勒试剂，用于鉴定 NH_4^+。

$NH_4^+ + 2[HgI_4]^{2-} + 4OH^- \rightleftharpoons$ 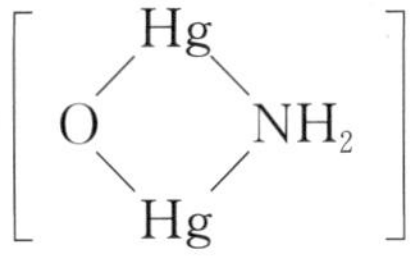 $I\downarrow + 3H_2O + 7I^-$

2. Cu(Ⅰ)-Cu(Ⅱ)、Hg(Ⅰ)-Hg(Ⅱ)的相互转化

由铜与汞的标准电势图

$$Cu^{2+}\xrightarrow{+0.158}Cu^+\xrightarrow{+0.522}Cu$$

$$Hg^{2+}\xrightarrow{+0.905}Hg_2^{2+}\xrightarrow{+0.796}Hg$$

可以看出 Cu(Ⅰ)有很强的歧化趋势。上述 Cu^{2+} 与 KI 的反应表明，Cu(Ⅰ)不能以 Cu^+ 存在于水溶液中，而它的某些难溶盐和配离子是稳定的。将 $CuCl_2$ 溶液与铜屑混合，加入浓盐酸，加热可得泥黄色配离子 $[CuCl_2]^-$ 溶液，稀释后则得白色 Cu_2Cl_2 沉淀。

$$Cu^{2+}+Cu+4Cl^- \rightleftharpoons 2[CuCl_2]^-$$

$$2[CuCl_2]^- \xrightleftharpoons{H_2O} Cu_2Cl_2\downarrow+2Cl^-$$

Hg(Ⅰ)歧化趋势很小，但若生成 Hg(Ⅱ)的沉淀或配离子，会使歧化趋势增大。例如，Hg_2^{2+} 与 I^- 反应，可生成黄绿色的 Hg_2I_2 沉淀。若 I^- 过量，则因生成 $[HgI_4]^{2-}$ 配离子而使 Hg(Ⅰ)发生歧化反应。

$$Hg_2I_2+2I^- \rightleftharpoons [HgI_4]^{2-}(\text{无色})+Hg\downarrow(\text{黑色})$$

3. 有关氧化还原反应

从标准电极电势(附录 11)看出，这些离子中 Ag^+、Cu^{2+}、Hg^{2+}、Hg_2^{2+} 都有一定的氧化性。例如，Ag^+ 在氨性溶液中能够氧化醛类，自身被还原为金属银，可用于制备银镜和检验醛的存在。

$$2Ag^++2NH_3\cdot H_2O \rightleftharpoons Ag_2O+2NH_4^++H_2O$$

$$Ag_2O+4NH_3\cdot H_2O \rightleftharpoons 2Ag(NH_3)_2^++2OH^-$$

$$2Ag(NH_3)_2^++HCHO+2OH^- \rightleftharpoons 2Ag\downarrow+HCOONH_4+3NH_3+H_2O$$

Cu^{2+} 作为一个中等强度的氧化剂，还原过程中伴随着 Cu(Ⅰ)难溶盐或配离子的生成。

Hg^{2+} 作为氧化剂能氧化 Sn^{2+}，可用于 Sn^{2+} 或 Hg^{2+} 的鉴定反应。

4. Cu^{2+}、Zn^{2+}、Cd^{2+}的鉴定反应

Cu^{2+}能与$K_4[Fe(CN)_6]$反应而生成红棕色$Cu_2[Fe(CN)_6]$沉淀，此反应可用来鉴定Cu^{2+}。Fe^{3+}的存在能与$K_4[Fe(CN)_6]$反应生成蓝色沉淀，干扰Cu^{2+}的鉴定。先加入氨水和NH_4Cl溶液，使Fe^{3+}生成$Fe(OH)_3$沉淀，可除去Fe(Ⅲ)，而Cu^{2+}则与氨水形成可溶性配合物留在溶液中。

Zn^{2+}可与二苯硫腙反应而生成粉红色螯合物来鉴定。

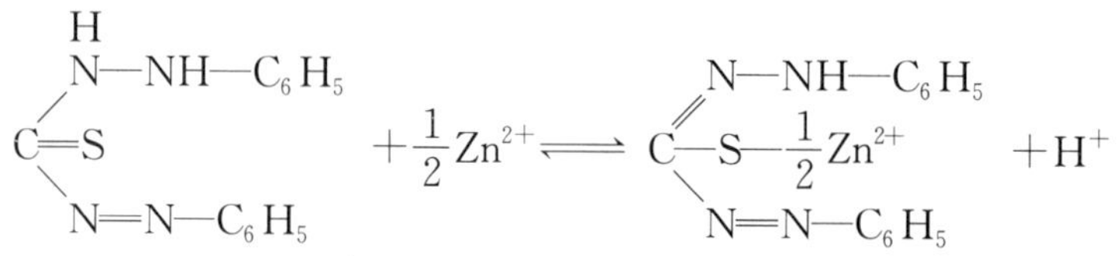

Cd^{2+}与Na_2S饱和溶液反应而生成黄色CdS沉淀，以鉴定Cd^{2+}的存在。

三、仪器与试剂

(1) 仪器：试管，离心试管，离心机，酒精灯，烧杯，点滴板等。

(2) 试剂：(下列药品除特别注明外，单位均为$mol \cdot L^{-1}$)。

铜屑(s)，HCl(2.0，6.0，浓)，HNO_3(2.0，6.0，浓)，H_2SO_4(2.0)，HAc(2.0)，NaOH(2.0，6.0，40%)，氨水(2.0，6.0)，$CuSO_4$(0.1，0.2)，$CuCl_2$(1.0)，$Cu(NO_3)_2$(0.1)，$AgNO_3$(0.1)，$Cd(NO_3)_2$(0.1)，$Hg(NO_3)_2$(0.1)，$Hg_2(NO_3)_2$(0.1)，$Zn(NO_3)_2$(0.1，0.5)，KI(0.1，饱和)，$K_4[Fe(CN)_6]$(0.1)，$Na_2S_2O_3$(0.2)，$SnCl_2$(0.1)，Na_2S(0.1)，$FeCl_3$(0.1)，NH_4Cl(0.1)，H_2O_2(3%)，甲醛(2%)，奈斯勒试剂，二苯硫腙(带有CCl_4)。

四、实验步骤

1. 铜、银、锌、镉、汞氢氧化物和氧化物的生成和性质

(1) 用0.1 $mol \cdot L^{-1}$ $CuSO_4$制取$Cu(OH)_2$，把沉淀分为三份，一份加热至固体变黑，试验$Cu(OH)_2$的脱水性；其余两份分别加入2.0 $mol \cdot L^{-1}$ H_2SO_4和过量6.0 $mol \cdot L^{-1}$ NaOH溶液，试验$Cu(OH)_2$的酸碱性；观察现象，得出结论，写出反应方程式。

(2) 往盛有0.1 $mol \cdot L^{-1}$ $AgNO_3$溶液的离心试管中，慢慢滴加新配制的NaOH溶液，观察生成的Ag_2O的颜色和状态。离心分离，弃去溶液，用去离子水洗涤沉淀；将沉淀分为两份，分别与2.0 $mol \cdot L^{-1}$ HNO_3和2.0 $mol \cdot L^{-1}$氨水反应。观察现象，写出反应方程式。

(3) 往盛有0.5 $mol \cdot L^{-1}$ $Zn(NO_3)_2$溶液的离心试管中，滴加适量的2.0 $mol \cdot L^{-1}$ NaOH溶液，直到大量沉淀生成为止(不要过量)。离心分离后将沉淀分成两份：一份加2.0 $mol \cdot L^{-1}$ H_2SO_4，一份加2.0 $mol \cdot L^{-1}$的NaOH溶液，观察现象，写出反应方程式并加以解释。

用同样的方法试验镉的氢氧化物的生成和性质。

(4) 往盛有0.1 $mol \cdot L^{-1}$ $Hg(NO_3)_2$溶液、0.1 $mol \cdot L^{-1}$ $Hg_2(NO_3)_2$溶液的离心试管中，分别滴加2.0 $mol \cdot L^{-1}$ NaOH，观察产物的颜色和状态，并试验沉淀是否溶于2.0 $mol \cdot L^{-1}$ HNO_3或过量40%NaOH中，写出反应方程式。

列表比较Cu^{2+}、Ag^+、Zn^{2+}、Cd^{2+}、Hg^{2+}、Hg_2^{2+}与NaOH反应的产物及产物的酸碱性。

2. 铜、银、锌、镉、汞盐与氨水的反应

分别试验 0.1 mol·L^{-1} $CuSO_4$、$AgNO_3$、$Zn(NO_3)_2$、$Cd(NO_3)_2$、$Hg(NO_3)_2$、$Hg_2(NO_3)_2$ 与 2.0 mol·L^{-1}氨水的作用，加少量氨水生成什么？加过量氨水又发生什么变化？（试验汞盐与过量氨水作用时应用 6 mol·L^{-1}氨水）。根据上述实验，列表比较它们与氨水反应的情况。

3. Cu^{2+}、Hg^{2+}、Hg_2^{2+}、Ag^{+}、Zn^{2+}、Cd^{2+}与 KI 的反应

（1）+2 价铜的氧化性和+1 价铜的配合物。在 5 滴 0.1 mol·L^{-1} $CuSO_4$ 溶液中，加入 20 滴 0.1 mol·L^{-1} KI，观察有什么变化。再滴加 0.2 mol·$L^{-1}$$Na_2S_2O_3$（以除去反应中生成的碘，切勿多加，防止 Cu_2I_2 溶解），观察沉淀的白色，写出反应方程式。

（2）在 2 滴 0.1 mol·L^{-1} $Hg(NO_3)_2$ 中，先加入少量 0.1 mol·L^{-1} KI，有什么现象？再加入过量 KI 溶液，即生成稳定的$[HgI_4]^{2-}$配离子。在$[HgI_4]^{2-}$配离子溶液中加几滴 40% NaOH 溶液即为奈斯勒试剂，用实验证明它可以检出 NH_4^+。

（3）在 1 滴 0.1 mol·L^{-1} $Hg_2(NO_3)_2$ 溶液中，先加入少量 0.1 mol·L^{-1} KI 溶液，有什么现象？再加过量 KI 溶液，又有什么现象？写出反应方程式并解释。

（4）分别试验 0.1 mol·L^{-1} $AgNO_3$、$Zn(NO_3)_2$、$Cd(NO_3)_2$ 溶液与 KI 的作用，并观察现象。

4. 铜、银化合物的氧化还原性

（1）氯化亚铜的生成和性质。在 10 滴 1.0 mol·L^{-1} $CuCl_2$ 中，加入 10 滴浓 HCl 和少量铜屑，小火加热至沸，待溶液呈泥黄色时，停止加热，用滴管吸出少量溶液，加入盛有半杯水的小烧杯中，观察是否有白色沉淀生成，写出反应方程式。

（2）银离子的氧化性（银镜反应）。在一支洁净的试管中加入 1.0 mL 0.1 mol·L^{-1} $AgNO_3$ 溶液，再逐滴加入 2.0 mol·L^{-1}氨水至起初生成的沉淀又溶解，再多加数滴，然后加入 10 滴 2%甲醛，将此混合物放在水浴上加热。数分钟后，试管的内壁上即附上一层光亮的金属银（试管中生成的银可用 6.0 mol·L^{-1} HNO_3 溶解回收）。

5. 铜、锌、镉离子的鉴定反应

（1）Cu^{2+}的鉴定反应。取 1 滴 Cu^{2+}溶液，加 1 滴 2.0 mol·L^{-1} HAc，再滴加 2 滴 0.1 mol·L^{-1} $K_4[Fe(CN)_6]$溶液，若有红棕色沉淀生成表示有 Cu^{2+}存在（在点滴板上进行实验）。

（2）Zn^{2+}的鉴定反应。在 1 滴 0.5 mol·L^{-1} Zn^{2+}溶液中加入 5 滴 6.0 mol·L^{-1} NaOH，再加入 20 滴二苯硫腙，搅动，并在水浴上加热，观察现象，水溶液呈红色，若 CCl_4 层由绿色变为棕色表示有 Zn^{2+}存在。

（3）NH_4^+ 的鉴定反应。取几滴铵盐（NH_4Cl）溶液于试管中，加入 2 滴 2.0 mol·L^{-1}NaOH，然后再加 2 滴奈斯勒试剂，观察红棕色沉淀的生成。

（4）Cd^{2+}的鉴定反应。往 2 滴 0.1 mol·$L^{-1}$$Cd^{2+}$溶液中滴加 0.1 mol·$L^{-1}$ Na_2S 溶液，若有黄色 CdS 沉淀生成表示有 Cd^{2+}存在。

6. 混合离子的分离与鉴定

(1) 取 Zn^{2+}、Cd^{2+}、Hg^{2+} 溶液各 5 滴，混合后进行分离和鉴定。(自行设计方案)

(2) 利用配位反应分离混合离子(Ag^{+}、Cu^{2+}、Fe^{3+})并鉴定。

五、实验现象记录与解释

(1) 参照第 1 章 1.2 节中的性质验证实验示例实验报告，列表记录实验现象并解释。

(2) 总结实验结果，完成表 6.6。

表 6.6　Cu^{2+}、Ag^{+}、Zn^{2+}、Cd^{2+}、Hg^{2+}、Hg_2^{2+} 的酸碱性和配位性比较

试剂	现象与产物 / 离子	Cu^{2+}	Ag^{+}	Zn^{2+}	Cd^{2+}	Hg^{2+}	Hg_2^{2+}
NaOH	适量						
	过量						
氨水	适量						
	过量						
KI							

六、思考题

(1) 将 KI 加到 $CuSO_4$ 溶液中是否会得到 CuI_2？ Cu_2I_2 沉淀是否可以溶于浓 KI 溶液或浓 KCNS 溶液？为什么？

(2) 在 $Hg(NO_3)_2$ 和 $HgCl_2$ 溶液中各加入氨水是否能得到氨配合物？

(3) 举例说明 Ag^{+}、Cu^{2+} 具有氧化性。

实验 40　电离平衡和沉淀反应

一、实验目的

(1) 掌握同离子效应对离解平衡的影响。

(2) 了解盐类的水解和影响盐类水解的因素。

(3) 学习缓冲溶液的配制并了解其缓冲作用，巩固 pH 计的使用。

(4) 了解沉淀生成和溶解的条件及分步沉淀和沉淀的转化。

二、实验原理

弱电解质的溶液中加入含有同离子的另一强电解质时，使弱电解质的电离程度减小，这种效应称同离子效应。例如，HAc 的电离度会因加入 NaAc 或 HCl 而降低。

盐类的水解是酸碱反应的逆反应，水解后溶液的酸碱性取决于盐的类型。由于水解是吸热反应并有平衡存在，因此升高温度和稀释溶液都有利于水解的进行。

缓冲溶液是不因少量的水、酸或碱的加入而明显改变其 pH 的溶液。这种溶液一般是由弱酸及其共轭碱、弱碱及其共轭酸或酸式盐配制而成的混合溶液。

由弱酸及其共轭碱所组成的缓冲溶液的 pH 可用下式计算：

$$pH = pK_a^\ominus - \lg \frac{c_{弱酸}}{c_{弱碱}} \tag{6-1}$$

由弱碱及其共轭酸所组成的缓冲溶液 pH 的计算公式为

$$pH = 14 - pK_b^\ominus + \lg \frac{c_{弱碱}}{c_{弱酸}} \tag{6-2}$$

溶解沉淀平衡是难溶电解质(用通式 A_aB_b 表示)与溶液中相应组成离子所建立的多相化学平衡，其离子平衡式及平衡常数即溶度积常数表示式分别为

$$A_aB_b(s) \rightleftharpoons aA^{b+}(aq) + bB^{a-}(aq)$$

$$K_{sp}^\ominus = [A^{b+}]^a[B^{a-}]^b \tag{6-3}$$

根据溶度积规则可判断沉淀的生成和溶解：

(1) $[A^{b+}]^a[B^{a-}]^b > K_{sp}^\ominus$，溶液过饱和，有沉淀析出。

(2) $[A^{b+}]^a[B^{a-}]^b = K_{sp}^\ominus$，饱和溶液。

(3) $[A^{b+}]^a[B^{a-}]^b < K_{sp}^\ominus$，溶液未饱和，无沉淀析出或沉淀溶解。

如果溶液中含有多种离子，当逐步加入某种试剂可能与溶液中的几种离子发生反应而生成几种沉淀时，同样可以用溶度积规则来判断沉淀反应进行的次序。即当某种难溶电解质的离子浓度幂的乘积首先达到它的溶度积时，这种难溶电解质便先沉淀出来。然后，当第二种难溶电解质的离子浓度幂的乘积等于它的溶度积时，第二种沉淀便开始析出。这种以先后次序进行的沉淀称为分步沉淀。

使一种难溶电解质转化为另一种难溶电解质的过程称为沉淀的转化。一般说来，溶解度大的难溶电解质容易转化为溶解度小的难溶电解质。例如，在 AgCl 沉淀中加入足量 I^-，由平衡 $AgCl \rightleftharpoons Ag^+ + Cl^-$ 所产生的 Ag^+ 与加入的 I^- 会结合成溶解度更小的 AgI。这时 Ag^+ 浓度降低了，促使 AgCl 沉淀继续溶解，最后 AgCl 沉淀可全部转化为 AgI 沉淀。

三、仪器与试剂

(1) 仪器：离心机，酸度计。

(2) 试剂：(以下括号中的数字是浓度值，除特别注明外，单位为 $mol \cdot L^{-1}$)。

NH_4Cl(s)，NaAc(s)，$NaNO_3$(s)，HAc(0.1，2.0)，HNO_3(6.0)，H_2S(饱和)，HCl(0.1，2.0，6.0)，NaOH(0.1，2.0)，NaCl(0.1)，NH_4Cl(0.1，1.0)，NaAc(0.1)，Na_2HPO_4(0.1)，Na_2S(0.1)，$NH_3 \cdot H_2O$(0.1，2.0)，$(NH_4)_2C_2O_4$(饱和)，$CaCl_2$(0.1)，$CuSO_4$(0.1)，K_2CrO_4(0.1)，$AgNO_3$(0.1)，KI(0.02，0.1)，$Pb(Ac)_2$(0.01)，$Pb(NO_3)_2$(0.1)，$ZnSO_4$(0.1)，$MgSO_4$(0.1)，$BiCl_3$(0.1)，酚酞，甲基橙，乙酸铅试纸，pH 试纸(广泛，精密)。

四、实验方法

1. 同离子效应

(1) 在试管中加入 1.0 mL 0.1 $mol \cdot L^{-1}$ 氨水，加入 1 滴酚酞溶液，观察溶液颜色。再加入少量 NH_4Ac 固体，摇动试管使其溶解，观察溶液颜色有什么变化。试用平衡移动的观点加以说明。

(2) 与(1)类似,用 0.1 mol·L^{-1} HAc 代替氨水,用甲基橙代替酚酞进行实验,观察现象并说明原因。

(3) 取 2.0 mL 饱和硫化氢水溶液于试管中,检查试管口是否有硫化氢气体(怎样检查)。向试管中滴入数滴 2.0 mol·L^{-1} NaOH 溶液使其呈碱性,检查是否有 H_2S 气体逸出。再向试管中注入 6.0 mol·L^{-1} HCl,使其呈酸性,检查有无 H_2S 气体产生,并解释。

2. 盐类的水解和影响盐类水解的因素

(1) 用广泛 pH 试纸分别测定浓度均为 0.1 mol·L^{-1}的 NaCl、NH_4Cl、NaAc、Na_2HPO_4 溶液的 pH,并分别与事先计算出的 pH 作比较。

(2) 温度对水解的影响。取少量固体 NaAc 溶于少量水中(或取少量 0.1 mol·L^{-1}NaAc 溶液),加 1 滴酚酞溶液,观察溶液的颜色。在小火上将此溶液加热,观察溶液有什么变化,为什么?

(3) 稀释对水解平衡的影响。在试管中加入 5 滴 0.1 mol·L^{-1} $BiCl_3$ 溶液,然后加入 2.0 mL水,观察现象。再滴入 2.0 mol·L^{-1} HCl 溶液,观察又有什么现象。写出反应方程式。

3. 缓冲溶液的配制和性质

(1) 在两支各盛 1.0 mL 去离子水的试管中,分别滴加 2 滴 0.1 mol·L^{-1}HCl 和 0.1 mol·L^{-1}NaOH 溶液,用精密 pH 试纸测定它们的 pH。同时与去离子水的 pH 进行比较,记录 pH 的改变。

(2) 按表 6.7 中溶液 A 和 B 的用量,配制缓冲溶液两份。用 pH 计分别测定其 pH,填入表 6.7 中,并与事先计算出的 pH 比较。

表 6.7 缓冲溶液的 pH

编号	溶液 A	溶液 B	pH(计算)	pH(测定)
1	0.1 mol·L^{-1}氨水 10.0 mL	0.1 mol·L^{-1} NH_4Cl 10.0 mL		
2	0.1 mol·L^{-1} HAc 10.0 mL	0.1 mol·L^{-1} NaAc 10.0 mL		

(3) 在以上配制好的 2 号缓冲溶液中加入 0.2 mL 0.1 mol·L^{-1} HCl(约 4 滴),用 pH 计测定其 pH,再加入 0.4 mL 0.1 mol·L^{-1} NaOH(约 8 滴),用 pH 计测定其 pH,填入表 6.8 中并与计算值比较。比较实验(2)、(3)和实验(1),可得出什么结论?

表 6.8 加入 HCl、NaOH 后溶液的 pH

2 号溶液	pH(计算)	pH(测定)
加入 0.2 mL 0.1 mol·L^{-1} HCl		
再加入 0.4 mL 0.1 mol·L^{-1} NaOH		

4. 沉淀的生成与溶解

(1) 在试管中先后加入约 0.5 mL 饱和$(NH_4)_2C_2O_4$ 溶液和 0.5 mL 0.1 mol·L^{-1} $CaCl_2$ 溶液,观察白色 CaC_2O_4 沉淀的生成。然后加入 2.0 mol·L^{-1} HCl 约 2.0 mL,搅拌,观察沉淀是否溶解。重新制得 CaC_2O_4 沉淀后,加入 2.0 mol·L^{-1} HAc 溶液约 2.0 mL,观察沉淀是否溶解,为什么?

(2) 在试管中加入 1.0 mL 0.1 mol·L^{-1} $MgSO_4$ 溶液,加 2.0 mol·L^{-1}氨水数滴,此时

生成的沉淀是什么？再向此溶液中滴加 1 mol · L^{-1} NH_4Cl 溶液，观察沉淀是否溶解，为什么？

(3) 分别取 1.0 mL 0.1 mol · L^{-1} $ZnSO_4$ 和 $CuSO_4$ 溶液于两支离心试管中，然后各加入 2 滴 0.1 mol · L^{-1} Na_2S 溶液，观察沉淀的颜色，离心分离。在沉淀中加入 2.0 mol · L^{-1} HCl 数滴，观察沉淀是否溶解。如不溶解，离心分离后再往沉淀中加 6.0 mol · L^{-1} HNO_3 溶液，并在水浴中加热，观察沉淀是否溶解，解释以上现象。

(4) 取 5 滴 0.01 mol · L^{-1} $Pb(Ac)_2$ 溶液，加入 5 滴 0.02 mol · L^{-1} KI 溶液，振荡试管，观察有无沉淀生成。在此混合液中再加少量固体 $NaNO_3$ 振荡试管，观察沉淀是否溶解，为什么？

5. 分步沉淀

(1) 取 2 滴 0.1 mol · L^{-1} $AgNO_3$ 和 5 滴 0.1 mol · L^{-1} $Pb(NO_3)_2$ 溶液于试管中混合，加 3.0 mL 蒸馏水稀释，混匀，逐滴加入 0.1 mol · L^{-1} K_2CrO_4 溶液，并不断振荡试管，观察沉淀的颜色。继续滴加 0.1 mol · L^{-1} K_2CrO_4 溶液，沉淀颜色有何变化？判断哪一种难溶物质先沉淀，并解释。

(2) 在试管中加 2 滴 0.1 mol · L^{-1} Na_2S 溶液和 5 滴 0.1 mol · L^{-1} K_2CrO_4 溶液，稀释至 5.0 mL，混匀，逐滴加入 0.1 mol · L^{-1} $Pb(NO_3)_2$ 溶液，观察生成沉淀的颜色。沉降后，再向清液中滴加 0.1 mol · L^{-1} $Pb(NO_3)_2$ 溶液，会出现什么颜色的沉淀？解释所观察到的现象。

6. 沉淀的转化

在离心试管中滴加 5 滴 1.0 mol · L^{-1} $Pb(NO_3)_2$ 溶液，再滴加 1.0 mol · L^{-1} NaCl 溶液，振荡试管，待沉淀完全后，离心分离。用 0.5 mL 蒸馏水洗涤沉淀一次，然后在 $PbCl_2$ 沉淀中滴入 3 滴 0.1 mol · L^{-1} KI 溶液，观察沉淀颜色的变化，将此沉淀再次分离，洗涤沉淀一次。然后在沉淀中加入几滴 0.1 mol · L^{-1} Na_2S 溶液，观察沉淀颜色有何变化。解释所观察到的现象。

7. 沉淀法分离混合离子

分别取 5 滴 0.1 mol · L^{-1}的 $ZnSO_4$、$CuSO_4$ 和 NaCl 溶液于试管中混合，利用本实验所给试剂，设计一个分离 Zn^{2+}、Cu^{2+}、Na^+ 的方案并试验。

五、实验现象记录与解释

参照第 1 章 1.2 节中的性质验证实验示例实验报告，列表记录实验现象并解释。

六、思考题

(1) 将 10.0 mL 0.2 mol · L^{-1} HAc 溶液和 10.0 mL 0.1 mol · L^{-1} NaOH 溶液混合，所得溶液是否具有缓冲能力？为什么？

(2) 是否可以用 $K_{sp}^{\ominus}$的大小来判断生成沉淀的先后？

实验 41　常见阴离子混合液的分离与鉴定

一、实验目的

(1) 了解分离、检出 11 种常见阴离子的方法。

(2) 熟悉常见阴离子的性质，掌握其鉴定反应。

(3) 检出未知液中的阴离子。

二、实验原理

形成阴离子的元素大部分是非金属元素，有一些金属元素组成的阴离子（如 CrO_4^{2-}、MnO_4^- 等）一般都在阳离子分析中鉴定。本实验主要讨论以下 11 种常见阴离子的分析：Cl^-、Br^-、I^-、S^{2-}、$S_2O_3^{2-}$、SO_3^{2-}、SO_4^{2-}、NO_3^-、NO_2^-、PO_4^{3-} 和 CO_3^{2-}。

由于许多阴离子共存的机会较少，大多数情况下彼此也不妨碍鉴定，因此对阴离子一般都采用分别分析的方法。常见阴离子的鉴定反应汇于表 6.9。

表 6.9　常见阴离子的主要鉴定反应

离子	试剂	鉴定反应	介质条件	主要干扰离子
Cl^-	$AgNO_3$	$Cl^- + Ag^+ = AgCl\downarrow$（白色） AgCl 溶于过量氨水或 $(NH_4)_2CO_3$ 中，用 HNO_3 酸化，沉淀重新析出	酸性介质	
Br^-	氯水 CCl_4（或苯）	$2Br^- + Cl_2 = Br_2 + 2Cl^-$ 析出的 Br_2 溶于 CCl_4（或苯）溶剂中，呈橙黄（或橙红）色	中性或酸性介质	
I^-	氯水 CCl_4（或苯）	$2I^- + Cl_2 = I_2 + 2Cl^-$ 析出的 I_2 溶于 CCl_4（或苯）溶剂中，呈紫红色	同上	
SO_4^{2-}	$BaCl_2$	$SO_4^{2-} + Ba^{2+} = BaSO_4\downarrow$（白色）	酸性介质	
SO_3^{2-}	稀 HCl	$SO_3^{2-} + 2H^+ = SO_2\uparrow + H_2O$ SO_2 的检验： (1) SO_2 可使稀 $KMnO_4$ 还原而褪色 (2) SO_2 将 I_2 还原为 I^-，使淀粉-I_2 溶液褪色 (3) 可使品红溶液褪色，可用浸有 $KMnO_4$ 溶液或淀粉-I_2 溶液或品红溶液的试纸检验	酸性介质	$S_2O_3^{2-}$、S^{2-} 存在干扰鉴定
	$Na[Fe(CN)_5NO]$ $ZnSO_4$ $K_4[Fe(CN)_6]$	生成红色沉淀	中性介质	S^{2-} 与 $Na_2[Fe(CN)_5NO]$ 生成紫红色配合物，干扰 SO_3^{2-} 鉴定
$S_2O_3^{2-}$	稀 HCl	$S_2O_3^{2-} + 2H^+ = SO_2\uparrow + S\downarrow + H_2O$ 反应中因有硫析出，而使溶液变浑浊	酸性介质	SO_3^{2-}、S^{2-} 同时存在时，干扰 $S_2O_3^{2-}$ 鉴定

续表

离子	试剂	鉴定反应	介质条件	主要干扰离子
$S_2O_3^{2-}$	$AgNO_3$	$2Ag^+ + S_2O_3^{2-} \xlongequal{} Ag_2S_2O_3\downarrow$(白色) $Ag_2S_2O_3$ 沉淀不稳定，生成后立即发生水解，且这种水解常伴随着显著的颜色变化：由白→黄→棕，最后变为黑色物质 Ag_2S $Ag_2S_2O_3 + H_2O \xlongequal{} Ag_2S$(黑色)$+ 2H^+ + SO_4^{2-}$	中性介质	S^{2-} 存在干扰鉴定
S^{2-}	稀 HCl	$S^{2-} + 2H^+ \xlongequal{} H_2S\uparrow$ H_2S 气体的检验： (1)根据 H_2S 气体的特殊气味 (2)可使蘸有 $Pb(NO_3)_2$ 或 $Pb(Ac)_2$ 的试纸变黑	酸性介质	SO_3^{2-}、$S_2O_3^{2-}$ 存在有干扰
	$Na_2[Fe(CN)_5NO]$	$S^{2-} + [Fe(CN)_5NO]^{2-} \xlongequal{} [Fe(CN)_5NOS]^{4-}$(紫红色)	碱性介质	
NO_2^-	对氨基苯磺酸 α-萘胺	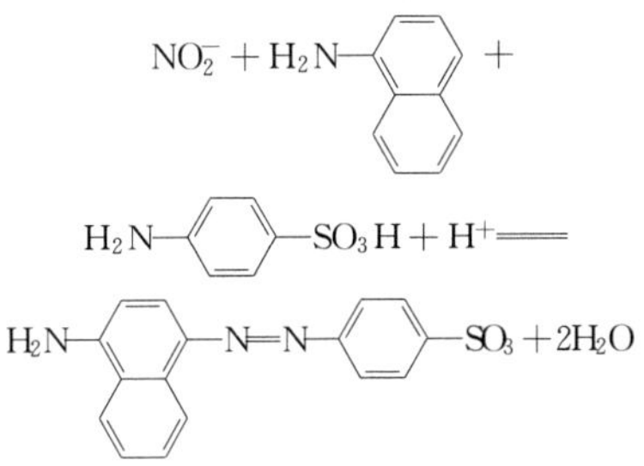	中性或乙酸介质	MnO_4^- 等强氧化剂存在有干扰
NO_3^-	$FeSO_4$ 浓 H_2SO_4	$NO_3^- + 3Fe^{2+} + 4H^+ \xlongequal{} 3Fe^{3+} + NO + 2H_2O$ $Fe^{2+} + NO \xlongequal{} [Fe(NO)]^{2+}$(棕色) 在混合液与浓 H_2SO_4 分层处形成棕色环	酸性介质	NO_2^- 有同样的反应，妨碍鉴定
PO_4^{3-}	$AgNO_3$	$3Ag^+ + PO_4^{3-} \xlongequal{} Ag_3PO_4\downarrow$(黄色)	中性或弱酸性介质	CrO_4^{2-}、AsO_4^{3-}、I^-、AsO_3^{3-}、$S_2O_3^{2-}$ 等离子能与 Ag^+ 生成有色沉淀，妨碍鉴定
PO_4^{3-}	$(NH_4)_2MoO_4$ HNO_3[1)]	$PO_4^{3-} + 3NH_4^+ + 12MoO_4^{2-} + 24H^+ \xlongequal{}$ $6H_2O + (NH_4)_3PO_4 \cdot 12MoO_3 \cdot 6H_2O\downarrow$	HNO_3 介质	(1) SO_3^{2-}、$S_2O_3^{2-}$、I^-、S^{2-}、Sn^{2+} 等还原性物质存在时，易将 $(NH_4)_2MoO_4$ 还原为低价钼的化合物——钼蓝，而使溶液呈深蓝色，严重干扰 PO_4^{3-} 的检出 (2) SiO_3^{2-}、AsO_4^{3-} 与钼酸铵试剂也能形成相似的黄色沉淀，妨碍鉴定 (3) 大量 Cl^- 存在时，可与 Mo(Ⅳ)形成配位化合物而降低反应的灵敏度

续表

离子	试剂	鉴定反应	介质条件	主要干扰离子
CO_3^{2-}	稀 HCl （或稀 H_2SO_4）	$CO_3^{2-}+2H^+ \longrightarrow CO_2\uparrow+H_2O$ $CO_2+2OH^-+Ba^{2+} \longrightarrow BaCO_3$（白色）$\downarrow+H_2O$	酸性介质	
F^-	浓 H_2SO_4	$CaF_2+H_2SO_4 \overset{\triangle}{\longrightarrow} 2HF\uparrow+CaSO_4$[2)] 放出的 HF 与硅酸盐或 SiO_2 作用，生成 SiF_4 气体，当 SiF_4 与水作用时，立即分解并转化为不溶性的硅酸沉淀而使水变浑 $Na_2SiO_3 \cdot CaSiO_3 \cdot 4SiO_2$（玻璃）$+28HF \longrightarrow SiF_4\uparrow+Na_2SiF_6+CaSiF_6+14H_2O$ $SiF_4+4H_2O \longrightarrow H_4SiO_4\downarrow+4HF$	酸性介质	
SiO_3^{2-}	饱和 NH_4Cl	$SiO_3^{2-}+2NH_4^++2H_2O \overset{\triangle}{\longrightarrow} H_2SiO_3\downarrow$（白色胶状沉淀）$+2NH_3\uparrow+H_2O$	碱性介质	

注：1）无还原性干扰离子存在时，不必加入 HNO_3，磷钼酸铵能溶于过量磷酸盐生成配位离子，因此需加入过量钼酸铵试剂。

2）用上述方法鉴定溶液中的 F^- 时，应先将溶液蒸发至干或在 CH_3COOH 存在下用 $CaCl_2$ 沉淀 F^-，将 CaF_2 离心分离后，小心烘干，然后进行鉴定。

对未知样品的分析，并不是将这 11 种阴离子的鉴定反应逐一实验，而应预先做些初步试验，以消除某些离子存在的可能性，简化分析步骤。预备实验大致有以下几步：

（1）与稀硫酸作用。在试样中加稀硫酸并加热，若产生气泡，表示可能含有 CO_3^{2-}、S^{2-}、SO_3^{2-}、$S_2O_3^{2-}$、NO_2^-。如试样是溶液，所含离子的浓度又不高时，就不一定观察到明显的气泡。

（2）与 $BaCl_2$ 溶液作用。在中性或弱碱性试液中滴加 $BaCl_2$ 溶液，生成白色沉淀，表示可能存在 SO_4^{2-}、CO_3^{2-}、SO_3^{2-}、PO_4^{3-}、$S_2O_3^{2-}$；若没有沉淀生成，表示不存在 SO_4^{2-}、CO_3^{2-}、SO_3^{2-}、PO_4^{3-}，$S_2O_3^{2-}$ 则不能肯定，因为 $S_2O_3^{2-}$ 浓度大时（大于 4.5 g · L^{-1}）才生成沉淀。

（3）与 $AgNO_3+HNO_3$ 作用。若有沉淀，表示可能有 S^{2-}、$S_2O_3^{2-}$、Cl^-、Br^-、I^-。由沉淀的颜色还可作出进一步的判断。

（4）还原性阴离子的检验。强还原性阴离子 S^{2-}、SO_3^{2-}、$S_2O_3^{2-}$ 可以被碘氧化，因此根据加入淀粉-I_2 溶液后是否褪色，可判断这些阴离子是否存在。若用强氧化剂 $KMnO_4$ 溶液试验，Cl^-、Br^-、I^-、NO_2^- 也可与之反应。

（5）氧化性阴离子的检验。在酸化的试液中加入 KI 溶液和 CCl_4，若振荡后 CCl_4 层显紫色，则有氧化性阴离子。在讨论的阴离子中，只有 NO_2^- 有此反应。

以上阴离子的初步检验汇总于表 6.10。

表 6.10　阴离子的初步检验

试剂	稀 H_2SO_4	$BaCl_2$	$AgNO_3$（稀 HNO_3）	淀粉-I_2	$KMnO_4$（H_2SO_4）	KI（CCl_4）
SO_4^{2-}		+				
SO_3^{2-}	+	+		+	+	
$S_2O_3^{2-}$	+	+	+	+	+	
CO_3^{2-}	+	+				

续表

试剂	稀 H_2SO_4	$BaCl_2$	$AgNO_3$ (稀 HNO_3)	淀粉-I_2	$KMnO_4$ (H_2SO_4)	KI (CCl_4)
PO_4^{3-}		+				
S^{2-}	+		+	+	+	
Cl^-			+		+	
Br^-			+		+	
I^-			+		+	
NO_3^-						
NO_2^-	+				+	+

注：$S_2O_3^{2-}$ 浓度大时产生沉淀；"＋"表示有实验现象。

若鉴定某些离子时发生相互干扰，也需要采取一些适当的分离步骤。例如，Cl^-、Br^-、I^- 共存时，可按下述方法进行分离鉴定：

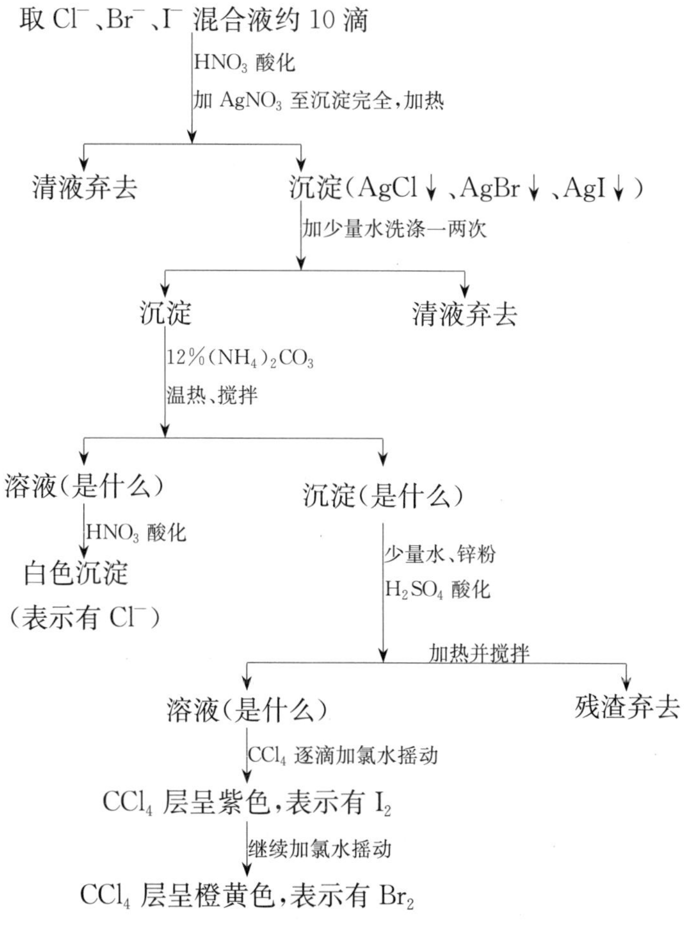

如果溶液中同时存在 S^{2-}、SO_3^{2-} 和 $S_2O_3^{2-}$，分别鉴定时需先除去 S^{2-}，因 S^{2-} 的存在妨碍其他两个离子的鉴定。除去的方法是向混合液中加入 $PbCO_3$ 固体，使 $PbCO_3$ 转化为溶解度更小的 PbS 沉淀。离心分离后，再分别鉴定清液中的 SO_3^{2-}、$S_2O_3^{2-}$。

NO_2^- 的存在也干扰 NO_3^- 的鉴定，在用棕色环法鉴定 NO_3^- 时需先将 NO_2^- 除去，方法是向混合液中加入饱和 NH_4Cl 溶液并加热，反应如下：

$$NH_4^+ + NO_2^- \longrightarrow N_2\uparrow + 2H_2O$$

三、仪器与试剂

（1）仪器：试管，离心机，点滴板，酒精灯等。

（2）试剂：（以下括号中的数字是浓度值，除特别注明外，单位为 $mol \cdot L^{-1}$）

$PbCO_3$(s)，$FeSO_4$(s)，Zn 粉(s)，H_2SO_4(2.0，浓)，HNO_3(6.0，浓)，HCl(6.0)，NaOH(6.0)，$NH_3 \cdot H_2O$(6.0)，CCl_4，氯水，Na_2S(0.1)，Na_2SO_3(0.1)，$Na_2S_2O_3$(0.1)，Na_3PO_4(0.1)，NaCl(0.1)，KBr(0.1)，$BaCl_2$(1.0)，KNO_3(0.1)，KI(0.1)，$NaNO_2$(0.1)，Na_2SO_4(0.1)，$AgNO_3$(0.1)，$KMnO_4$(0.01)，$ZnSO_4$(饱和)，$(NH_4)_2MoO_4$ 试液，$Na_2[Fe(CN)_6NO]$，α-萘胺，$K_4[Fe(CN)_6]$(0.1)，淀粉-I_2 试液，$(NH_4)_2CO_3$(12%)，对氨基苯磺酸，乙酸铅试纸。

四、实验步骤

1. 阴离子的个别鉴定反应

（1）S^{2-} 的鉴定。在点滴板上滴入 Na_2S，然后滴入 1% $Na_2[Fe(CN)_5NO]$，如出现紫红色即表示有 S^{2-}。往试管中加入 0.5 mL 0.1 $mol \cdot L^{-1}$ Na_2S 溶液，再加入 0.5 mL 6.0 $mol \cdot L^{-1}$ HCl，将湿润的乙酸铅试纸悬于试管口，微热，试纸变黑，表示有 S^{2-} 存在。

（2）SO_3^{2-} 的鉴定。在点滴板上滴加饱和 $ZnSO_4$ 溶液，然后加入 1 滴 0.1 $mol \cdot L^{-1}$ $K_4[Fe(CN)_6]$和 1%$Na_2[Fe(CN)_5NO]$，用 $NH_3 \cdot H_2O$ 调至中性，再滴加 SO_3^{2-} 溶液，若生成红色沉淀，表示有 SO_3^{2-} 存在。

（3）$S_2O_3^{2-}$ 的鉴定。在点滴板上滴加 1 滴 $Na_2S_2O_3$，然后加入 2 滴 $AgNO_3$，沉淀颜色由白→黄→棕→黑，即证明 $S_2O_3^{2-}$ 存在。

（4）SO_4^{2-} 的鉴定。在离心试管里加入 3～4 滴 Na_2SO_4，加入 1 滴 1.0 $mol \cdot L^{-1}$ $BaCl_2$，离心分离，在沉淀中加入 6.0 $mol \cdot L^{-1}$ HCl 数滴，沉淀不溶解则表示有 SO_4^{2-} 存在。

（5）PO_4^{3-} 的鉴定。取少量 0.1 $mol \cdot L^{-1}$ Na_3PO_4 溶液，加入 10 滴浓硝酸，再加入 20 滴钼酸铵试剂，微热至 40～50 ℃，即可观察到黄色沉淀生成。

（6）Cl^- 的鉴定。取 2 滴 0.1 $mol \cdot L^{-1}$ NaCl 溶液，加入 1 滴 2.0 $mol \cdot L^{-1}$ HNO_3，再加入 2 滴 0.1 $mol \cdot L^{-1}$ $AgNO_3$，观察沉淀的颜色，离心沉降后，弃去清液，向沉淀中加入数滴 6.0 $mol \cdot L^{-1}$ 氨水，沉淀溶解，然后再加入 6.0 $mol \cdot L^{-1}$ HNO_3 酸化，又有白色沉淀析出，此法可鉴定 Cl^-。

（7）Br^- 的鉴定。取 2 滴 0.1 $mol \cdot L^{-1}$ KBr 溶液，加入 1 滴 2.0 $mol \cdot L^{-1}$ H_2SO_4、5～6 滴 CCl_4，然后逐滴加入新配制的氯水，边加边摇，若 CCl_4 层出现棕色至黄色，表示有 Br^- 存在。

（8）I^- 的鉴定。同 Br^- 的鉴定。若 CCl_4 层出现紫色，表示有 I^- 存在。加入过量氯水后，紫色又褪去，是因为碘生成 IO_3^- 而重新返回水相。

（9）NO_3^- 的鉴定。棕色环实验。取 1.0 mL 0.1 $mol \cdot L^{-1}$ KNO_3 加入 1～2 小粒状 $FeSO_4$ 晶体，振荡，溶解后沿试管壁滴加 5～10 滴浓 H_2SO_4，观察浓 H_2SO_4 和溶液的液面交界处有无棕色环出现。

(10) NO_2^- 的鉴定。取 1 滴 0.1 mol·L^{-1} $NaNO_2$ 溶液，滴加 6.0 mol·L^{-1} HAc 酸化，再加入对氨基苯磺酸和 α-萘胺溶液各 1 滴，溶液立即显红色，表示有 NO_2^- 存在。

该反应适用于检验少量的 NO_2^-，若 NO_2^- 浓度过大，溶液的粉红色很快褪去，而生成黄色溶液或褐色沉淀。

(11) CO_3^{2-} 的鉴定。一般用 $Ba(OH)_2$ 气体瓶检出 CO_3^{2-}，即 CO_2 气体可以使 $Ba(OH)_2$ 水溶液变浑，装置图略。

2. 已知混合离子的分离与鉴定

(1) 在试管中加入 0.1 mol·L^{-1} NaCl、KBr、KI 溶液各 2 滴，按照实验提要中给出的方法，对 Cl^-、Br^-、I^- 进行分离并鉴定。

(2) 在试管中加入 0.1 mol·L^{-1} Na_2S、Na_2SO_3、$Na_2S_2O_3$ 溶液各 3 滴，按照实验提要给出的方法，先将 S^{2-} 分离，再对各离子分别进行鉴定。

3. 阴离子未知混合液分析

领取一份含有三种阴离子(其中可能含有 NO_3^-、NO_2^-、S^{2-}、Cl^-、SO_4^{2-}、$S_2O_3^{2-}$)的未知溶液，按实验提要中给出的步骤进行初步检验后，再自行设计分离和鉴定实验方案，进行实验。

根据初步实验结果，判断哪些阴离子可能存在，说明原因并写出反应方程式，然后画出分离鉴定示意图，得出结论。

五、实验现象记录与解释

参照第 1 章 1.2 节中的性质验证实验的示例实验报告，列表记录实验现象并解释。

六、思考题

(1) 选用一种试剂区别以下 5 种溶液：
NaCl、$NaNO_2$、Na_2S、$Na_2S_2O_3$、Na_2HPO_4。

(2) 某碱性无色阴离子混合液被 H_2SO_4 酸化后变浑浊，可推测未知液中可能含有哪些阴离子?

(3) NO_3^- 与 NO_2^- 共存时，怎样进行其鉴定反应?

第三部分

综合实验、准设计性实验和准研究性实验

第7章　综合实验

实验42　五水硫酸铜的制备、提纯及其铜含量测定

Ⅰ　五水硫酸铜的制备与提纯

一、实验目的

(1) 学习用工业氧化铜制备硫酸铜的方法及原理。

(2) 进一步巩固无机制备中加热、溶解、蒸发、过滤、结晶等基本操作。

二、实验原理

$CuSO_4 \cdot 5H_2O$ 俗称胆矾，它易溶于水而难溶于乙醇，在干燥的空气中缓慢风化，加热至230 ℃时可失去全部结晶水而变成白色的无水 $CuSO_4$。$CuSO_4 \cdot 5H_2O$ 是制备其他铜盐和电镀铜的主要原料，常用作农业的杀虫剂、水的杀菌剂、印染工业的媒染剂及木材的防腐剂。

制备 $CuSO_4 \cdot 5H_2O$ 有多种方法，本实验以工业氧化铜为原料制备。反应式为

$$CuO + H_2SO_4 + 4H_2O = CuSO_4 \cdot 5H_2O$$

粗 $CuSO_4 \cdot 5H_2O$ 中含有不溶性杂质和可溶性杂质 $FeSO_4$、$Fe_2(SO_4)_3$ 等。不溶性杂质可在溶解、过滤的过程中除去。可溶性杂质 Fe^{2+} 可用 H_2O_2 或 Br_2 氧化为 Fe^{3+}，然后调节溶液的 pH，使 Fe^{3+} 水解为 $Fe(OH)_3$ 沉淀而除去。反应式为

$$2Fe^{2+} + H_2O_2 + 2H^+ = 2Fe^{3+} + 2H_2O$$

$$Fe^{3+} + 3H_2O = Fe(OH)_3 \downarrow + 3H^+$$

溶液的 pH 越大，Fe^{3+} 除去越彻底，但 pH 过大则会引起 Cu^{2+} 水解[通过计算可知，理论上析出 $Cu(OH)_2$ 的 pH 为 pH>4.17]，在加热的情况下其水解程度更大，这样就会降低 $CuSO_4 \cdot 5H_2O$ 的产率。为了除净铁而不降低 $CuSO_4 \cdot 5H_2O$ 的产率，溶液的 pH 必须控制在一定的范围内，本实验控制在 pH≈4。

除去 Fe^{3+} 的滤液经蒸发、浓缩、减压过滤即可得到较纯净的 $CuSO_4 \cdot 5H_2O$，其他微量的可溶性的杂质仍留在母液中而与产品 $CuSO_4 \cdot 5H_2O$ 分开。

三、仪器与试剂

(1) 仪器：循环水泵，台秤，电炉，吸滤瓶，布氏漏斗，蒸发皿，小烧杯，量筒，表面皿。

(2) 试剂：工业 CuO(s)，5.0 $mol \cdot L^{-1}$ H_2SO_4，1.0 $mol \cdot L^{-1}$ H_2SO_4，2.0 $mol \cdot L^{-1}$ NaOH，3% H_2O_2 溶液，2.0 $mol \cdot L^{-1}$ HCl，1.0 $mol \cdot L^{-1}$ KSCN，6.0 $mol \cdot L^{-1}$ 氨水，1.0 $mol \cdot L^{-1}$ 氨水。

四、实验步骤

1. 粗 $CuSO_4 \cdot 5H_2O$ 的制备

称取 4.0 g 工业 CuO 于 100 mL 小烧杯中，加入 20 mL 5.0 mol · L^{-1} H_2SO_4 溶液，小火加热至沸 5 min(不盖表面皿)，再加去离子水 30 mL，盖上表面皿，用小火加热约 15 min，并维持溶液体积为 40 mL 左右，此时溶液的颜色为蓝绿色并有残渣。趁热过滤，滤液盛接于洁净的蒸发皿中(残渣弃去)，将蒸发皿置于泥三角或石棉网上，用小火加热蒸发、浓缩(不需搅拌)至出现晶膜，立即停止加热，冷却结晶。经减压抽滤得产品 $CuSO_4 \cdot 5H_2O$，用滤纸吸干后称量并计算产率。

2. 粗 $CuSO_4 \cdot 5H_2O$ 的提纯

1) 溶解和氧化

称取 1.0 g 粗 $CuSO_4 \cdot 5H_2O$ 晶体留作纯度检验，其余全部置于 100 mL 小烧杯中，按 1∶3 的比例加入去离子水，加热搅拌使其溶解。在溶液中滴加 2～3 滴 1.0 mol · L^{-1} H_2SO_4 溶液酸化，在边加热边搅拌下滴加 1 mL 3% H_2O_2 溶液，使溶液中的 Fe^{2+} 氧化为 Fe^{3+}。

2) 沉淀和过滤

继续加热溶液，在不断搅拌下滴加 2.0 mol · L^{-1} NaOH 溶液至溶液的 pH≈4。再加热片刻，静置，使红棕色 $Fe(OH)_3$ 沉降。用倾泻法过滤，滤液盛接于洁净的蒸发皿中。

3) 蒸发结晶、减压过滤

在滤液中滴加 1.0 mol · L^{-1} H_2SO_4 溶液，调溶液的 pH＝1～2，将蒸发皿置于泥三角或石棉网上，用小火蒸发、浓缩至溶液表面出现晶膜，立即停止加热。稍冷片刻，再将蒸发皿放在盛有冷水的烧杯上冷却，使 $CuSO_4 \cdot 5H_2O$ 晶体析出。减压抽滤，尽量抽干，所得晶体用滤纸进一步吸干，称量并计算产率。

4) 硫酸铜晶体的制备

称取一定量提纯后的 $CuSO_4 \cdot 5H_2O$ 晶体于小烧杯中，按 1 g $CuSO_4 \cdot 5H_2O$ 需加 1.2 mL 去离子水的比例，在 80 ℃下加去离子水制成饱和溶液。由实验室提供一颗晶形较好的 $CuSO_4 \cdot 5H_2O$ 晶体，并用细线(锦纶、丝线)系好，悬挂在已制备好的 $CuSO_4 \cdot 5H_2O$ 溶液里，使溶液慢慢冷却，$CuSO_4 \cdot 5H_2O$ 缓慢结晶，即可得到较大而完整的晶体。

3. $CuSO_4 \cdot 5H_2O$ 纯度检验

称取 1 g 粗 $CuSO_4 \cdot 5H_2O$ 晶体和 1.0 g 提纯后的 $CuSO_4 \cdot 5H_2O$ 晶体，分别倒入 100 mL 小烧杯中，加入 10 mL 去离子水溶解，再分别加入 1 mL 1.0 mol · L^{-1} H_2SO_4 溶液酸化，加入 2 mL 3% H_2O_2 氧化，使其中的 Fe^{2+} 全部转化为 Fe^{3+}。溶液冷却后分别滴加 6.0 mol · L^{-1} 氨水至生成的蓝色沉淀全部溶解，溶液呈深蓝色，过滤后在取出的滤纸上滴加 1.0 mol · L^{-1} 氨水至蓝色褪去，此时 $Fe(OH)_3$ 沉淀留在滤纸上。用滴管滴加 3 mL 2.0 mol · L^{-1} HCl 溶液至滤纸上，溶解 $Fe(OH)_3$ 沉淀，然后在溶解液中滴加 2 滴 KSCN 溶液，根据红色的深浅，评定提纯后 $CuSO_4 \cdot 5H_2O$ 溶液的纯度。

五、实验数据记录与处理

将实验数据填入表 7.1 中。

表 7.1 产品纯度检验

$CuSO_4 \cdot 5H_2O$	加入试剂	溶液颜色	结论
粗 $CuSO_4 \cdot 5H_2O$	KSCN 溶液		
提纯后 $CuSO_4 \cdot 5H_2O$	KSCN 溶液		

根据反应式计算出产品的理论产量，然后根据下式计算产品的产率：

$$产率=\frac{实际产量}{理论值}\times 100\%$$

六、思考题

(1) 提纯粗 $CuSO_4 \cdot 5H_2O$ 晶体时，为什么首先要把 Fe^{2+} 转化成 Fe^{3+}？除 Fe^{3+} 时，为什么要调节溶液的 pH 约为 4？

(2) 蒸发溶液时，为什么不能加热过猛？为什么不可将滤液蒸干？

Ⅱ 硫酸铜中铜含量的测定

一、实验目的

(1) 掌握硫代硫酸钠溶液的配制及标定方法。

(2) 掌握间接碘量法测定铜的原理和方法。

(3) 进一步了解氧化还原滴定的特点。

二、实验原理

在弱酸性溶液中，Cu^{2+} 可被 KI 还原为 CuI，其反应式为

$$2Cu^{2+}+4I^- \rightleftharpoons 2CuI\downarrow+I_2$$

该反应为可逆反应，在 KI 过量的条件下，反应可定量向右进行。析出的 I_2 以淀粉为指示剂，用 $Na_2S_2O_3$ 标准溶液滴定，即可间接测得铜的含量。

$$I_2+2S_2O_3^{2-} = 2I^-+S_4O_6^{2-}$$

由于 CuI 沉淀强烈地吸附 I_2，测定结果偏低。若加 KSCN，可使 CuI ($K_{sp}^{\ominus}=5.06\times10^{-12}$) 转化为溶解度更小的 CuSCN($K_{sp}^{\ominus}=4.8\times10^{-15}$)。

$$CuI+SCN^- = CuSCN\downarrow+I^-$$

这样不但可以释放出被吸附的 I_2，而且反应时产生的 I^- 可与未反应的 Cu^{2+} 发生作用。但是 KSCN 只能在接近终点时加入，否则因为 I_2 的量较多，会明显地被 KSCN 所还原而使结果偏低，反应如下：

$$SCN^-+4I_2+4H_2O = SO_4^{2-}+7I^-+ICN+8H^+$$

反应必须在适当的弱酸性溶液中进行。酸度过低，Cu^{2+} 发生水解反应，Cu^{2+} 氧化 I^- 的反应进行得不完全，使结果偏低，而且反应速率慢，终点拖长。另外，在碱性溶液中，I_2 会发生歧化反应，$S_2O_3^{2-}$ 也可能发生如下副反应：

$$S_2O_3^{2-}+4I_2+10OH^- = 2SO_4^{2-}+8I^-+5H_2O$$

酸度过高，则 I^- 被空气氧化为 I_2 的反应被 Cu^{2+} 离子所催化，使结果偏高。另外，$Na_2S_2O_3$ 也会发生如下分解反应：

$$S_2O_3^{2-}+2H^+ \xlongequal{} SO_2\uparrow+S\downarrow+H_2O$$

因此，为了防止上述副反应发生，必须控制反应溶液的酸度，一般控制溶液的pH=3～4。

大量 Cl^- 能与 Cu^{2+} 配合，使 I^- 不易从 Cu(Ⅱ)的氯配合物中将 Cu(Ⅱ)定量地还原，因此溶解 $CuSO_4 \cdot 5H_2O$ 试样时用硫酸而不用盐酸(少量盐酸不干扰)。

矿石或合金中的铜也可以用间接碘法测定。通常加入 NH_4HF_2 使溶液的 pH 控制在 3.5～4.0，这样既可使 Fe^{3+} 生成 FeF_6^{3-} 配离子而被掩蔽，又可避免As(Ⅴ)、Sb(Ⅴ)氧化 I^- [pH>3.5 时，As(Ⅴ)、Sb(Ⅴ)的氧化性降低至不能氧化 I^-]，从而消除这些干扰离子的干扰。

三、仪器与试剂

(1) 仪器：酸式滴定管，分析天平，碘量瓶，锥形瓶，烧杯。

(2) 试剂：Na_2CO_3(s)，$Na_2S_2O_3 \cdot 5H_2O$(s)，基准 $K_2Cr_2O_7$(s)，$CuSO_4 \cdot 5H_2O$(s)(自制)，1.0 mol·L^{-1} H_2SO_4，10% KSCN，20% KI，1%淀粉溶液。

四、实验步骤

1. 0.1 mol·L^{-1} $Na_2S_2O_3$ 溶液的配制与标定

见实验 31。将实验数据填入自行设计的表格中。

2. 铜的测定

准确称取 $CuSO_4 \cdot 5H_2O$ 试样 0.5～0.6 g 于 250 mL 碘量瓶中，加入 3 mL 1.0 mol·L^{-1} H_2SO_4 溶液和去离子水 20～30 mL 使之溶解。加入 3～4 mL 20% KI 溶液，立即用 $Na_2S_2O_3$ 标准溶液滴定至溶液呈浅黄色，加入 1 mL 1%的淀粉溶液，继续滴定至溶液呈浅蓝色，再加入 5 mL 10%KSCN 溶液，摇动锥形瓶至溶液蓝色加深，继续滴定到蓝色恰好消失，此时溶液为米色(或浅肉红色)悬浮液。平行测定 3 次，计算 $CuSO_4 \cdot 5H_2O$ 中的铜含量。

五、实验数据记录与处理

将测定铜含量的实验数据填入表 7.2。

表 7.2　硫酸铜中铜的测定

实验编号	Ⅰ	Ⅱ	Ⅲ
m(硫酸铜)/g			
$c(Na_2S_2O_3)$/mol·L^{-1}			
$V(Na_2S_2O_3)$终读数/mL			
$V(Na_2S_2O_3)$初读数/mL			
$V(Na_2S_2O_3)$/mL			
w(Cu)/%			
$\overline{w}$(Cu)/%			
个别测定偏差(绝对值)/%			
相对平均偏差/%			

六、思考题

(1) 硫酸铜易溶于水，溶解时为什么加硫酸？能否用盐酸或硝酸？为什么？

(2) 用碘法测铜含量时，为什么要加入 KSCN 溶液？如果在酸化后立即加入 KSCN 溶液，会产生什么影响？

(3) 已知 $\varphi^{\ominus}(Cu^{2+}/Cu^{+})=0.158\ V$，$\varphi^{\ominus}(I_2/I^{-})=0.54\ V$，为什么本法中 Cu^{2+} 却能使 I^{-} 氧化为 I_2？

(4) 滴定反应为什么一定要在弱酸性溶液中进行？

(5) 如果分析矿石或合金中的铜，应怎样分解试样？试液中若含有干扰性杂质如 Fe^{3+}、As(Ⅴ)、Sb(Ⅴ)等，应如何消除它们的干扰？

实验 43　三草酸合铁(Ⅲ)酸钾的合成及组成测定

一、实验目的

(1) 学习制备三草酸合铁(Ⅲ)酸钾的基本原理和操作方法。

(2) 掌握高锰酸钾法测定铁及草酸根含量的方法和原理。

(3) 综合训练无机合成、滴定分析的基本操作，掌握确定化合物组成的原理和方法。

二、实验原理

1. 三草酸合铁(Ⅲ)酸钾的制备

三草酸合铁(Ⅲ)酸钾 $K_3[Fe(C_2O_4)_3]\cdot 3H_2O$ 为翠绿色单斜晶体，易溶于水(0 ℃时溶解度为 4.7 g，100 ℃时溶解度为 117.7 g)，难溶于乙醇。$K_3[Fe(C_2O_4)_3]\cdot 3H_2O$ 比较稳定，其 $K_{稳}^{\ominus}=1.58\times10^{20}$。110 ℃下失去三分子结晶水而成为$K_3[Fe(C_2O_4)_3]$，230 ℃时分解。该配合物对光敏感，光照分解成 FeC_2O_4(黄色)、$K_2C_2O_4$ 和 CO_2，所以 $K_3[Fe(C_2O_4)_3]\cdot 3H_2O$ 常用作化学光量计。因其在日光直射或强光下分解生成的 FeC_2O_4 遇六氰合铁(Ⅲ)酸钾生成藤氏蓝，所以在实验室中可做成感光纸进行感光实验。同时 $K_3[Fe(C_2O_4)_3]\cdot 3H_2O$ 也是制备某些负载型活性铁催化剂的主要原料，因而具有重要工业生产价值。

目前有多种制备 $K_3[Fe(C_2O_4)_3]\cdot 3H_2O$ 的工艺路线。本实验采用$(NH_4)_2Fe(SO_4)_2\cdot 6H_2O$ 与 $H_2C_2O_4$ 反应首先制备 $FeC_2O_4\cdot 2H_2O$，$FeC_2O_4\cdot 2H_2O$ 在 $K_2C_2O_4$ 存在时，经 H_2O_2 氧化生成 $K_3[Fe(C_2O_4)_3]\cdot 3H_2O$ 和 $Fe(OH)_3$，$Fe(OH)_3$ 继续与适量 $H_2C_2O_4$ 反应生成 $K_3[Fe(C_2O_4)_3]\cdot 3H_2O$。相关反应式为

$$(NH_4)_2Fe(SO_4)_2\cdot 6H_2O+H_2C_2O_4 = FeC_2O_4\cdot 2H_2O\downarrow+(NH_4)_2SO_4+H_2SO_4+4H_2O$$

$$6FeC_2O_4\cdot 2H_2O+3H_2O_2+6K_2C_2O_4 = 4K_3[Fe(C_2O_4)_3]\cdot 3H_2O+2Fe(OH)_3\downarrow$$

$$2Fe(OH)_3+3H_2C_2O_4+3K_2C_2O_4 = 2K_3[Fe(C_2O_4)_3]\cdot 3H_2O$$

后两步反应的总反应为

$$2FeC_2O_4\cdot 2H_2O+H_2O_2+H_2C_2O_4+3K_2C_2O_4 = 2K_3[Fe(C_2O_4)_3]\cdot 3H_2O$$

加入乙醇，放置即可析出产物的结晶。

2. 产物组成的定性分析

K^+ 与 $Na_3[Co(NO_2)_6]$ 在中性或乙酸介质中生成亮黄色的 $K_2Na[Co(NO_2)_6]$ 沉淀，反应如下：

$$2K^+ + Na^+ + [Co(NO_2)_6]^{3-} = K_2Na[Co(NO_2)_6] \downarrow$$

Fe^{3+} 与 KSCN 反应生成血红色 $Fe(SNC)_n^{3-n}$，$C_2O_4^{2-}$ 与 Ca^{2+} 生成白色沉淀 CaC_2O_4，可以判断 Fe^{3+}、$C_2O_4^{2-}$ 处于配合的内界还是外界。

3. 产物组成的定量分析

1）结晶水的测定

由于产物在 110 ℃下烘 1 h 以上即可失去全部的结晶水，因此可以利用重量分析法测定结晶水的含量。

2）$C_2O_4^{2-}$ 和 Fe(Ⅲ)含量的测定

用 $KMnO_4$ 法测定 $K_3[Fe(C_2O_4)_3] \cdot 3H_2O$ 中 Fe(Ⅲ)和 $C_2O_4^{2-}$ 含量，并确定 Fe(Ⅲ)和 $C_2O_4^{2-}$ 的配位比。

在酸性介质中，用 $KMnO_4$ 标准溶液滴定试液中的 $C_2O_4^{2-}$，根据 $KMnO_4$ 消耗量 $\overline{V}_1(MnO_4^-)$ 可直接计算出 $C_2O_4^{2-}$ 的含量，其滴定反应式为

$$5C_2O_4^{2-} + 2MnO_4^- + 16H^+ = 10CO_2 \uparrow + 2Mn^{2+} + 8H_2O$$

测定 Fe(Ⅲ)含量时，首先用 $SnCl_2$-$TiCl_3$ 联合还原法，先将 Fe^{3+} 还原为 Fe^{2+}，再用 $KMnO_4$ 标准溶液滴定。

预处理：

$$2Fe^{3+} + Sn^{2+} = 2Fe^{2+} + Sn^{4+}$$

$$H_2O + Fe^{3+}(\text{剩余}) + Ti^{3+} \longrightarrow Fe^{2+} + TiO^{2+}$$

$$H_2O + Ti^{3+}(\text{过量}) + WO_4^{2-} \longrightarrow TiO^{2+} + WO_{2.67}(OH)_{0.33}(\text{蓝色})$$

加水稀释后：

$$4Ti^{3+}(\text{剩余}) + O_2 + H_2O \xrightarrow{Cu^{2+}} 4TiO^{2+} + 4H^+$$

$$WO_{2.67}(OH)_{0.33} + O_2 + H_2O \xrightarrow{Cu^{2+}} WO_4^{2-}(\text{蓝色消失})$$

滴定：在酸性介质中，用 $KMnO_4$ 标准溶液滴定试液中 Fe^{2+} 和 $C_2O_4^{2-}$ 总量，根据 $KMnO_4$ 标准溶液的消耗量 $\overline{V}_2(MnO_4^-)$ 和测定 $C_2O_4^{2-}$ 时消耗的 $KMnO_4$ 标准溶液的量 $\overline{V}_1(MnO_4^-)$，可计算出 Fe^{3+} 的含量。滴定反应式为

$$5Fe^{2+} + MnO_4^- + 8H^+ = 5Fe^{3+} + Mn^{2+} + 4H_2O$$

$$n(C_2O_4^{2-}) = \frac{5}{2}c(MnO_4^-)\overline{V}_1(MnO_4^-) \times 10^{-3}$$

$$n(Fe^{3+}) = 5c(MnO_4^-)[\overline{V}_2(MnO_4^-) - \overline{V}_1(MnO_4^-)] \times 10^{-3}$$

最后，根据 $n(C_2O_4^{2-}) : n(Fe^{3+}) = \dfrac{\overline{V}_1(MnO_4^-)}{2[\overline{V}_2(MnO_4^-) - \overline{V}_1(MnO_4^-)]}$ 可确定 Fe^{3+} 与 $C_2O_4^{2-}$ 的配合比。

3) K^+含量的测定

由测得的H_2O、Fe(Ⅲ)和$C_2O_4^{2-}$的含量可计算出K^+的含量。

三、仪器和试剂

(1) 仪器:台秤,分析天平,烧杯,量筒,漏斗,表面皿,称量瓶,干燥器,烘箱,锥形瓶,酸式滴定管,恒温水浴箱。

(2) 试剂:$(NH_4)_2SO_4 \cdot FeSO_4 \cdot 6H_2O$(s)(自制),$H_2C_2O_4 \cdot 2H_2O$(s),$K_2C_2O_4 \cdot H_2O$(s),2.0 mol·L^{-1} H_2SO_4,6.0 mol·L^{-1} HCl,2.0 mol·L^{-1} HCl,6% H_2O_2,$MnSO_4$滴定液(称取45.0 g $MnSO_4$溶于500 mL水中,缓慢加入浓H_2SO_4 130 mL,再加入85%浓H_3PO_4 300 mL,加水稀释至1 L),5% $SnCl_2$,2.5% Na_2WO_4,6% $TiCl_3$,0.4% $CuSO_4$,$Na_3[Co(NO_2)_6]$溶液,0.1 mol·L^{-1}KSCN,0.5 mol·L^{-1}$CaCl_2$,自行配制和标定的0.01 mol·L^{-1}$KMnO_4$标准溶液(配制与标定方法见实验26)。

四、实验步骤

1. 三草酸合铁(Ⅲ)酸钾的制备

1) 制备$FeC_2O_4 \cdot 2H_2O$

称取5.0 g自制$(NH_4)_2SO_4 \cdot FeSO_4 \cdot 6H_2O$固体于100 mL烧杯中,加入40 mL去离子水和5~6滴2 mol·L^{-1} H_2SO_4溶液,加热使其溶解。向此溶液中加入2.0 g $H_2C_2O_4 \cdot 2H_2O$固体,在不断搅拌下加热至沸,析出$FeC_2O_4 \cdot 2H_2O$黄色沉淀,静置,倾出上层清液。在沉淀上加入约20 mL去离子水,搅拌并温热洗涤沉淀,静置后倾出上层清液。再洗涤沉淀两次,以除去可溶性杂质,最后尽可能倾净清液。

2) 氧化

在上述沉淀中,加入15 mL去离子水得到悬浊液,边搅拌边加入3.5 g $K_2C_2O_4 \cdot H_2O$固体,置水浴中加热至40 ℃,在不断搅拌并维持溶液温度约40 ℃下,滴加12 mL 6%H_2O_2溶液,使Fe(Ⅱ)充分氧化为Fe(Ⅲ),此时会有棕色沉淀析出。滴加完后,加热溶液至沸以除去过量的H_2O_2(加热时间不宜过久)。

3) 生成配合物

保持上述溶液75 ℃左右近沸状态,分批缓慢加入1.0~1.2 g $H_2C_2O_4 \cdot 2H_2O$固体至体系呈翠绿色透明溶液(若溶液略带黄色,应继续缓慢加入少量$H_2C_2O_4 \cdot 2H_2O$,使溶液呈翠绿色,溶液体积应控制在25~30 mL),测量溶液pH,若pH小于3.0,应滴加1∶1氨水,使溶液pH保持在3.0~3.5。若有混浊现象可趁热将溶液过滤,滤液置于小烧杯中。溶液冷却放置过夜,待析出晶体后用倾析法分离出晶体,在滤纸上吸干,称量并计算产率,将晶体置于暗处避光保存。

2. 产品组成的定性分析

1) K^+的鉴定

在试管中加入少量产物,用去离子水溶解,加入1 mL $Na_3[Co(NO_2)_6]$溶液,放置片刻,观察现象。

2) Fe^{3+}的鉴定

在试管中加入少量产物,用去离子水溶解。另取一支试管,加入少量 $FeCl_3$ 溶液。各加入2滴 0.1 mol·L^{-1}KSCN 溶液,观察现象。在装产物的试管中加入3滴 2.0 mol·L^{-1} H_2SO_4 溶液,再观察溶液颜色的变化,解释实验现象。

3) $C_2O_4^{2-}$ 的鉴定

在试管中加入少量产物,用去离子水溶解。另取一支试管,加入少量 $K_2C_2O_4$ 溶液。各加入2滴 0.5 mol·$L^{-1}$$CaCl_2$ 溶液,观察现象。

3. 产品组成的定量分析

1) 水分的测定

准确称取 0.5～0.6 g 自制的 $K_3[Fe(C_2O_4)_3]\cdot 3H_2O$ 晶体于已恒量的坩埚中,在烘箱中110 ℃干燥1 h,放入干燥器中冷却至室温,称量。再在110 ℃干燥20 min,再冷却,称量,直至恒量。根据称量结果,计算每克无水化合物所对应的含结晶水的物质的量。

2) Fe^{3+}与 $C_2O_4^{2-}$ 的配位比测定

(1) 试液的配制。称取自制产品约2 g于称量瓶中,放入烘箱于110 ℃干燥1.5～2 h,放入干燥器内冷却。称取已干燥的 $K_3[Fe(C_2O_4)_3]\cdot 3H_2O$ 晶体 1～1.5 g于小烧杯中,加去离子水溶解,定量转移至250 mL 容量瓶中,稀释至刻度,摇匀。

(2) $C_2O_4^{2-}$ 的测定。从上述容量瓶中吸取3份 25.00 mL 试液分别置于锥形瓶中,加入5 mL $MnSO_4$ 滴定液及5 mL 1 mol·L^{-1} H_2SO_4 溶液,加热至75～85 ℃,用 0.01 mol·L^{-1} $KMnO_4$ 标准溶液滴定至微红色,且30 s不褪色即为终点。记下 $KMnO_4$ 体积$\overline{V}_1$ (MnO_4^-)并计算 $C_2O_4^{2-}$ 的含量。

(3) Fe^{3+} 的测定。从上述容量瓶中吸取3份 25.00 mL 试液分别置于锥形瓶中,加入10 mL 6 mol·L^{-1}HCl 溶液,加热至75～85 ℃(此时溶液为深黄色),然后趁热滴加5% $SnCl_2$ 溶液至淡黄色(注意不要过量),此时大部分 Fe^{3+} 已被还原为 Fe^{2+},继续加入1 mL 2.5% Na_2WO_4 溶液,滴加6% $TiCl_3$ 溶液,使溶液出现蓝色,再过量1滴,以保证溶液中 Fe^{3+}完全被还原。加入 0.4%$CuSO_4$ 溶液(催化剂)2滴,加水20 mL,冷却振荡直至蓝色褪去,以确保过量的 $TiCl_3$ 氧化完全。Fe^{3+}还原后,加入 $MnSO_4$ 滴定液10 mL,用 0.01 mol·$L^{-1}$$KMnO_4$ 标准溶液滴定,滴入 $KMnO_4$ 约4 mL后,加热溶液至75～85 ℃,随后继续滴定至溶液呈微红色,且30 s不褪色即为终点。记下消耗 $KMnO_4$ 体积$\overline{V}_2$ (MnO_4^-)并计算 Fe^{3+}的含量。

3) K^+含量的测定

根据1)、2)测定结果,计算出 K^+的含量。

五、实验数据记录与处理

(1) 计算 $K_3[Fe(C_2O_4)_3]\cdot 3H_2O$ 的产率。

(2) 写出产品的定性鉴定结果(表7.3)。

表 7.3　产品的定性鉴定

鉴定离子	试样	加入试剂	反应	现象	结论
K^+	产品	$Na_3[Co(NO_2)_6]$			
Fe^{3+}	产品	KSCN			
	产品＋ H_2SO_4	KSCN			
	$FeCl_3$	KSCN			
$C_2O_4^{2-}$	产品	$CaCl_2$			
	$K_2C_2O_4$	$CaCl_2$			

(3) 计算 Fe^{3+} 与 $C_2O_4^{2-}$ 的配位比(表 7.4)。

表 7.4　$n(C_2O_4^{2-}):n(Fe^{3+})$的测定

实验编号	Ⅰ	Ⅱ	Ⅲ
$m(K_3[Fe(C_2O_4)_3]\cdot 3H_2O)$/g			
$c(KMnO_4)$/mol·L^{-1}			
$V(KMnO_4)$终读数/mL			
$V(KMnO_4)$初读数/mL			
$V_1(KMnO_4)$/mL			
$\overline{V}_1(KMnO_4)$/mL			
$V(KMnO_4)$终读数/mL			
$V(KMnO_4)$初读数/mL			
$V_2(KMnO_4)$/mL			
$\overline{V}_2(KMnO_4)$/mL			
$n(C_2O_4^{2-}):n(Fe^{3+})$			

(4) 计算出三草酸合铁(Ⅲ)酸钾中结晶水的数目。

(5) 写出自制三草酸合铁(Ⅲ)酸钾的分子式。

六、思考题

(1) 为什么氧化 $FeC_2O_4\cdot 2H_2O$ 时温度不能太高(保持在 40 ℃)?

(2) 为什么在配位过程中,$H_2C_2O_4$需缓慢加入,并保持在 75～85 ℃沸点附近?

(3) 为什么在 $KMnO_4$ 滴定 $C_2O_4^{2-}$ 时温度不能超过 90 ℃?

(4) 用 $KMnO_4$ 滴定 Fe^{2+}或 $C_2O_4^{2-}$ 时,如果滴定速度太快,会出现什么现象?

(5) $MnSO_4$ 滴定液的作用是什么?

(6) $SnCl_2$ 还原剂过量后有何影响? 怎样补救?

(7) 根据三草酸合铁(Ⅲ)酸钾的性质,应如何保存该化合物?

实验 44 胃舒平药片中铝和镁的测定

一、实验目的

(1) 巩固 EDTA 的配制与标定方法。

(2) 掌握配合滴定中的返滴定原理和方法。

(3) 掌握分离沉淀的基本操作。

(4) 了解成品药剂中组分含量测定的前处理方法。

二、实验原理

胃舒平药片是胃病患者常用的口服药,主要用于治疗胃酸过多及十二指肠溃疡,其主要成分为氢氧化铝、三硅酸镁及少量中药颠茄流浸膏及药片成形时所加的大量的糊精等辅料。其中铝和镁的含量可采用配合滴定法测定,不受其他成分的干扰。

药片溶解后,分离除去不溶物质后制成试液。取部分试液准确加入过量的 EDTA,并调节溶液 pH 为 3~4,煮沸使 EDTA 与 Al^{3+} 配合完全。调节溶液 pH 为 5~6,以二甲酚橙为指示剂,用锌标准溶液返滴定过量的 EDTA,即可测定出铝含量。

镁含量的测定采用直接滴定法。另取试液调节溶液 pH,使铝沉淀并予以分离后,于 pH=10 的条件下,以铬黑 T 为指示剂,用 EDTA 标准溶液滴定滤液中的镁,根据 EDTA 所消耗的体积,计算镁的含量。

三、仪器与试剂

(1) 仪器:分析天平,电炉,研钵,酸式滴定管,小烧杯,锥形瓶,量筒,容量瓶,移液管。

(2) 试剂:胃舒平药片,乙二胺四乙酸二钠盐(s),基准 ZnO(s),NH_4Cl(s),6.0 mol · L^{-1} HCl,0.2%二甲酚橙水溶液,20%六亚甲基四胺溶液,1∶3 氨水,1∶2 三乙醇胺溶液,$NH_3 \cdot H_2O$-NH_4Cl 缓冲溶液(pH=10),0.2%铬黑 T 指示剂,0.2%甲基红指示剂。

四、实验步骤

1. 0.02 mol · L^{-1} EDTA 标准溶液的配制与标定

配制 500 mL 0.02 mol · L^{-1} EDTA 标准溶液,方法见实验 23(标定的基准物为 ZnO),数据填入自行设计的表格中。

2. Al^{3+} 的测定

1) 样品的处理

取胃舒平药片 20 片在研钵中研细,准确称出 2.0 g 左右药粉于洁净的小烧杯中,加入 20 mL 6 mol · L^{-1} HCl,加去离子水至约 40 mL,煮沸。冷却后过滤,并用去离子水洗涤沉淀。收集滤液及洗涤液于 250 mL 容量瓶中,稀释至刻度,摇匀。(注意:20 片药片研细后所得药粉,可供 8 名同学实验)

2) Al^{3+} 的测定

准确移取上述试液 5.00 mL 于 250 mL 锥形瓶中,加水至 25 mL 左右,准确加入 0.02 mol ·

L^{-1}EDTA 标准溶液 25.00 mL，摇匀。加入 2 滴二甲酚橙，滴加 1∶3 氨水至溶液恰好成紫红色，滴加 2 滴 6.0 mol · L^{-1}HCl，将溶液煮沸 3 min 左右，冷却后再加入 10 mL 20%六亚甲基四胺，使溶液 pH 为 5～6，补加 2 滴二甲酚橙，用锌标准溶液滴定至溶液由黄色突变为橙色。根据 EDTA 标准溶液的加入量与锌标准溶液消耗的体积，计算铝含量，平行测定 3 次，以 $w(Al_2O_3)$表示。

3. 镁的测定

另取试液 25.00 mL 于 100 mL 小烧杯中，滴加 1∶3 氨水至溶液刚好出现沉淀，再滴加 6.0 mol · L^{-1}HCl 溶液至沉淀恰好溶解。加入 NH_4Cl(s)0.8 g，溶解后滴加 20%六亚甲基四胺至沉淀出现，然后再过量 6 mL。加热至 80 ℃并维持此温度 10～15 min。冷却后过滤，并用少量去离子水分次洗涤沉淀。收集滤液及洗涤液于 250 mL 锥形瓶中，加入 8 mL 1∶2 三乙醇胺溶液、8 mL $NH_3 \cdot H_2O$-NH_4Cl 缓冲溶液及 1～2 滴铬黑 T 指示剂，用 EDTA 标准溶液滴定至溶液由酒红色转变为蓝色即为终点。平行测定 3 次，计算镁含量，以 w(MgO)表示。

五、实验数据记录与处理

将实验数据填入表 7.5，并计算 Al_2O_3 和 MgO 的含量。

表 7.5 胃舒平药片中 Al^{3+}、Mg^{2+} 含量的测定

实验编号	Ⅰ	Ⅱ	Ⅲ
m(胃舒平)/g			
V (胃舒平试液)/mL			
c(EDTA)/mol · L^{-1}			
V(EDTA)/ mL			
V(锌标准溶液)终读数/mL			
V(锌标准溶液)初读数/mL			
V(锌标准溶液)/mL			
$w(Al_2O_3)$/%			
$\overline{w}(Al_2O_3)$/%			
V (胃舒平试液)/mL			
V (EDTA)终读数/mL			
V (EDTA)初读数/mL			
V(EDTA)/mL			
w(MgO)/%			
$\overline{w}$(MgO)/%			

六、思考题

(1) 实验中为什么要称取大样混匀后再取小部分试样进行测定?

(2) 在测定铝时为什么不采用直接滴定法?

(3) 在测定镁时为什么要加入三乙醇胺溶液?

(4) 采用掩蔽铝的方法测定镁，可选择哪些物质作掩蔽剂? 如何控制条件?

实验45　蛋壳中Ca、Mg总量的测定——配位滴定法

一、实验目的

(1) 进一步掌握配合滴定分析中测定Ca、Mg总量的原理与方法。

(2) 学习使用配合掩蔽排除干扰离子影响的方法。

(3) 了解实际试样的处理方法及对实际试样中某组分含量测定的一般步骤。

二、实验原理

鸡蛋壳的主要成分为$CaCO_3$，其次为$MgCO_3$、蛋白质、色素以及少量的Fe、Al。测定鸡蛋壳中Ca、Mg含量的方法主要有配合滴定法、酸碱滴定法、氧化还原滴定法(高锰酸钾法)、原子吸收法等。本实验采用配合滴定法测定普通蛋壳中Ca、Mg总量。

配合滴定时，由于Fe^{3+}、Al^{3+}等对Ca^{2+}、Mg^{2+}的测定会产生干扰，可在酸性溶液中加入三乙醇胺作掩蔽剂，三乙醇胺与Fe^{3+}、Al^{3+}等生成更稳定的配合物。调节溶液pH=10，以铬黑T作指示剂，用EDTA可直接测定Ca^{2+}、Mg^{2+}总量。

三、仪器与试剂

(1) 仪器：分析天平，酸式滴定管，研钵，电炉，烧杯，容量瓶，锥形瓶，移液管，量筒。

(2) 试剂：乙二胺四乙酸二钠(s)，6.0 $mol \cdot L^{-1}$ HCl，0.2%铬黑T指示剂，1∶2三乙醇胺水溶液，$NH_3 \cdot H_2O$-NH_4Cl缓冲溶液(pH=10)，95%乙醇，蛋壳。

四、实验步骤

1. 0.02 $mol \cdot L^{-1}$ EDTA标准溶液的配制与标定

配制500 mL 0.02 $mol \cdot L^{-1}$ EDTA标准溶液，方法见实验23(标定的基准物为$CaCO_3$)，数据填入自行设计的表格中。

2. 蛋壳预处理

先将蛋壳洗净(勿弄碎)，加水煮沸5～10 min，趁湿热去除蛋壳内表层的蛋白薄膜，然后把蛋壳放入烧杯中用小火烤干，研成粉末。

3. 钙镁总量的测定

准确称取蛋壳粉0.4～0.6 g，小心滴加4～5 mL 6.0 $mol \cdot L^{-1}$ HCl溶液，微火加热至完全溶解(少量蛋白膜不溶)，冷却，转移至250 mL容量瓶中，稀释至接近刻度线，若有泡沫，滴加2～3滴95%乙醇，泡沫消除后，定容、摇匀。

准确移取上述试液25.00 mL置于250 mL锥形瓶中，分别加入20 mL去离子水、5 mL 1∶2三乙醇胺，摇匀。再加入10 mL $NH_3 \cdot H_2O$-NH_4Cl缓冲溶液，摇匀。加入1～2滴铬黑T指示剂，用EDTA标准溶液滴定至溶液由酒红色恰变纯蓝色即为终点。根据EDTA消耗的体积计算Ca^{2+}、Mg^{2+}总量，平行测定3次。

五、实验数据记录与处理

将实验数据填入表7.6，Ca^{2+}，Mg^{2+}总量以$w(CaO)/\%$含量表示。

表7.6 蛋壳中Ca^{2+}、Mg^{2+}总量的测定

实验编号	Ⅰ	Ⅱ	Ⅲ
m(蛋壳)/g			
V(蛋壳试液)/mL			
c(EDTA)/mol·L^{-1}			
V(EDTA)终读数/mL			
V(EDTA)初读数/mL			
V(EDTA)/mL			
w(CaO)/%			
$\overline{w}$(CaO)/%			

六、思考题

（1）蛋壳粉的称量范围是如何确定的?（提示：先粗略确定蛋壳粉中钙、镁含量，再估算蛋壳粉的称量范围）

（2）蛋壳粉溶解稀释时加95%乙醇的作用是什么?

（3）试列出求Ca^{2+}、Mg^{2+}总量的计算式[以$w(CaO)/\%$含量表示]。

实验46 硅酸盐水泥中硅、铁、铝、钙、镁含量的测定

一、实验目的

（1）学习复杂物质分析的实验方法，培养学生综合分析问题和解决问题的能力。

（2）了解重量法测定SiO_2的原理。

（3）掌握在铁、铝、钙、镁共存时分别直接测定的方法。

二、实验原理

水泥主要由硅酸盐组成，按国家规定分为硅酸盐水泥（熟料水泥）、普通硅酸盐水泥（普通水泥）、矿渣硅酸盐水泥（矿渣水泥）、火山灰质硅酸盐水泥（火山灰水泥）、粉煤灰硅酸盐水泥（煤灰水泥）等。水泥熟料是由水泥生料经1400 ℃以上高温煅烧而成。硅酸盐水泥由水泥熟料加入适量石膏而成，其成分均与水泥熟料相似，可按水泥熟料化学分析法进行分析。

水泥熟料的主要化学成分是SiO_2（含量范围18%～24%）、Fe_2O_3（含量范围2.0%～5.5%）、Al_2O_3（含量范围4.0%～9.5%）、CaO（含量范围60%～67%）和MgO（含量范围<4.5%）。

1. 硅的测定

采用重量法。将试样与固体NH_4Cl混匀后，加入HCl分解，其中的硅形成硅酸凝胶沉淀下来，经过滤、洗涤后的$SiO_2 \cdot nH_2O$在瓷坩埚中于950 ℃灼烧至恒量，称量求其质量，得到

SiO_2 含量。本法测定结果较标准法约高 0.2%。若改用铂坩埚在 1100 ℃灼烧至恒量、经 HF 处理后，测定结果与标准法结果相比误差小于 0.1%。滤液可进行铁、铝、钙、镁的测定。

2. 铁、铝的测定

取滤液适量，调节溶液 pH 至 2.0～2.5，以磺基水杨酸为指示剂，用 EDTA 配位滴定 Fe^{3+}，然后加入过量的 EDTA 标准溶液，加热煮沸，调节溶液 pH = 3.5，以 PAN 为指示剂，用 $CuSO_4$ 标准溶液返滴定法测定 Al^{3+}。

3. 钙、镁的测定

Fe^{3+}、Al^{3+} 含量高时，对 Ca^{2+}、Mg^{2+} 测定有干扰，需将它们预先分离。用尿素分离 Fe^{3+}、Al^{3+} 后，调节溶液 pH=12.6，以钙指示剂或铬黑 T 为指示剂，用 EDTA 配位滴定法测定钙。然后调节溶液 pH≈10，以 K-B 或铬黑 T 为指示剂，用 EDTA 滴定镁。

三、仪器与试剂

(1) 仪器：马弗炉，电炉，瓷坩埚，干燥器，坩埚钳，移液管，量筒，烧杯，锥形瓶，容量瓶，表面皿。

(2) 试剂：0.02 $mol \cdot L^{-1}$ EDTA 溶液，0.02000 $mol \cdot L^{-1}$ 铜标准溶液，NH_4Cl(s)，溴甲酚绿(0.1%的 20%乙醇溶液)，10%磺基水杨酸钠水溶液，0.3% PAN 乙醇溶液，钙指示剂，0.2%铬黑 T 指示剂，K-B 指示剂，1∶1 氨水，20% NaOH，浓 HCl，6.0 $mol \cdot L^{-1}$ HCl，2.0 $mol \cdot L^{-1}$ HCl，50%尿素溶液，浓 HNO_3，0.1 $mol \cdot L^{-1}$ $AgNO_3$，1% NH_4NO_3，氯乙酸-乙酸铵缓冲溶液(pH=2.0)，氯乙酸-乙酸钠缓冲溶液(pH=3.5)，NaOH 强碱缓冲溶液(pH=12.6)，$NH_3 \cdot H_2O$-NH_4Cl 缓冲溶液(pH=10)。

四、实验步骤

1. 0.02 $mol \cdot L^{-1}$ EDTA 标准溶液的标定

用移液管准确移取铜标准溶液 10.00 mL，置于 250 mL 锥形瓶中，加入 5 mL pH=3.5 的缓冲溶液和 35 mL 去离子水，加热至 80 ℃后，加入 4 滴 PAN 指示剂，趁热用 EDTA 滴定至由红色变为茶红色即为终点，记下消耗 EDTA 溶液的体积数。平行测定 3 次，求 EDTA 标准溶液的浓度。

2. SiO_2 的测定

准确称取约 0.4 g 水泥试样，置于 50 mL 烧杯中，加入 2.5～3 g NH_4Cl，用玻璃棒搅拌混匀，滴加浓 HCl 至试样全部润湿(约需 2 mL)，并滴加 2～3 滴浓 HNO_3，搅匀。盖上表面皿，置于沸水浴上加热 1 min，加入约 40 mL 热去离子水，搅拌溶解可溶性盐类。过滤，用热去离子水洗涤烧杯和沉淀，直至滤液中无 Cl^- 为止(用 $AgNO_3$ 检验)，弃去滤液。

将沉淀连同滤纸放入已恒量的瓷坩埚中，低温干燥、炭化，并于 950 ℃灼烧30 min。取出沉淀置于干燥器中冷却至室温，称量，再灼烧直至恒量。计算试样中 SiO_2 的含量。

3. 铁、铝、钙、镁的测定

(1) 溶样。准确称取约 2 g 水泥样品于 250 mL 烧杯中，加入 8.0 g NH_4Cl，用玻璃棒压碎块状物，仔细搅拌 20 min，混匀。加入 12 mL 浓 HCl，使试样全部润湿，再滴加 4～8 滴浓 HNO_3，搅匀，盖上表面皿，置于已预热的沙浴上加热 20～30 min，直至无黑色或灰色的小颗粒为止。稍冷后加入 40 mL 热去离子水，搅拌使盐类溶解。冷却后，连同沉淀一起转移到 500 mL容量瓶中，用水稀释至刻度，摇匀后放置 1～2 h，使其澄清。然后，用洁净干燥的虹吸管吸取溶液于洁净干燥的 400 mL 烧杯中保存，用于测 Fe、Al、Ca、Mg 等元素。

(2) 铁、铝含量的测定。准确移取 25.00 mL 试液于 250 mL 锥形瓶中，加入 10 滴磺基水杨酸钠、10 mL pH=2.0 的缓冲溶液，用 EDTA 标准溶液滴定至溶液由酒红色变为无色时即为终点，记下消耗 EDTA 的体积。平行测定 3 次，计算 Fe_2O_3 的含量。

在滴定铁后的溶液中加入 1 滴溴甲酚绿，用 6.0 mol·L^{-1} HCl 调至黄绿色，然后加入过量 EDTA 标准溶液 15 mL，加热煮沸 1 min，加入 10 mL pH=3.5 的缓冲溶液、4 滴 PAN 指示剂，用 $CuSO_4$ 标准溶液滴至茶红色即为终点。平行测定 3 次，根据消耗的 EDTA 溶液的体积，计算 Al_2O_3 含量。

(3) 钙、镁含量的测定。Fe^{3+}、Al^{3+} 对 Ca^{2+}、Mg^{2+} 的测定有干扰，需将它们预先分离。准确移取试液 100.00 mL 置于 250 mL 的烧杯中，滴加氨水至红棕色沉淀生成，再滴加 2.0 mol·L^{-1} HCl 溶液使沉淀刚好溶解。然后加入 25 mL 尿素溶液，加热约 20 min，不断搅拌，使 Fe^{3+}、Al^{3+} 沉淀完全，趁热过滤，滤液用 250 mL 烧杯盛接，用 1% NH_4NO_3 热溶液洗涤沉淀至无 Cl^- 为止。滤液冷却后转移至 250 mL 容量瓶中，稀释至刻度，摇匀，用于测定 Ca、Mg。

用移液管移取 25.00 mL 试液置于 250 mL 锥形瓶中，加入 2 滴钙指示剂，滴加 20% NaOH 使溶液变为微红色，加入 10 mL pH=12.6 的缓冲溶液和 20 mL 去离子水，用 EDTA 标准溶液滴至终点。平行测定 3 次，计算 CaO 的含量。

在测定 Ca 后的溶液中，滴加 2.0 mol·L^{-1} HCl 至溶液黄色褪去，此时 pH 约为 10，加入 15 mL pH=10 的缓冲溶液和 2 滴铬黑 T 指示剂，用 EDTA 标准溶液滴定至由红色变为纯蓝色即为终点。平行测定 3 次，计算 MgO 的含量。

五、实验数据记录与处理

(1) 列出 SiO_2、Fe_2O_3、Al_2O_3、CaO、MgO 含量的计算式。

(2) 分别计算水泥熟料中 SiO_2、Fe_2O_3、Al_2O_3、CaO、MgO 的含量和它们含量的总和(设计数据记录表格)。

六、思考题

(1) Fe^{3+}、Al^{3+}、Ca^{2+}、Mg^{2+} 共存时，能否用 EDTA 标准溶液控制酸度法滴定 Fe^{3+}？滴定时酸度范围为多少？

(2) 测定 Al^{3+} 时为什么采用返滴定法？

(3) 如何消除 Fe^{3+}、Al^{3+} 对 Ca^{2+}、Mg^{2+} 测定的影响？

(4) EDTA 滴定 Ca^{2+}、Mg^{2+} 时，怎样利用钙指示剂(GBHA)的性质调节溶液 pH？

(5) 洗涤沉淀的操作应注意什么？怎样提高洗涤的效果？

实验 47　三氯化六氨合钴(Ⅲ)的制备及其组成的测定

一、实验目的

(1) 学习三氯化六氨合钴(Ⅲ)的制备原理及其组成的测定方法。

(2) 加深理解配合物的形成对钴(Ⅲ)稳定性的影响。

(3) 练习综合实验操作技术。

二、实验原理

1. 三氯化六氨合钴(Ⅲ)的制备

三氯化六氨合钴(Ⅲ)$[Co(NH_3)_6]Cl_3$ 为橙黄色单斜晶体,溶于水而不溶于乙醇,20 ℃水中的溶解度为 0.26 mol·L^{-1}。系列钴(Ⅲ)氨合物有三氯化六氨合钴(Ⅲ)$[Co(NH_3)_6]Cl_3$(橙黄色晶体)、三氯化一水五氨合钴(Ⅲ)$[Co(NH_3)_5H_2O]Cl_3$(砖红色晶体)、二氯化一氯五氨合钴(Ⅲ) $[Co(NH_3)_5Cl]Cl_2$(紫红色晶体)等。

虽然在通常情况下,Co^{3+}的氧化性较强而使其不稳定,但生成配合物后,其氧化性大为降低,钴(Ⅲ)氨合物比钴(Ⅱ)氨合物稳定{$[Co(NH_3)_6]^{3+}$的 $K^{\ominus}_{稳}=1.41\times10^{35}$,$[Co(NH_3)_6]^{2+}$的 $K^{\ominus}_{稳}=1.29\times10^{5}$},所以在配位合成中,常用$[Co(NH_3)_6]Cl_3$作钴(Ⅲ)源,合成了多种重要钴(Ⅲ)的配合物。

钴(Ⅲ)氨合物的制备可用 H_2O_2 或空气中的氧将钴(Ⅱ)氨合物氧化制成钴(Ⅲ)氨合物。不同的钴(Ⅲ)氨合物生成条件各不相同,在没有活性炭存在下生成$[Co(NH_3)_5Cl]Cl_2$,有活性炭存在下主要生成$[Co(NH_3)_6]Cl_3$。本实验以活性炭为催化剂,H_2O_2 为氧化剂,$CoCl_2$ 溶液与过量 NH_3 和 NH_4Cl 作用制备$[Co(NH_3)_6]Cl_3$,其反应式为

$$2CoCl_2+2NH_4Cl+10NH_3+H_2O_2 \xlongequal{} 2[Co(NH_3)_6]Cl_3+2H_2O$$

所得固体产物中混有大量活性炭,可以将混合物溶解在酸性溶液中,过滤除去活性炭后,在高浓度的盐酸中结晶得到$[Co(NH_3)_6]Cl_3$ 晶体。

在制备过程中,必须严格控制温度。当温度达到 215 ℃时,$[Co(NH_3)_6]Cl_3$ 转变为$[Co(NH_3)_5Cl]Cl_2$,温度高于 250 ℃则被还原为 $CoCl_2$。

2. 三氯化六氨合钴(Ⅲ)组成的测定

产物中各组分可以用不同的方法进行测定。$[Co(NH_3)_6]^{3+}$非常稳定,在强碱(不加热时)或酸的作用下基本不分解,只有加入强碱并在煮沸的条件下才分解,其反应式为

$$2[Co(NH_3)_6]Cl_3+6NaOH \xlongequal{} 2Co(OH)_3+12NH_3+6NaCl$$

生成的 NH_3用标准 HCl 溶液吸收,过量的 HCl 用标准 NaOH 溶液返滴定,便可测出 NH_3 的含量。

钴(Ⅲ)可用碘量法测定,$[Co(NH_3)_6]Cl_3$ 分解后,向其中加入 KI,其反应为

$$2Co^{3+}+2I^- \xlongequal{} 2Co^{2+}+I_2$$

定量析出的 I_2用标准 $Na_2S_2O_3$ 溶液滴定,即可测出钴(Ⅲ)的含量。

Cl^-可用莫尔法测定。

三、仪器与试剂

(1) 仪器:循环水泵,台秤,分析天平,烘箱,锥形瓶,吸滤瓶,布氏漏斗,量筒,烧杯,酸式滴定管,碱式滴定管,普通漏斗,研钵,胶塞,玻璃管。

(2) 试剂:浓 HCl,6.0 mol · L^{-1} HCl,0.5 mol · L^{-1} HCl 标准溶液,0.5 mol · L^{-1} NaOH 标准溶液,10% NaOH,浓 $NH_3 \cdot H_2O$,$CoCl_2 \cdot 6H_2O$(s),NH_4Cl(s),KI(s),0.1 mol · L^{-1} $Na_2S_2O_3$ 标准溶液,0.1mol · L^{-1} $AgNO_3$ 标准溶液,5% K_2CrO_4 溶液,活性炭,乙醇,6% H_2O_2,1%淀粉,1%甲基红指示剂。

四、实验步骤

1. 三氯化六氨合钴(Ⅲ)的制备

在 150 mL 锥形瓶中加入 6.0 g 研细的 $CoCl_2 \cdot 6H_2O$、4.0 g NH_4Cl 和 7 mL 去离子水,加热溶解后加入 0.3 g 活性炭。冷却后向其中加入 14 mL 浓 $NH_3 \cdot H_2O$,继续冷却至 10 ℃以下,缓慢加入 14 mL 6% H_2O_2,然后水浴加热至 60 ℃以上,并保持此温度约 20 min。用自来水冷却,再用冰水冷却。

将上述溶液减压抽滤后,取出沉淀,将其溶于含有 2 mL 浓 HCl 的 50 mL 沸水中,然后趁热过滤。在滤液中缓慢加入 7 mL 浓 HCl,以冰水冷却,即有晶体析出。减压抽滤,用少量乙醇洗涤,抽干。固体在 105 ℃ 以下烘干,称量并计算产率。

2. 三氯化六氨合钴(Ⅲ)组成的测定

1) NH_3 的测定

测定 NH_3 的实验装置如图 7.1 所示。准确称取 0.2 g $[Co(NH_3)_6]Cl_3$ 于 250 mL 锥形瓶中,加入80 mL 水溶解,然后加入 10 mL 10% NaOH 溶液。

在另一锥形瓶中准确加入 35 mL 0.5 mol · L^{-1} HCl 标准溶液,将该锥形瓶置于冰水中,作为接收器。

在安全漏斗下端放一支小试管,试管内注入 3～5 mL 10%NaOH 溶液,使漏斗柄插入小试管内液面下 2～3 cm,整个操作过程中漏斗下端出口不能在液面之上。小试管口的胶塞要切去一个缺口,保持试管内与锥形瓶大气相通。

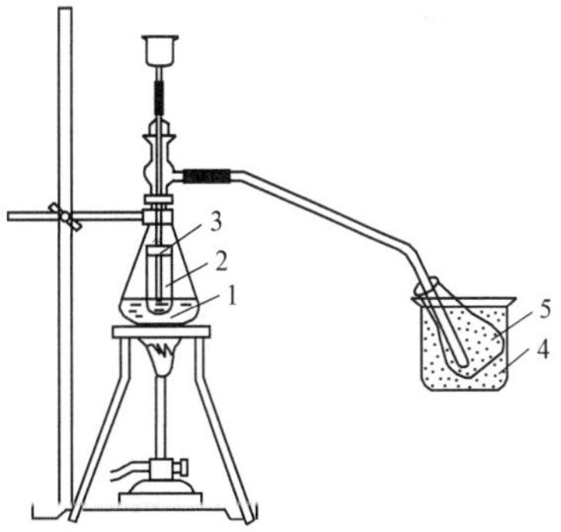

图 7.1　分解氨实验装置示意图

1. 样品; 2. 10% NaOH; 3. 切口橡皮塞; 4. 冰浴; 5. HCl 标准溶液

加热样品溶液,开始时大火加热,溶液开始沸腾时改用小火,始终保持微沸状态。蒸出的 NH_3 通过导管被标准 HCl 溶液吸收,约 1 h 可将 NH_3 全部蒸出。

取出并拔掉插入 HCl 溶液中的导管,用少量蒸馏水将导管内外可能沾附的溶液冲洗入锥形瓶内。以甲基红为指示剂,用 0.5 mol · L^{-1} NaOH 标准溶液滴定剩余的 HCl,记录 HCl 及 NaOH 用量,计算出 NH_3 含量。

2) Co(Ⅲ)的测定

待蒸出 NH_3 后的样品溶液冷却后,取下漏斗(连胶塞)及小试管,用少量水将试管外沾附的溶液冲洗回锥形瓶中。加入 1.0 g 固体 KI 使其溶解，再加入12 mL 6.0 mol · L^{-1} HCl 酸化，于暗处放置约 10 min。

向其中加入适量的去离子水，使溶液总体积约为 100 mL，用 0.1 mol · L^{-1} $Na_2S_2O_3$ 标准溶液滴定至浅黄色。加入 1 mL 淀粉溶液，继续滴定至溶液呈粉红色为止。记录 $Na_2S_2O_3$ 用量，计算出 Co 含量。

3) Cl^- 的测定

准确称取样品 0.2 g 置于锥形瓶中，用适量水溶解，以 K_2CrO_4 溶液为指示剂，用 0.1 mol · L^{-1} $AgNO_3$ 标准溶液滴定至溶液呈砖红色为止。记录 $AgNO_3$ 的用量，计算出 Cl^- 含量。

五、实验数据记录与处理

(1) 根据反应式计算出产品的理论产量，然后根据下式计算产品的产率。

$$产率=\frac{实际产量}{理论产量}\times100\%$$

(2) 根据对组分的分析结果，推断产品的化学式(设计数据记录表格)。

六、思考题

(1) 在$[Co(NH_3)_6]Cl_3$ 的制备过程中，氯化铵、活性炭、过氧化氢各起什么作用？影响产品质量的关键是什么？

(2) 制备过程中水浴加热 20 min 的目的是什么？可否加热至沸？

(3) 在测定 NH_3 的装置中小试管的胶塞没有切掉一个缺口或漏斗口没有插入试管内碱液中，分别对实验有什么影响？

(4) 碘量法测量 Co(Ⅲ)时需要注意什么？

第 8 章　准设计性实验

设计性实验与综合性实验在内容、形式和要求上都有较大区别，从综合性实验向设计性实验过渡，对大学一年级学生来说难度较大。准设计性实验是介于综合性实验与设计性实验之间的实验，是在教师指导下的设计性实验。准设计性实验赋予综合性实验以设计性实验的内涵，缩小了综合性实验与设计性实验的距离，为学生搭起了独立分析问题解决问题的平台，给学生创造独立思考问题、独立完成实验的空间，大大调动了学生的学习积极性，培养了学生的创新意识。从内容上看，准设计性实验是综合性较强的实验，通过查阅资料可以找到实验方案，但实验方案不唯一，在充分查阅文献、运用已有的理论知识、反复推敲后，选择设计出最佳方案，不仅能较全面巩固所学的理论知识和基本操作技能，而且通过查阅文献能扩大知识面，能初步了解文献资料的查阅、分析、综合整理及撰写科技论文的基本要求、方法，训练文字表达能力。进行准设计性实验具体步骤如下：

(1) 下达实验任务，学生根据预习报告提纲查阅资料，写出预习报告(拟实验方案)。

(2) 教师批阅拟实验方案，指导学生写出可行性实验方案。

(3) 实验课堂教学，教师点评学生的可行性实验方案，指出确保实验成功的关键。

(4) 学生按自己的可行性实验方案独立完成实验。

(5) 学生根据实验报告提纲写出实验报告(小论文)。

小论文包括如下基本内容：题目、作者姓名、摘要、关键词、前言、实验部分、结果与讨论、结论、参考文献。

实验 48　番茄、番茄汁饮料中维生素 C 含量的测定

一、实验目的

(1) 测定番茄、番茄汁中维生素 C 含量，学习多种测定方法和原理，全面巩固所学的理论知识。

(2) 训练对实物试样中某组分含量测定的一般步骤，全面提高分析问题、解决问题的能力。

(3) 初步了解文献资料的查阅、分析、综合整理及撰写科技论文的基本要求和方法，并且训练文字表达能力。

二、实验要求

(1) 提前 4 周确定实验任务，根据预习报告提纲查阅资料，写出预习报告(拟实验方案)，在 1～2 周内完成，交实验教师评阅。

(2) 教师批阅拟实验方案，指导学生写出可行性实验方案(第 3 周)。

(3) 实验课堂教学，教师点评学生的可行性实验方案，指出确保实验成功的关键，学生进一步完善可行性实验方案(第 4 周)。

（4）按自己设计的实验方案独立完成实验（第4周）。

（5）根据实验报告提纲写出实验报告（小论文）（第4～5周）。

三、实验指导

1. 番茄、番茄汁饮料中维生素C含量的测定预习报告（拟实验方案）提纲

番茄、番茄汁饮料中维生素C含量的测定预习报告

姓名__________ 班级__________

一、查阅资料

（1）查阅参考书。

（2）利用网络资源。

二、写出拟实验报告

1. 前言

（1）维生素C的生理作用，一般果蔬所含维生素C的情况，测定果蔬中维生素C含量的意义。

（2）测定果蔬中维生素C含量的一般方法（至少讨论三种方法），分析不同分析方法的优缺点及可行性，设计出拟采用的测定番茄、番茄汁饮料中维生素C含量的方法。

2. 实验部分

（1）拟采用的方法路线、反应原理及计算公式。

（2）仪器、药品。

（3）实验步骤。

2. 番茄、番茄汁饮料中维生素C含量的测定实验报告（小论文）的书写提纲

番茄、番茄汁饮料中维生素C的测定

姓名__________ 班级__________

摘　要：指出本文采用的方法、手段、所做的工作及其结果。

关键词：维生素C的测定　番茄　番茄汁　果蔬

1. 前言

维生素C的生理作用，医药、工业等方面应用；一般果蔬所含维生素C的情况，测定果蔬中维生素C含量的意义；测定果蔬中维生素C含量的一般方法，分析不同分析方法的优缺点，指出采用的方法、所做的工作及其结果。

2. 实验部分

2.1　仪器、药品

2.2　测定原理

2.3　实验步骤

3. 结果与讨论

4. 结论

5. 参考文献

四、参考文献

耿丽威. 2003. 西红柿中维生素C的分光光度测定. 吉林师范大学学报，(8)：23-25.

侯海鸽，朱志彪，范乃英. 2005. 无机及分析化学实验. 哈尔滨：哈尔滨工业大学出版社：165-167.

吕长淮. 2003. 紫外分光光度法测定维生素C的含量. 安徽医药，7(2)：146.

宁正祥. 2001. 食品成分分析手册. 北京：中国轻工业出版社：302-317.
阎树刚，韩涛. 2002. 果蔬中维生素C的测定方法评价. 中国农学通报，18(4)：110-112.
杨芳芳. 2005. 抗坏血酸的测定方法综述. 甘肃科技纵横，34(6)：208-209.
杨小红，光晓元. 2005. 原子吸收法间接测定果蔬中维生素C的含量的研究. 安徽农业科学，33(1)：72.
张春荣，吕苏琴，揭念芹. 2007. 基础化学实验. 2版. 北京：科学出版社：189-190.

实验49 酱油中NaCl的测定

一、实验目的

(1) 综述多种测定酱油中NaCl含量的方法和原理；测定酱油中NaCl含量，全面巩固所学的理论知识。

(2) 训练对实物试样中某组分含量测定的一般步骤，全面提高分析问题、解决问题的能力。

(3) 初步了解文献资料的查阅、分析、综合整理及撰写科技论文的基本要求和方法，并且训练文字表达能力。

二、实验要求(同实验48)

三、实验指导

1. 酱油中NaCl含量的测定预习报告(拟实验方案)提纲

酱油中NaCl含量的测定预习报告

姓名__________ 班级__________

一、查阅资料

(1) 查阅参考书。

(2) 利用网络资源。

二、写出预实验报告

1. 前言

(1) 酱油的主要成分及其营养；酱油中NaCl的含量对其质量的关系；测定酱油中NaCl含量的意义。

(2) 测定酱油中NaCl含量的一般方法(至少讨论三种方法)，分析不同分析方法的优缺点及可行性，设计出拟采用的方法。

2. 实验部分

(1) 拟采用的方法路线、反应原理及计算公式。

(2) 仪器、药品。

(3) 实验步骤。

2. 酱油中NaCl含量的测定实验报告(小论文)的书写提纲

酱油中NaCl含量的测定

姓名__________ 班级__________

摘　要：指出本文采用的方法、手段、所做的工作及其结果。

关键词：酱油　氯化钠　含量测定

1. 前言

酱油的主要成分及其营养；酱油中 NaCl 的含量对其质量的关系；测定酱油中 NaCl 含量的意义。测定酱油中 NaCl 含量的一般方法（至少讨论三种方法），分析不同分析方法的优缺点及可行性，指出本文采用的方法、所做的工作及其结果。

2. 实验部分

2.1　仪器、药品

2.2　测定原理

2.3　实验步骤

3. 结果与讨论

4. 结论

5. 参考文献

四、参考文献

陈虹锦. 2007. 实验化学（上册）. 2 版. 北京：科学出版社：192-193，249-252.

付业伟，张知侠，孙家娟等. 2001. 小波变换电位滴定法在测定酱油中 NaCl 的含量中的应用. 咸阳师范专科学报，16(1)：65-68.

金谷，江万权，周俊英. 2005. 定量分析化学实验. 合肥：中国科技大学出版社：107-108.

马美苑. 1998. 电导滴定法测定酱油中氯化钠含量. 江苏调味副食品，(3)：18.

邵健，季美娟，杨宇民. 1996. 沉淀滴定法测定酱油中氯化钠的含量. 中国调味品，(3)：24-25.

实验 50　三草酸合铁(Ⅲ)酸钾不同合成路线及组成测定方法的比较

一、实验目的

（1）学习三草酸合铁(Ⅲ)酸钾的制备原理、方法，巩固无机制备基本操作。

（2）学习用 $KMnO_4$ 法测定 $C_2O_4^{2-}$ 与 Fe^{3+} 的原理和方法。

（3）巩固滴定分析的基本操作，掌握确定化合物组成的原理和方法。

（4）初步了解文献资料的查阅、分析、综合整理及撰写科技论文的基本要求和方法，并且训练学生的文字表达能力。

二、实验要求（同实验 48）

三、实验指导

1. 三草酸合铁(Ⅲ)酸钾合成及组成测定预习报告（拟实验方案）提纲

三草酸合铁(Ⅲ)酸钾合成及组成测定预习报告

姓名＿＿＿＿＿　班级＿＿＿＿＿

一、查阅资料

（1）查阅参考书。

（2）利用网络资源。

二、写出预实验报告

1. 前言

(1) 三草酸合铁(Ⅲ)酸钾的性质、用途、目前制备路线及组成分析方法。要求从不同的原料出发，至少讨论三种制备路线；测定组成时需将 Fe^{3+} 还原为 Fe^{2+}，至少讨论三种方法。

(2) 分析不同制备及分析组成方法的优缺点及可行性，设计出拟采用的方法。

2. 实验部分

(1) 拟采用的方法路线、反应原理及计算公式。

(2) 仪器、药品。

(3) 实验步骤。

2. 实验报告(小论文)的书写提纲

三草酸合铁(Ⅲ)酸钾的制备及组成测定

姓名__________　班级__________

摘　要：指出本文采用的方法、手段、所做的工作及其结果。

关键词：三草酸合铁(Ⅲ)酸钾　制备　组成测定

1. 前言

$K_2[Fe(C_2O_4)_3]\cdot 3H_2O$ 的性质、用途、合成路线和方法。从不同的原料出发，至少讨论三种制备路线；组成测定时需将 Fe^{3+} 还原为 Fe^{2+}，至少讨论三种方法。分析不同制备及分析组成方法的优缺点及可行性，指出本文采用的方法、所做的工作及其结果。

2. 实验部分

2.1　$[Fe(C_2O_4)]\cdot 2H_2O$ 的制备

2.1.1　仪器、药品

2.1.2　制备原理

2.1.3　实验步骤

2.1.4　产品的分析(包括公式)

2.2　$K_3[Fe(C_2O_4)_3]\cdot 3H_2O$ 合成

2.2.1　仪器、药品

2.2.2　制备原理

2.2.3　实验步骤

2.2.4　分析方法

3. 结果与讨论

3.1　$[Fe(C_2O_4)]\cdot 2H_2O$ 的合成

3.2　$K_3[Fe(C_2O_4)_3]\cdot 3H_2O$ 合成

3.3　$K_3[Fe(C_2O_4)_3]\cdot 3H_2O$ 组成测定

4. 结论

5. 参考文献

四、参考文献

崔学桂，张晓丽. 2007. 基础化学实验(Ⅰ). 北京：化学工业出版社：138-141.

侯海鸽，朱志彪，范乃英. 2005. 无机及分析化学实验. 哈尔滨：哈尔滨工业大学出版社：195-197.

姜传福，王彦. 1999. 三草酸合铁(Ⅲ)酸钾的合成和结构测定. 锦州师范学院学报(自然科学版),(2):24-27.

姜述芹,陈虹锦,梁竹梅等. 2006. 三草酸合铁(Ⅲ)酸钾制备实验探索. 实验室研究与探索,25(10):1194-1196.

蒋荣立. 2006. 无机及分析化学实验. 江苏淮阴:中国矿业大学出版社:198-200.

凌必文,刁海生. 2001. 三草酸合铁(Ⅲ)酸钾的合成及组成测定. 安庆师范学院学报(自然科学版),7(7):13-16.

史长华,唐树戈. 2006. 普通化学实验. 北京:科学出版社:62-65.

辛剑,孟长功. 2004. 基础化学实验. 北京:高等教育出版社:275-279.

郑臣谋,林丽丽,杨学强等. 1999. 对"三草酸合铁(Ⅲ)酸钾的制备"的改进. 大学化学,14(2):41-45.

周其镇,方国女,樊行雪. 2002. 大学基础化学实验(Ⅰ). 北京:化学工业出版社:238.

实验 51 $Na_2S_2O_3 \cdot 5H_2O$ 的制备及其质量分数的测定

一、实验目的

(1) 学习 $Na_2S_2O_3 \cdot 5H_2O$ 的制备原理和方法,巩固无机制备的基本操作。

(2) 学习用碘量法测定 $Na_2S_2O_3 \cdot 5H_2O$ 质量分数的原理和方法,巩固滴定分析的基本操作。

(3) 初步了解文献资料的查阅、分析、综合整理及撰写科技论文的基本要求和方法,并且训练文字表达能力。

二、实验要求(同实验 48)

三、实验指导

1. $Na_2S_2O_3 \cdot 5H_2O$ 的制备及其质量分数的测定预习报告(拟实验方案)提纲

$Na_2S_2O_3 \cdot 5H_2O$ 的制备及其质量分数的测定预习报告

姓名__________ 班级__________

一、查阅资料

(1) 查阅参考书。

(2) 利用网络资源。

二、写出预实验报告

1. 前言

(1) $Na_2S_2O_3 \cdot 5H_2O$ 的性质、用途、目前制备路线及其质量分数测定方法。要求从不同的原料出发,至少讨论三种制备路线;质量分数的测定至少讨论三种方法。

(2) 分析不同制备及分析组成方法的优缺点及可行性,设计出拟采用的实验方法。

2. 实验部分

(1) 拟采用的方法路线、反应原理及计算公式。

(2) 仪器、药品。

(3) 实验步骤。

2. 实验报告(小论文)的书写提纲

$Na_2S_2O_3 \cdot 5H_2O$的制备及其质量分数的测定

姓名＿＿＿＿＿ 班级＿＿＿＿＿

摘　要：指出本文采用的方法、手段、所做的工作及其结果。

关键词：硫代硫酸钠　制备　质量分数

1. 前言

$Na_2S_2O_3 \cdot 5H_2O$的性质、用途、制备及其质量分数测定方法原理(方程式和计算公式)。从不同的原料出发,至少讨论三种制备路线;质量分数的测定至少讨论三种方法。讨论不同制备及分析组成方法的优缺点及可行性,指出本文采用的实验方法、所做的工作及其结果。

2. 实验部分

2.1 $Na_2S_2O_3 \cdot 5H_2O$的制备

2.1.1 仪器、药品

2.1.2 制备原理

2.1.3 实验步骤

2.2 $Na_2S_2O_3 \cdot 5H_2O$质量分数测定

2.2.1 仪器、药品

2.2.2 测定原理(包括公式)

2.2.3 实验步骤

3. 结果与讨论

3.1 $Na_2S_2O_3 \cdot 5H_2O$的制备

3.2 $Na_2S_2O_3 \cdot 5H_2O$质量分数测定

4. 结论

5. 参考文献

四、参考文献

陈虹锦. 2007. 实验化学(上册). 2版. 北京:科学出版社:345-349.

邸万山,段树斌. 2003. 硫代硫酸钠合成条件的优化. 辽宁化工,32(2):54-55.

侯海鸽,朱志彪,范乃英. 2005. 无机及分析化学实验. 哈尔滨:哈尔滨工业大学出版社:189-191.

胡小莉,萧德超. 1997. 用硫粉和亚硫酸钠制备硫代硫酸钠的反应条件探讨. 西南师范大学学报,22(1):103-105.

蒋荣立. 2006. 无机及分析化学实验. 淮阴:中国矿业大学出版社:185-187.

邱广敏,沈国平,刘铁山. 1998. 硫代硫酸钠制备实验的改进. 实验室研究与探索,(3):44-46.

解从霞,张振英,王小燕. 2007. 硫代硫酸钠制备实验的改进. 大学化学,22(6):46-48.

辛剑,孟长功. 2004. 基础化学实验. 北京:高等教育出版社:297-299.

徐莉英. 2005. 无机及分析化学实验. 上海:上海交通大学出版社:114-117.

周其镇,方国女,樊行雪. 2002. 大学基础化学实验(Ⅰ). 北京:化学工业出版社:220-223.

实验 52　实验室(碘量法)含铬废液的处理与检测

一、实验目的

(1) 学习含铬废液处理方法及排放标准,处理碘量法的含铬废液。

(2) 学习微量含铬液中铬的检测方法,检测处理后的含铬废液的含铬量,使其 pH 和含铬量符合国家废液排放标准。

(3) 初步了解文献资料的查阅、分析、综合整理及撰写科技论文的基本要求和方法,并且训练文字表达能力。

(4) 增强环保意识。

二、实验要求(同实验 48)

三、实验指导

1. 碘量法的含铬废液的处理与检测预习报告(拟实验方案)提纲

碘量法的含铬废液的处理与检测预习报告

姓名__________　班级__________

一、查阅资料

(1) 查阅参考书。

(2) 利用网络资源。

二、写出预实验报告

1. 前言

(1) 含铬废液的危害,国家允许排放的标准。碘量法的含铬废液处理的意义。一般含 Cr(Ⅲ)废液的处理方法(至少讨论两种方法)。分析不同处理方法的特点及可行性,设计处理测定碘量法的含铬废液的实验方法。

(2) 综述微量铬液的测定方法(至少讨论两种方法),分析不同处理方法的特点及可行性,设计检测处理后的含微量铬废液的检测方法。

2. 实验部分

(1) 拟采用的方法原理。

(2) 仪器、药品。

(3) 实验步骤。

2. 实验报告(小论文)的书写提纲

碘量法的含铬废液的处理与检测

姓名__________　班级__________

摘　要:指出本文采用的方法、手段、所做的工作及其结果。

关键词:铬废液　铬量测定　Cr(Ⅲ)

1. 前言

含铬废液的危害,国家允许排放的标准。碘量法含铬废液处理的意义。一般含 Cr(Ⅲ)废液的处理方法(至少讨论两种方法)。分析不同处理方法的特点及可行性,指出采用的处理碘量法含铬废液的实验方法。微量铬液的测定方法(至少讨论两种方法),分析不同处理方法的特点及可行性,设计检测处理后的含微量铬废液的检测方法。说明本论文所做的工作及其结果。

2. 实验部分

2.1　碘量法含铬废液的处理

2.1.1　仪器、药品

2.1.2　处理原理

2.1.3　实验步骤

2.2　处理后的铬废液铬残留量的检测

2.2.1　仪器、药品

2.2.2　检测原理(包括公式)

2.2.3　实验步骤

3. 结果与讨论

3.1　碘量法含铬废液的处理

3.2　处理后的含铬废液铬残留量的检测

4. 结论

5. 参考文献

四、参考文献

陈俊平,杨昌柱,陈武. 2005. 电镀废液中的 Cr(Ⅵ)和 Cr^{3+} 的快速测定方法研究. 江西师范大学学报(自然科学版),29(6):513-515.

崔淑兰,鞠晓明. 1998. 制革铬鞣废水中 Cr(Ⅲ)的处理和回收. 化工环保,18(1):48-49.

侯海鸽,朱志彪,范乃英. 2005. 无机及分析化学实验. 哈尔滨工业大学出版社:207-208.

蒋荣立. 2006. 无机及分析化学实验. 淮阴:中国矿业大学出版社:187-189.

李毓,郭晓华. 2002. 铁氧体——离心分离技术处理实验室含铬废水的研究. 天津城市建设学院学报,8(1):60-62.

莫德锋,毛凡,何国求. 2006. 还原中和共沉淀法处理实验室铬洗液废水的研究. 实验室研究与探索,25(11):1347-1349.

解从霞,王小燕,张振英等. 2007. "基本实验—综合性实验—准设计性实验—设计性实验"教学模式的探索与实践. 实验室研究与探索,(5):87-89.

徐莉英. 2005. 无机及分析化学实验. 上海:上海交通大学出版社:292-294.

朱万强,陈文兴,勾华等. 2005. 无机化学实验"污水、污物"处理方法探讨. 遵义师范学院学报,10(5):89-92.

第 9 章　准研究性实验

研究性实验是具有探索性质的设计性实验、应用性实验和开发性实验，又称为探索(探究)性实验。在研究性实验中，学生处于独立思考、积极探索的学习情景中，所以开设研究性实验对于培养本科生的创新能力尤为重要。为了适应国家急需创新型人才的需要，教育部要求在本科教学中逐步试行和推广研究性实验，而对大一新生来说，从综合性实验向研究性实验过渡难度较大，实验难以收到预期的效果。我们尝试整合现有实验设备资源，对已有的实验项目进行改造，对实验过程和结果进行深入研究，开发出了与大一新生认知水平与规律相适应的准研究性实验。本文介绍的准研究性实验介于综合性实验与研究性实验之间，是在教师指导下的研究性实验，通过运用一定的实验方法，创设不同的实验情境，引导学生对一些化学反应从多方位、多层面进行分析，研究某一化学反应的实质和规律，从而有力地解释客观事实的实验属性。

开设准研究性实验体现了以学生为主体。由于学生的实验条件不尽相同，因此反应现象与结果也有所差别，这样可激发学生的求知欲望，反复思考造成这些现象的原因，尽管这些探索有些超出了教学要求的范围，但活跃了学生的思维，促进了学生对知识的综合运用。传统的实验让学生的思路局限在相同的步骤、现象和结果，而准研究性实验显示了实验条件是可以变化的，结果也可以是不同的，条件明显地影响着实验现象和结果。在实验过程中，学生提出很多设想，这些问题本身的创新性并不高，但学生的创新思维和创新意识在实验过程中得到了培养和提高。此外，准研究性实验还能够培养学生实事求是的科学态度。由于实验条件不唯一，有的实验结果理想，有的实验结果不理想，但在评分时并不以结果的好坏作标准，对于条件选择导致实验失败的学生，只要能认真总结经验分析原因的，也可获得优秀，这无形中培养了学生科学诚信的品质。在实验过程中，对同一方案每班有数名学生同时实施。方案相同的学生，尽量保持操作的一致性，最后全班汇总讨论得出的结果要呈规律性变化。如果有一名学生操作有误，这个实验点就会落在规律以外，影响其他学生对实验现象的观察和结论，所以准研究性实验的开设也有利于培养学生的团结协作精神。

进行准研究性实验的具体步骤如下：

(1) 提前 3～4 周向学生宣布实验内容，引导学生重点讨论影响实验结果的相关因素，根据预习报告提纲查阅资料，写出实验预习报告。

(2) 在教师批阅学生实验预习报告的基础上，教师指导学生随机按题签(具体实验方案)做实验，同一方案每班 4～5 名学生。

(3) 实验结束，全班进行实验汇总、讨论，总结归纳实验结果，每人写一份实验报告，重点讨论各因素的影响，确定产品合成工艺和测定方法。

实验 53　硫代硫酸钠制备实验的改进及测定

一、实验目的

(1) 学习 $Na_2S_2O_3 \cdot 5H_2O$ 的不同制备方法及原理，并比较其优缺点。

(2) 掌握过滤、蒸发、结晶、酸式滴定管的使用等操作技术。

(3) 学习直接碘法和间接碘法测定 $Na_2S_2O_3 \cdot 5H_2O$ 质量分数的方法。

(4) 探讨合成 $Na_2S_2O_3 \cdot 5H_2O$ 的反应装置、反应温度等合成条件对产品产率的影响，培养学生的科研素质和创新能力。

(5) 通过讨论、质疑、解释，培养学生发现问题、分析问题、解决实际问题的能力及团队协作精神。

二、仪器与试剂

(1) 仪器：碘量瓶(250 mL)，抽滤瓶(500 mL)，布氏漏斗(直径 30 mm)，蒸发皿，电炉(1000 W)，分析天平，酸式滴定管，烘箱。

(2) 试剂：无水亚硫酸钠(分析纯)，硫粉(分析纯)，无水乙醇(分析纯)，重铬酸钾(分析纯)，自制硫代硫酸钠($Na_2S_2O_3 \cdot 5H_2O$)，10% KI 溶液，6 $mol \cdot L^{-1}$ HCl 溶液，甲醛(中性)，1%淀粉溶液，硫代硫酸钠($Na_2S_2O_3 \cdot 5H_2O$)(纯度≥99%)。

三、实验步骤

1. 教学单元安排

(1) 提前 3～4 周向学生宣布实验内容，要求学生查阅资料，写出实验预习报告，教师要求学生重点讨论反应装置、反应温度对 $Na_2S_2O_3 \cdot 5H_2O$ 产率的影响，并比较直接碘法和间接碘法的优缺点。

(2) 将全班分成 5 组(每组 6 个实验方案)，学生随机按题签(具体实验方案)做实验，同一方案每班 4～5 名同学。

(3) 实验结束，每组进行实验汇总，讨论，总结归纳实验结果，每人写一份实验报告。

2. 实验的具体步骤

确定的合成路线是用亚硫酸钠与硫磺制备 $Na_2S_2O_3 \cdot 5H_2O$。该路线的反应为

$$Na_2SO_3+S+5H_2O = Na_2S_2O_3 \cdot 5H_2O$$

$Na_2S_2O_3 \cdot 5H_2O$ 的合成步骤有三种方案，分别参考文献(邸万山等，2003；胡小莉等，1997；解从霞等，2007)进行；$Na_2S_2O_3 \cdot 5H_2O$ 质量分数的测定有直接碘法和间接碘法，分别参考文献(邸万山等，2003；解从霞等，2007)进行。

采用间接碘法测定时需要注意：称取的 $K_2Cr_2O_7$ 质量需控制在 0.2～0.3 g。若小于 0.2 g，不仅称量误差大，且所消耗的 $Na_2S_2O_3$ 的体积将小于 25.00 mL，无法保证滴定误差小于 0.2%；若取样量太大，则由于铬(Ⅵ)的毒性，不符合绿色化学的要求。实验结束后，应注意对含铬废液进行处理，避免污染环境。

四、实验讨论

1. 反应装置及合成条件对产品产率的影响

表 9.1　合成工艺对 $Na_2S_2O_3 \cdot 5H_2O$ 产率的影响

反应装置	反应温度	是否搅拌	$Na_2S_2O_3 \cdot 5H_2O$ 状态	产率/%
电热套加热的三颈瓶中	沸腾	搅拌 30 min		
50 mL 烧杯	104～106 ℃	不搅拌		
250 mL 碘量瓶	103～104 ℃	不搅拌		

2. $Na_2S_2O_3 \cdot 5H_2O$ 质量分数的测定

表 9.2　直接碘法和间接碘法的比较

反应装置	反应温度	是否搅拌	$Na_2S_2O_3 \cdot 5H_2O$ 的质量分数/%(直接碘法)	$Na_2S_2O_3 \cdot 5H_2O$ 的质量分数/%(间接碘法)
电热套加热的三颈瓶	沸腾	搅拌 30 min		
50 mL 烧杯	104～106 ℃	不搅拌		
250 mL 碘量瓶	103～104 ℃	不搅拌		

3. 对实验结果进行总结讨论

实验结束后，首先同方案的同学进行结果总结，不同方案的组与组之间进行对比。在此基础上写出实验报告，重点讨论各因素的影响和两种测定方法的优缺点比较，确定较佳的合成 $Na_2S_2O_3 \cdot 5H_2O$ 的工艺和产品测定方法。

五、参考文献

邸万山，段树斌. 2003. 硫代硫酸钠合成条件的优化. 辽宁化工，32(2)：54-55.

胡小莉，萧德超. 1997. 用硫粉和亚硫酸钠制备硫代硫酸钠的反应条件探讨. 西南师范大学学报，22(1)：103-105.

解从霞，张振英，王小燕. 2007. 硫代硫酸钠制备实验的改进. 大学化学，22(6)：46-47.

实验 54　三草酸合铁(Ⅲ)酸钾合成工艺的优化及组成测定

一、实验目的

(1) 学习三草酸合铁(Ⅲ)酸钾的制备原理、方法，巩固无机制备基本操作。

(2) 巩固滴定分析的基本操作，掌握确定化合物组成的原理和方法。

(3) 学习用高锰酸钾法测定 $C_2O_4^{2-}$ 和 Fe^{3+} 的原理和方法。

(4) 探讨合成三草酸合铁(Ⅲ)酸钾时，加入去离子水的体积、6% H_2O_2 溶液的量、$H_2C_2O_4 \cdot H_2O$质量及溶液 pH 等因素对产品状态及产率的影响，培养学生的科研素质和创新能力。

(5) 通过讨论、质疑、解释，培养学生发现问题、分析问题、解决实际问题的能力及团队协作精神。

二、仪器与试剂

(1) 仪器：台秤，分析天平，烧杯，量筒，漏斗，表面皿，称量瓶，干燥器，烘箱，锥形瓶，酸式滴定管，恒温水浴锅。

(2) 试剂：$(NH_4)_2SO_4 \cdot FeSO_4 \cdot 6H_2O(s)$，$H_2C_2O_4 \cdot 2H_2O(s)$，$K_2C_2O_4 \cdot H_2O(s)$，6.0 mol·$L^{-1}$ HCl溶液，2.0 mol·L^{-1} HCl溶液，2.0 mol·L^{-1} H_2SO_4 溶液，6% H_2O_2，$MnSO_4$ 滴定液(配制方法同实验 43)，Zn 粉，5% $SnCl_2$，2.5% Na_2WO_4，6% $TiCl_3$，0.4% $CuSO_4$，$Na_3[Co(NO_2)_6]$溶液，0.1 mol·L^{-1}KSCN，0.5 mol·$L^{-1}$$CaCl_2$，自行配制和标定的 0.01 mol·$L^{-1}$$KMnO_4$ 标准溶液(配制与标定方法见实验 26)。

三、实验步骤

1. 教学单元安排

(1) 提前 3～4 周向学生布置实验内容，要求学生查阅资料，写出文献综述(实验预习报告)，教师要求学生重点讨论“三草酸合铁(Ⅲ)酸钾的合成及组成测定”实验中影响实验结果的诸因素。

(2) 在教师批阅学生实验预习报告的基础上，在教师的指导下，学生随机按题签(具体实验方案)做试验，同一方案每班 3～4 名学生。

(3) 实验结束，每组进行实验汇总，讨论，总结归纳实验结果，每人写一份实验报告。

2. 实验的具体步骤

1) 制备 $FeC_2O_4 \cdot 2H_2O$

称取 5.0 g 自制的 $(NH_4)_2SO_4 \cdot FeSO_4 \cdot 6H_2O$ 固体于 100 mL 烧杯中，加入 40 mL 去离子水和 5 滴 2 $mol \cdot L^{-1}$ H_2SO_4 溶液，加热使其溶解。向此溶液中加入 2.0 g $H_2C_2O_4 \cdot 2H_2O$ 固体，在不断搅拌下加热至沸，析出 $FeC_2O_4 \cdot 2H_2O$ 黄色沉淀，静止，尽量使沉淀沉降，倾出上清液。在沉淀上加入约 20 mL 去离子水，搅拌并温热洗涤沉淀，静止(沉淀完全沉降)后倾出上清液。再洗涤沉淀 2 次，以除去可溶性杂质，最后尽可能倾净清液。

2) 氧化

在上述沉淀中，加入 $\underline{A}$ mL 去离子水得到悬浊液，边搅拌边加入 3.5 g $K_2C_2O_4 \cdot H_2O$ 固体，置水浴中加热至 40 ℃，在不断搅拌并维持溶液温度约 40 ℃下，滴加 $\underline{B}$ mL 6% H_2O_2 溶液(边滴边搅拌)，使 Fe(Ⅱ)充分氧化为 Fe(Ⅲ)，此时会有棕色沉淀析出。滴加完后，加热溶液至沸以除去过量的 H_2O_2。

3) 生成配合物

保持上述溶液 75 ℃左右状态，分批慢慢加入 $\underline{C}$g $H_2C_2O_4 \cdot 2H_2O$ 固体至体系呈翠绿色透明溶液(测定溶液的 pH 和溶液的体积)，滴加氨水调节溶液 pH＝$\underline{D}$。若有混浊现象可趁热将溶液过滤，滤液保存于小烧杯中(记下此时溶液的体积)，冷却放置过夜。待析出晶体，用倾析法分离出晶体，在滤纸上吸干(请教师观察状态)，称量并计算产率，将晶体置于暗处避光保存。

上述 A、B、C、D 是在实验中影响该实验的各因素，每班按下列正交试验表分成 9 组进行实验。

表 9.3　三草酸合铁(Ⅲ)酸钾合成实验 L($^4_3$)正交试验表

试验号	A(去离子水)/mL	B(6% H_2O_2)/mL	C($H_2C_2O_4 \cdot 2H_2O$)/g	D(溶液的 pH)/pH 单位
1	10	10	0.8	3
2	10	11	1.0	4
3	10	12	1.2	5
4	13	10	1.0	3
5	13	11	1.2	4
6	13	12	0.8	5
7	16	10	1.2	3
8	16	11	0.8	4
9	16	12	1.0	5

4) 产品组成的测定

采用高锰酸钾法测定三草酸合铁(Ⅲ)酸钾的组成。其中在测定 Fe(Ⅲ)时,将 Fe(Ⅲ)还原为 Fe(Ⅱ),讨论 3 种方法,并向学生提供两种实验方案的药品,可供学生选择和应用。

四、对实验结果进行总结讨论

首先同方案的同学进行结果总结,不同方案的组与组之间进行对比。在此基础上写出实验报告,重点讨论各因素的影响和组成测定方法,初步确定较佳的合成三草酸合铁(Ⅲ)酸钾的工艺和较适宜的测定其组成的方法。

五、参考文献

张振英,于莹,解从霞. 2009. 开设基础化学准研究性实验的探索与实践. 青岛科技大学学报:自然科学版(增刊),24-26.

实验 55　$BaCl_2 \cdot 2H_2O$ 中钡的质量分数及硫酸钡溶度积常数的测定

一、实验目的

(1) 学习重量法测定 $BaCl_2 \cdot 2H_2O$ 中 Ba 的质量分数(w_B)的方法、原理,深刻理解形成晶形沉淀的条件和方法。

(2) 掌握沉淀的过滤、洗涤、灼烧等操作技术。

(3) 学习电导率法测定 $K^{\ominus}_{sp,BaSO_4}$ 的方法和电导率仪的使用方法。

(4) 探讨 $BaSO_4$ 的沉淀条件与 $BaSO_4$ 的状态、w_B 及 $K^{\ominus}_{sp,BaSO_4}$ 的相关性,培养学生的创新能力。

二、仪器与试剂

(1) 仪器:分析天平,烧杯,表面皿,瓷坩埚,玻璃漏斗,马弗炉,DDS-307 型电导率仪。

(2) 试剂:1.0 mol · L^{-1} H_2SO_4,2.0 mol · L^{-1} HCl,0.1 mol · L^{-1} $AgNO_3$,2.0 mol · L^{-1} HNO_3, $BaCl_2 \cdot 2H_2O$(分析纯),定量滤纸(慢速或中速),二次去离子水。

三、实验步骤

1. 教学单元安排

(1) 提前 3~4 周向学生宣布实验内容,要求学生查阅资料,写出实验预习报告,教师要求学生重点讨论生成 $BaSO_4$ 沉淀的条件对 $BaSO_4$ 的状态、w_B 和 $K^{\ominus}_{sp,BaSO_4}$ 的影响。

(2) 将全班分成 5 组(每组 6 个实验方案),学生随机按题签(具体实验方案)做实验,同一方案每班 4~5 名同学。

(3) 实验结束,每组进行实验汇总,讨论,总结归纳实验结果,每人写一份实验报告。

2. 实验的具体步骤

1) $BaCl_2 \cdot 2H_2O$ 中 w_B(重量法)的测定

按本书实验 34 测定 $BaCl_2 \cdot 2H_2O$ 中 w_B。

2）$K^{\ominus}_{sp,BaSO_4}$ 的测定

（1）$BaSO_4$ 初溶饱和溶液溶度积 $K^{\ominus}_{sp,BaSO_4(1)}$ 的测定。

（i）$BaSO_4$ 初溶饱和溶液的制备。分别取不同沉淀条件所得的 $BaSO_4$ 0.2 g，置于 100 mL 烧杯中，加入二次去离子水 60～80 mL，加热至沸 5 min，并不断搅拌，然后静置冷却至室温，得到 $BaSO_4$ 初溶饱和溶液。

（ii）$BaSO_4$ 初溶饱和溶液电导 $G_{BaSO_4溶液(1)}$ 的测定。取上述制得并冷却的 $BaSO_4$ 初溶饱和溶液的上层清液测定 $G_{BaSO_4溶液(1)}$。

（iii）二次去离子水电导 G_{H_2O} 的测定。取 50 mL 二次去离子水，测定其 G_{H_2O}（注意操作要迅速）。

（iv）$K^{\ominus}_{sp,BaSO_4(1)}$ 的计算。$K^{\ominus}_{sp,BaSO_4(1)}$ 按下式计算：

$$K^{\ominus}_{sp,BaSO_4(1)}=\left[1000\times\frac{(G_{BaSO_4(溶液)}-G_{H_2O})\dfrac{l}{A}}{\lambda_{0BaSO_4}}\right]^2 \tag{9-1}$$

式中：$\frac{l}{A}$ 为电极常数，由电极标出；λ_{0BaSO_4} 为 $BaSO_4$ 的极限摩尔电导率。

（2）$BaSO_4$ 饱和溶液溶度积 $K^{\ominus}_{sp,BaSO_4(2)}$ 的测定。

（i）$BaSO_4$ 饱和溶液的制备。分别取不同沉淀条件所得的 $BaSO_4$ 0.2 g，置于 100 mL 烧杯中，加二次去离子水 60～80 mL，加热煮沸 5 min，并不断搅拌，然后静置，用去离子水洗 3 次，再加去离子水 60～80 mL，并加热煮沸 2 min，静置、冷却至室温，得 $BaSO_4$ 饱和溶液。

（ii）$BaSO_4$ 饱和溶液电导 $G_{BaSO_4溶液(2)}$ 的测定。取上述制得并冷却的 $BaSO_4$ 饱和溶液的上层清液测定 $G_{BaSO_4溶液(2)}$。

（iii）$K^{\ominus}_{sp,BaSO_4(2)}$ 的计算。按式(9-1)计算 $K^{\ominus}_{sp,BaSO_4(2)}$。

四、实验讨论

1. 沉淀温度的影响

在其他条件不变的情况下，考察沉淀温度对 $BaSO_4$ 沉淀状态、$BaCl_2\cdot 2H_2O$ 中 w_B 以及 $K^{\ominus}_{sp,BaSO_4}$ 的影响，其结果填入表 9.4。

表 9.4　沉淀温度对测定 $BaCl_2\cdot 2H_2O$ 中 w_B 及产物 $BaSO_4$ 的 $K^{\ominus}_{sp,BaSO_4}$ 的影响

沉淀条件	$BaSO_4$ 状态(颜色)	w_B/%	$G_{BaSO_4溶液(1)}$/s	$G_{BaSO_4溶液(2)}$/s	$K^{\ominus}_{sp,BaSO_4(1)}$	$K^{\ominus}_{sp,BaSO_4(2)}$
室温沉淀						
加热沉淀						
$BaSO_4$(分析纯)						

2. 沉淀的洗涤的影响

在其他条件不变的情况下，考察沉淀的洗涤对 $BaSO_4$ 沉淀状态、$BaCl_2\cdot 2H_2O$ 中 w_B 以及 $K^{\ominus}_{sp,BaSO_4}$ 的影响，其结果填入表 9.5。

表 9.5 沉淀的洗涤对测定 $BaCl_2 \cdot 2H_2O$ 中 w_B 及产物 $BaSO_4$ 的 $K^\ominus_{sp,BaSO_4}$ 的影响

沉淀条件	$BaSO_4$ 状态(颜色)	w_B/%	$G_{BaSO_4溶液(1)}$/s	$G_{BaSO_4溶液(2)}$/s	$K^\ominus_{sp,BaSO_4(1)}$	$K^\ominus_{sp,BaSO_4(2)}$
不洗涤						
洗涤一遍						
洗涤三遍						
$BaSO_4$(分析纯)						

3. 沉淀的陈化的影响

在其他条件不变的情况下,考察沉淀的陈化对 $BaSO_4$ 沉淀状态、$BaCl_2 \cdot 2H_2O$ 中 w_B 以及 $K^\ominus_{sp,BaSO_4}$ 的影响,其结果填入表 9.6。

表 9.6 沉淀的陈化对测定 $BaCl_2 \cdot 2H_2O$ 中 w_B 及产物 $BaSO_4$ 的 $K^\ominus_{sp,BaSO_4}$ 的影响

沉淀条件	$BaSO_4$ 状态(颜色)	w_B/%	$G_{BaSO_4溶液(1)}$/s	$G_{BaSO_4溶液(2)}$/s	$K^\ominus_{sp,BaSO_4(1)}$	$K^\ominus_{sp,BaSO_4(2)}$
陈化						
不陈化						
$BaSO_4$(分析纯)						

4. 滴加沉淀剂的速率的影响

在其他条件不变的情况下,考察沉淀剂的加入速率对 $BaSO_4$ 沉淀的状态、w_B 以及 $K^\ominus_{sp,BaSO_4}$ 的影响,其结果填入表 9.7。

表 9.7 滴加沉淀剂的速率对测定 $BaCl_2 \cdot 2H_2O$ 中 w_B 及产物 $BaSO_4$ 的 $K^\ominus_{sp,BaSO_4}$ 的影响

沉淀条件	$BaSO_4$ 状态(颜色)	w_B/%	$G_{BaSO_4溶液(1)}$/s	$G_{BaSO_4溶液(2)}$/s	$K^\ominus_{sp,BaSO_4(1)}$	$K^\ominus_{sp,BaSO_4(2)}$
慢加沉淀剂						
快加沉淀剂						
$BaSO_4$(分析纯)						

5. $BaSO_4$ 饱和溶液的制备对 $K^\ominus_{sp,BaSO_4}$ 的影响

对以上不同条件下制备的 $BaSO_4$ 分别制得初溶饱和溶液和饱和溶液(煮沸后洗涤三次),并测其相应的溶度积($K^\ominus_{sp,BaSO_4(1)}$ 和 $K^\ominus_{sp,BaSO_4(2)}$)。

6. 几点说明

(1) 生成 $BaSO_4$ 沉淀的沉淀条件与所得的 $BaSO_4$ 的状态、w_B 以及 $BaSO_4$ 的初溶饱和溶液 $K^\ominus_{sp,BaSO_4(1)}$ 和饱和溶液(煮沸后洗涤三遍后)$K^\ominus_{sp,BaSO_4(2)}$ 有一定的相关性。若实验严格按照晶形沉淀的条件"稀、热、慢、搅、陈"进行操作,所得的 $BaSO_4$ 沉淀的颜色、w_B 以及 $K^\ominus_{sp,BaSO_4(1)}$ 和 $K^\ominus_{sp,BaSO_4(2)}$ 与试剂级的 $BaSO_4$ 的 $K^\ominus_{sp,BaSO_4(1)}$ 和 $K^\ominus_{sp,BaSO_4(2)}$ 相接近;否则实验操作条件控制不好,则误差较大。所以,实验的考核应从所得 $BaSO_4$ 的状态、w_B 以及 $K^\ominus_{sp,BaSO_4}$ 综合测评,并与分析纯 $BaSO_4$ 的相应值($BaSO_4$ 的颜色、w_B 以及 $K^\ominus_{sp,BaSO_4}$)比较。

(2) 该实验是把教学大纲要求的基本实验方法和手段经过改进并有机组合、串联而成的。前一步实验的产物为后一步的原料，可大大减少实验经费。该实验集化学分析(重量分析)和仪器分析于一体，能较全面地培养学生的综合实验技能。以准研究性实验的形式开设，有利于学生创新能力的培养，适合大一新生第二学期开设。

五、参考文献

解从霞，于莹，张振英，等. 2010. 基础化学准研究性实验——$BaCl_2 \cdot 2H_2O$ 中钡的质量分数及硫酸钡溶度积常数的测定. 实验技术与管理，27(12)：151-153.

实验 56　两种 Co(Ⅲ)配合物键合异构体的制备、表征及转化分析

一、实验目的

(1) 通过$[Co(NH_3)_5NO_2]Cl_2$ 和$[Co(NH_3)_5ONO]Cl_2$ 的制备，了解配合物的键合异构现象。

(2) 巩固天平、酸度计的使用以及浓缩、蒸发、抽滤和纯化等基本操作。

(3) 了解红外光谱的原理、仪器的使用及压片技术；学会利用红外光谱图鉴别这两种键合异构体。

(4) 探讨温度、放置时间等条件对键合异构体结构的影响，培养学生的科研素质和创新能力。

(5) 通过讨论、质疑、解释，培养学生发现问题、分析问题、解决实际问题的能力及团结协作精神。

二、仪器与试剂

(1) 仪器：Nicolet 510P FT-IR 红外光谱仪，恒温磁力搅拌器，双孔恒温水浴锅，长颈漏斗，布氏漏斗，吸滤瓶(250 mL)，研钵，酸度计。

(2) 试剂：氨水，无水乙醇，30％双氧水，亚硝酸钠，溴化钾，丙酮，盐酸，氯化钴，氯化铵，实验中所用试剂均为分析纯。

三、实验步骤

1. 教学单元安排

(1) 提前 3～4 周向学生宣布实验内容，要求学生查阅资料，写出实验预习报告，教师要求学生重点讨论键合异构体的制备过程及生成条件对其结构的影响。

(2) 将全班分成 7 组(共 7 个实验方案)，学生随机按题签(具体实验方案)做实验，同一方案每班 4～5 名学生。

(3) 实验结束，全班进行实验汇总，讨论，总结归纳实验结果，每人写一份实验报告。

2. 实验的具体步骤

1) 按文献(钟山，2003)制备前驱物$[Co(NH_3)_5Cl]Cl_2$ 及两种配合物键合异构体$[Co(NH_3)_5NO_2]Cl_2$ 和$[Co(NH_3)_5ONO]Cl_2$

具体步骤如下：

(1) 中间体$[Co(NH_3)_5Cl]Cl_2$的合成。

在 250 mL 烧杯中，将 4.2 g 氯化铵溶解在 25 mL 浓氨水中，不断搅拌下将 8.5 g 研细的 $CoCl_2 \cdot 6H_2O$ 分批加入溶液中，并且应在前一份钴盐溶解后再加入下一份。不断搅拌下缓慢滴加 6.5 mL 30% H_2O_2，再向此溶液中缓慢地加入 25 mL 浓盐酸，将混合物放在水浴上加热 15 min，冷却到室温，抽滤，得到颗粒极细的石膏状的紫红色沉淀，即$[Co(NH_3)_5Cl]Cl_2$。

用 20 mL 冰冷的水将沉淀洗涤多次，然后用 20 mL 6 $mol \cdot L^{-1}$ HCl 洗涤，再用乙醇 20 mL 洗两次、丙酮 10 mL 洗一次，在 100～150 ℃下干燥 1～2 h。计算产率，保留产品供以下试验用。

(2) 键合异构体$[Co(NH_3)_5NO_2]Cl_2$的制备。

在 15 mL 2 $mol \cdot L^{-1}$ $NH_3 \cdot H_2O$ 中溶解 1.0 g $[Co(NH_3)_5Cl]Cl_2$，水浴上加热使其全部溶解{一定要保证 $[Co(NH_3)_5Cl]Cl_2$ 全部溶解形成深紫红色溶液，否则易造成产品产率过低，影响后续实验}，过滤除去不溶物，溶液冷却后用 4 $mol \cdot L^{-1}$ HCl 酸化到 pH=4，加入 1.5 g $NaNO_2$，加热使析出的沉淀全部溶解，冷却溶液后，慢慢地加入 15 mL 浓盐酸，在冰中冷却，滤出棕黄色晶体，以 20 mL 无水乙醇洗涤，风干保存，并摄取该异构体的红外光谱。

(3) 键合异构体$[Co(NH_3)_5ONO]Cl_2$的制备。

在 20 mL 水和 7 mL 浓氨水混合物中溶解 1.0 g 中间体，在水浴上加热，使其全部溶解，过滤除去不溶物，滤液冷却后，以 4 $mol \cdot L^{-1}$ HCl 酸化到 pH=3～4，冷却后，加入 1.0 g $NaNO_2$，搅拌使其溶解，再在冰水浴中冷却结晶，有橙红色晶体析出，过滤晶体，用 20 mL 冰冷的水和 20 mL 无水乙醇洗涤，室温干燥，并摄取该异构体的红外光谱。

2) 温度对异构体转化的影响

取制备的$[Co(NH_3)_5ONO]Cl_2$ 0.3 g 加入 30 mL 的水，水浴加热并不断搅拌使其溶解，在不同温度下结晶，过滤晶体，在室温下烘干，观察不同温度下晶体的颜色。

3) 放置时间对异构体转化的影响

将新鲜制得的$[Co(NH_3)_5ONO]Cl_2$放于干燥器中保存两天，观察其颜色变化，摄取红外光谱，并与新鲜制品的谱图进行比较。

4) 红外光谱测定条件

将上述新鲜制备的两种异构体粉末用 KBr 压片，在 400～4000 cm^{-1} 范围内摄取红外光谱。

四、实验讨论

1. 两种配合物键合异构体的红外光谱分析

根据两种配合物键合异构体的红外光谱图，重点对 N—O 键的特征吸收峰进行比较。

2. 温度对异构体转化的影响

在其他条件不变的情况下，考察反应温度对配合物键合异构体状态及结构的影响，其结果填入表 9.8。

表 9.8 随温度的变化$[Co(NH_3)_5ONO]Cl_2$的转化情况

温度	25 ℃	50 ℃	60 ℃	70 ℃	80 ℃	90 ℃
晶体颜色						

3. 放置时间对异构体转化的影响

将新鲜制得的配合物键合异构体在干燥器中放置 2 d 后，观察其颜色变化，并摄取红外光谱，参考红外谱图对其结构的转变进行分析。

4. 对实验结果进行总结讨论

实验结束后，经分组讨论、解释及总结，在此基础上写出实验报告，重点讨论反应温度和放置时间对两种键合异构体结构的影响。此外，指导教师就本实验所涉及的基本操作技能和红外光谱检测技术进行简单介绍，并对实验进行归纳总结。

五、参考文献

王小燕，王书文，王春芙，等. 2014. 两种钴(Ⅲ)配合物键合异构体的制备表征及转化分析. 实验技术与管理，31(7)：190-192.

钟山. 2003. 中级无机化学实验. 北京：高等教育出版社.

附　　录

附录1　298.15 K时弱酸在水中的离解常数

名称	分子式	离解常数 K_a		pK_a	
砷　酸	H_3AsO_4	K_{a_1}	6.5×10^{-3}	pK_{a_1}	2.19
		K_{a_2}	1.15×10^{-7}	pK_{a2}	6.94
		K_{a_3}	3.2×10^{-12}	pK_{a_3}	11.50
亚砷酸	$HAsO_2$		6.0×10^{-10}		9.22
硼　酸	H_3BO_3		5.8×10^{-10}		9.24
碳　酸	H_2CO_3	K_{a_1}	4.2×10^{-7}		6.38
		K_{a_2}	5.6×10^{-11}		10.25
氢氰酸	HCN		4.9×10^{-10}		9.31
氢硫酸	H_2S	K_{a_1}	8.9×10^{-8}	pK_{a_1}	7.05
		K_{a_2}	1.2×10^{-13}	pK_{a_2}	12.92
磷　酸	H_3PO_4	K_{a_1}	6.9×10^{-3}	pK_{a_1}	2.16
		K_{a_2}	6.2×10^{-8}	pK_{a_2}	7.21
		K_{a_3}	4.8×10^{-13}	pK_{a_3}	12.32
硅　酸	H_2SiO_3	K_{a_1}	1.7×10^{-10}	pK_{a_1}	9.77
		K_{a_2}	1.6×10^{-12}	pK_{a_2}	11.88
硫　酸	H_2SO_4	K_{a_2}	1.2×10^{-2}	pK_{a_2}	1.92
亚硫酸	$H_2SO_3(SO_2+H_2O)$	K_{a_1}	1.29×10^{-2}	pK_{a_1}	1.89
		K_{a_2}	6.3×10^{-8}	pK_{a_2}	7.20
甲　酸	HCOOH		1.7×10^{-4}		3.77
乙　酸	CH_3COOH		1.75×10^{-5}		4.76
丙　酸	C_2H_5COOH		1.35×10^{-5}		4.87
氯乙酸	$ClCH_2COOH$		1.38×10^{-3}		2.86
二氯乙酸	$Cl_2CHCOOH$		5.5×10^{-2}		1.26
氨基乙酸	$NH_3^+CH_2COOH$	K_{a_1}	4.5×10^{-3}	pK_{a_1}	2.35
	$NH_3^+CH_2COO^-$	K_{a_2}	1.7×10^{-10}	pK_{a_2}	9.78
苯甲酸	C_6H_5COOH		6.2×10^{-5}		4.21
乙二酸	$H_2C_2O_4$	K_{a_1}	5.6×10^{-2}	pK_{a_1}	1.25
		K_{a_2}	5.1×10^{-5}	pK_{a_2}	4.29
α-酒石酸	CH(OH)COOH | CH(OH)COOH	K_{a_1}	9.1×10^{-4}	pK_{a_1}	3.04
		K_{a_2}	4.3×10^{-5}	pK_{a_2}	4.37
琥珀酸	CH_2COOH | CH_2COOH	K_{a_1}	6.2×10^{-5}	pK_{a_1}	4.21
		K_{a_2}	2.3×10^{-6}	pK_{a_2}	5.64

续表

名称	分子式	离解常数 K_a		pK_a	
邻苯二甲酸	$C_6H_4(COOH)_2$	K_{a_1}	1.12×10^{-3}	pK_{a_1}	2.95
		K_{a_2}	3.91×10^{-6}	pK_{a_2}	5.41
柠檬酸	CH_2COOH | $C(OH)COOH$ | CH_2COOH	K_{a_1}	7.4×10^{-4}	pK_{a_1}	3.13
		K_{a_2}	1.7×10^{-5}	pK_{a_2}	4.76
		K_{a_3}	4.0×10^{-7}	pK_{a_3}	6.40
苯　酚	C_6H_5OH		1.12×10^{-10}		9.95
顺丁烯二酸	$CHCOOH$ ‖ $CHCOOH$	K_{a_1}	1.2×10^{-2}	pK_{a_1}	1.92
		K_{a_2}	6.0×10^{-7}	pK_{a_2}	6.22
氢氟酸	HF		6.8×10^{-4}		3.17
铬　酸	H_2CrO_4	K_{a_2}	3.2×10^{-7}	pK_{a_2}	6.50
水杨酸(18 ℃)	$C_6H_4(OH)COOH$	K_{a_1}	1.07×10^{-3}	pK_{a_1}	2.97
		K_{a_2}	4×10^{-14}	pK_{a_2}	13.40

附录 2　298.15 K 时弱碱在水中的离解常数

名　称	分子式	离解常数 K_b		pK_b	
氨　水	$NH_3\cdot H_2O$		1.8×10^{-5}		4.75
联　氨	$H_2N—NH_2$	K_{b_1}	9.8×10^{-7}	pK_{b_1}	6.01
		K_{b_2}	1.32×10^{-15}	pK_{b_2}	14.88
羟　胺	NH_2OH		9.1×10^{-9}		8.04
苯　胺	$C_6H_5NH_2$		4.2×10^{-10}		9.38
苯甲胺(20 ℃)	$C_6H_5CH_2NH_2$		2.14×10^{-5}		4.67
甲　胺	CH_3NH_2		4.2×10^{-4}		3.38
乙　胺	$C_2H_5NH_2$		4.3×10^{-4}		3.37
乙二胺	$H_2NCH_2CH_2NH_2$	K_{b_1}	8.5×10^{-5}	pK_{b_1}	4.07
		K_{b_2}	7.1×10^{-8}	pK_{b_2}	7.15
三乙醇胺	$N(CH_2CH_2OH)_3$		5.8×10^{-7}		6.24
六亚甲基四胺	$C_6H_{12}N_4$		1.35×10^{-9}		8.87
吡　啶	C_5H_5N		1.8×10^{-9}		8.74

附录 3　常用酸碱试剂的浓度和密度

酸碱	浓 HCl	浓 HNO_3	浓 H_2SO_4	浓 H_3PO_4	浓 HAc	浓 $NH_3\cdot H_2O$
浓度/$mol\cdot L^{-1}$(近似)	12.2	15.7	18	15	17	15
密度/$g\cdot mL^{-1}$	1.19	1.42	1.84	1.7	1.05	0.90

附录 4 常用酸碱指示剂

指示剂名称	pH 变色范围	颜色变化	$pK_{HIn}^{\ominus}$	配制方法
0.1% 百里酚蓝	1.2～2.8	红～黄	1.7	0.1 g 百里酚蓝溶于 20 mL 乙醇中，加水至 100 mL
0.1% 甲基橙	3.1～4.4	红～黄	3.4	0.1 g 甲基橙溶于 100 mL 热水中
0.1% 溴酚蓝	3.0～4.6	黄～紫	4.1	0.1 g 溴酚蓝溶于 20 mL 乙醇中，加水至 100 mL
0.1% 溴甲酚绿	4.0～5.6	黄～蓝	4.9	0.1 g 溴甲酚绿溶于 20 mL 乙醇中，加水至 100 mL
0.1% 甲基红	4.4～6.2	红～黄	5.0	0.1 g 甲基红溶于 60 mL 乙醇中，加水至 100 mL
0.1% 溴百里酚蓝	6.2～7.6	黄～蓝	7.3	0.1 g 溴百里酚蓝溶于 20 mL 乙醇中，加水至 100 mL
0.1% 中性红	6.8～8.0	红～黄橙	7.4	0.1 g 中性红溶于 60 mL 乙醇中，加水至 100 mL
0.2% 酚酞	8.0～10.0	无～红	9.1	0.2 g 酚酞溶于 90 mL 乙醇中，加水至 100 mL
0.1% 百里酚蓝	8.0～9.6	黄～蓝	8.9	0.1 g 百里酚蓝溶于 20 mL 乙醇中，加水至 100 mL
0.1% 百里酚酞	9.4～10.6	无～蓝	10.0	0.1 g 百里酚酞溶于 90 mL 乙醇中，加水至 100 mL

附录 5 常用酸碱混合指示剂

指示剂溶液的组成	变色时 pH	颜色		备 注
		酸色	碱色	
一份 0.1% 甲基黄乙醇溶液 一份 0.1% 次甲基蓝乙醇溶液	3.25	蓝紫	绿	pH=3.2，蓝紫色 pH=3.4，绿色
一份 0.1% 甲基橙水溶液 一份 0.25% 靛蓝二磺酸水溶液	4.1	紫	黄绿	
一份 0.1% 溴甲酚绿钠盐水溶液 一份 0.2% 甲基橙水溶液	4.3	橙	蓝绿	pH=3.5，黄色；pH=4.05，绿色； pH=4.3，浅绿色
三份 0.1% 溴甲酚绿乙醇溶液 一份 0.2% 甲基红乙醇溶液	5.1	酒红	绿	
一份 0.1% 溴甲酚绿钠盐水溶液 一份 0.1% 氯酚红钠盐水溶液	6.1	黄绿	蓝绿	pH=5.4，蓝绿；pH=5.8，蓝；pH=6.0， 蓝带紫；pH=6.2，蓝紫
一份 0.1% 中性红乙醇溶液 一份 0.1% 次甲基蓝乙醇溶液	7.0	紫蓝	绿	pH=7.0，紫蓝
一份 0.1% 甲酚红钠盐水溶液 三份 0.1% 百里酚蓝钠盐水溶液	8.3	黄	紫	pH=8.2，玫瑰红 pH=8.4，清晰的紫色
一份 0.1% 百里酚蓝 50%乙醇溶液 三份 0.1% 酚酞 50%乙醇溶液	9.0	黄	紫	从黄到绿，再到紫
一份 0.1% 酚酞乙醇溶液 一份 0.1% 百里酚酞乙醇溶液	9.9	无	紫	pH=9.6，玫瑰红 pH=10，紫色

附录 6　常用酸碱缓冲溶液及配制方法

缓冲溶液组成	pH	配制方法
氨基乙酸-HCl	2.3	150 g 氨基乙酸溶于 500 mL 水中后，加 80 mL 浓 HCl，稀释至 1000 mL
H_3PO_4-柠檬酸盐	2.5	113 g $Na_2HPO_4 \cdot 12H_2O$，溶于 200 mL 水中后，加柠檬酸 387 g 溶解，过滤后稀释至 1000 mL
一氯乙酸-NaOH	2.8	200 g 一氯乙酸，溶于 200 mL 水中，加 NaOH 40 g 溶解，稀释至 1000 mL
HAc-NaAc	3.6	8 g $NaAc \cdot 3H_2O$ 溶于适量水中，加 6 mol · L^{-1} HAc 溶液 134 mL，稀释至 500 mL
	4.0	将 60 mL 冰醋酸和 16 g 无水乙酸钠溶于 100 mL 水中，稀释至 500 mL
	4.5	将 30 mL 冰醋酸和 30 g 无水乙酸钠溶于 100 mL 水中，稀释至 500 mL
	5.0	将 30 mL 冰醋酸和 60 g 无水乙酸钠溶于 100 mL 水中，稀释至 500 mL
	5.7	100 g $NaAc \cdot 3H_2O$ 溶于适量水中，加 6 mol HAc 溶液 13 mL，稀释至 500 mL
六亚甲基四胺-HCl	5.4	将 40 g 六亚甲基四胺溶于 90 mL 水中，加入 20 mL 6 mol · L^{-1} HCl 溶液
NH_4Ac	7.0	77 g NH_4Ac 溶于适量水中，稀释至 500 mL
NH_4Cl-$NH_3 \cdot H_2O$	7.5	60 g NH_4Cl 溶于适量水中，加浓氨水 1.4 mL，稀释至 500 mL
	8.0	50 g NH_4Cl 溶于适量水中，加浓氨水 3.5 mL，稀释至 500 mL
	8.5	40 g NH_4Cl 溶于适量水中，加浓氨水 8.8 mL，稀释至 500 mL
	9.0	35 g NH_4Cl 溶于适量水中，加浓氨水 24 mL，稀释至 500 mL
	9.5	30 g NH_4Cl 溶于适量水中，加浓氨水 65 mL，稀释至 500 mL
	10.0	27 g NH_4Cl 溶于适量水中，加浓氨水 175mL，稀释至 500 mL
	11.0	3g NH_4Cl 溶于适量水中，加浓氨水 207 mL，稀释至 500 mL

附录 7　常用的沉淀指示剂

指示剂名称	颜色变化	可测元素	测定条件	配制方法
荧光黄	黄绿～粉红	Cl^-，Br^-，I^-，SCN^-	中性或弱碱性	1% 钠盐水溶液
二氯荧光黄	黄绿～粉红	Cl^-，Br^-，I^-	pH＝4.4～7.2	1% 钠盐水溶液
曙红	橙红～红紫	Br^-，I^-	pH＝1～2	1% 钠盐水溶液
铬酸钾	黄～砖红色	Cl^-，Br^-，I^- SCN^-，Ag^+	pH＝6.5～10.5	5%铬酸钾水溶液
硫酸铁铵	无色～血红色	Ag^+，Cl^-，Br^-，I^-	$[H^+]$＝0.1～1.0mol · L^{-1}	$NH_4Fe(SO_4)_2 \cdot 12H_2O$ 饱和水溶液，加几滴浓 H_2SO_4

附录 8　常用氧化还原性指示剂

指示剂	φ'_{In}/V （$[H^+]$＝1 mol · L^{-1}）	颜色		配制方法
		氧化型	还原型	
二苯胺	0.76	紫	无色	1%的浓 H_2SO_4 溶液
二苯胺磺酸钠	0.85	紫红	无色	0.5%的水溶液

续表

指示剂	φ'_{In}/V ($[H^+]=1\ mol\cdot L^{-1}$)	颜色		配制方法
		氧化型	还原型	
邻苯氨基苯甲酸	1.08	红	无色	0.1 g 邻苯氨基苯甲酸加 20 mL 5% $NaCO_3$ 溶液，用水稀释至 100 mL
邻二氮菲亚铁	1.06	浅蓝	红色	1.485 g 邻二氮菲和 0.965 g 硫酸亚铁溶于含 2 滴浓 H_2SO_4 的 100 mL 水中
5-硝基邻二氮菲亚铁	1.25	浅蓝	紫红色	1.608 g 5-硝基邻二氮菲和 0.695 g 硫酸亚铁溶于含 2 滴浓 H_2SO_4 的100 mL水中

附录 9　常用金属指示剂的使用情况

指示剂	颜色变化		pH 范围	直接滴定的离子	指示剂配制
	In	MIn			
铬黑 T (EBT)	蓝	酒红	8～11	Pb^{2+}、Mg^{2+}、Zn^{2+}、Cd^{2+}等	(1) 将 0.2 g 铬黑 T 溶于 15 mL 三乙醇胺及 5 mL 甲醇中 (2) 将 1 g 铬黑 T 与 100 g NaCl 研细混匀(1∶100)
二甲酚橙(XO)	黄	紫红	<6.3	Bi^{3+}、Zn^{2+}、Pb^{2+}、Cd^{2+}、Hg^{2+}及稀土等	将 0.1 g 二甲酚橙溶于 100 mL 离子交换水中
吡啶偶氮萘酚(PAN)	黄	紫红	1.9～12.2	Cu^{2+}、Bi^{3+}、Ni^{2+}、Th^{4+}等	将 0.2 g PAN 溶于 100 mL 离子交换水中
钙指示剂	蓝	酒红	12～13	Ca^{2+}	将 0.5 g 钙指示剂与 100 g NaCl 研细混匀
磺基水杨酸	无	紫红	1.5～2.5	Fe^{3+}	10% 水溶液

附录 10　常见难溶电解质的溶度积 $K_{sp}^{\ominus}$(298.15K，离子强度 $I=0$)

难溶电解质	$K_{sp}^{\ominus}$	难溶电解质	$K_{sp}^{\ominus}$
AgCl	1.77×10^{-10}	$Ag_2S(\beta)$	1.09×10^{-49}
AgBr	5.35×10^{-13}	$Al(OH)_3$	2×10^{-33}
AgI	8.51×10^{-17}	$BaCO_3$	2.58×10^{-9}
Ag_2CO_3	8.45×10^{-12}	$BaSO_4$	1.07×10^{-10}
Ag_2CrO_4	1.12×10^{-12}	$BaCrO_4$	1.17×10^{-10}
Ag_2SO_4	1.20×10^{-5}	$CaCO_3$	4.96×10^{-9}
$Ag_2S(\alpha)$	6.69×10^{-50}	$CaC_2O_4\cdot H_2O$	2.34×10^{-9}

续表

难溶电解质	$K_{sp}^{\ominus}$	难溶电解质	$K_{sp}^{\ominus}$
CaF_2	1.46×10^{-10}	$Mn(OH)_2$	2.06×10^{-13}
$Ca_3(PO_4)_2$	2.07×10^{-33}	MnS	4.65×10^{-14}
$CaSO_4$	7.10×10^{-5}	$Ni(OH)_2$	5.47×10^{-16}
$Cd(OH)_2$	5.27×10^{-15}	NiS	1.07×10^{-21}
CdS	1.40×10^{-29}	$PbCl_2$	1.17×10^{-5}
$Co(OH)_2$(桃红)	1.09×10^{-15}	$PbCO_3$	1.46×10^{-13}
$Co(OH)_2$(蓝)	5.92×10^{-15}	$PbCrO_4$	1.77×10^{-14}
CoS(α)	4.0×10^{-21}	PbF_2	7.12×10^{-7}
CoS(β)	2.0×10^{-25}	$PbSO_4$	1.82×10^{-8}
$Cr(OH)_3$	7.0×10^{-31}	PbS	9.04×10^{-29}
CuI	1.27×10^{-12}	PbI_2	8.49×10^{-9}
CuS	1.27×10^{-36}	$Pb(OH)_2$	1.6×10^{-17}
$Fe(OH)_2$	4.87×10^{-17}	$SrCO_3$	5.60×10^{-10}
$Fe(OH)_3$	2.64×10^{-39}	$SrSO_4$	3.44×10^{-7}
FeS	1.59×10^{-19}	$ZnCO_3$	1.19×10^{-10}
Hg_2Cl_2	1.45×10^{-18}	$Zn(OH)_2$(α)	6.68×10^{-17}
HgS(黑)	6.44×10^{-53}	$Zn(OH)_2$(β)	7.71×10^{-17}
$MgCO_3$	6.82×10^{-6}	$Zn(OH)_2$(γ)	4.12×10^{-17}
$Mg(OH)_2$	5.61×10^{-12}	ZnS	2.93×10^{-25}

附录 11　标准电极电势(298.15 K)

电极反应	$\varphi^{\ominus}$/V
$1/2F_2+H^++e^-\rightleftharpoons HF$	3.03
$F_2+2e^-\rightleftharpoons 2F^-$	2.87
$O_3+2H^++2e^-\rightleftharpoons O_2+H_2O$	2.07
$S_2O_8^{2-}+2e^-\rightleftharpoons 2SO_4^{2-}$	2.0
$H_2O_2+2H^++2e^-\rightleftharpoons 2H_2O$	1.776
$PbO_2+SO_4^{2-}+4H^++2e^-\rightleftharpoons PbSO_4+2H_2O$	1.685
$MnO_4^-+4H^++3e^-\rightleftharpoons MnO_2+2H_2O$	1.679
$HClO+H^++e^-\rightleftharpoons 1/2Cl_2+H_2O$	1.63
$BrO_3^-+6H^++5e^-\rightleftharpoons 1/2Br_2+3H_2O$	1.52
$Mn^{3+}+e^-\rightleftharpoons Mn^{2+}$	1.51

续表

电极反应	$\varphi^{\ominus}$/V
$MnO_4^- + 8H^+ + 5e^- \rightleftharpoons Mn^{2+} + 4H_2O$	1.491
$HClO + H^+ + 2e^- \rightleftharpoons Cl^- + H_2O$	1.49
$ClO_3^- + 6H^+ + 5e^- \rightleftharpoons 1/2Cl_2 + 3H_2O$	1.47
$PbO_2 + 4H^+ + 2e^- \rightleftharpoons Pb^{2+} + 2H_2O$	1.46
$ClO_3^- + 6H^+ + 6e^- \rightleftharpoons Cl^- + 3H_2O$	1.45
$Ce^{4+} + e^- \rightleftharpoons Ce^{3+}$	1.4430
$BrO_3^- + 6H^+ + 6e^- \rightleftharpoons Br^- + 3H_2O$	1.44
$Au^{3+} + 3e^- \rightleftharpoons Au$	1.42
$Cl_2 + 2e^- \rightleftharpoons 2Cl^-$	1.3583
$Cr_2O_7^{2-} + 14H^+ + 6e^- \rightleftharpoons 2Cr^{3+} + 7H_2O$	1.33
$O_2 + 4H^+ + 4e^- \rightleftharpoons 2H_2O$	1.229
$MnO_2 + 4H^+ + 2e^- \rightleftharpoons Mn^{2+} + 2H_2O$	1.208
$2IO_3^- + 12H^+ + 10e^- \rightleftharpoons I_2 + 6H_2O$	1.19
$Br_2(aq) + 2e^- \rightleftharpoons 2Br^-$	1.087
$IO_3^- + 6H^+ + 6e^- \rightleftharpoons I^- + 3H_2O$	1.085
$VO_2^+ + 2H^+ + e^- \rightleftharpoons VO^{2+} + H_2O$	1.00
$HNO_2 + H^+ + e^- \rightleftharpoons NO + H_2O$	0.99
$NO_3^- + 4H^+ + 3e^- \rightleftharpoons NO + 2H_2O$	0.96
$NO_3^- + 3H^+ + 2e^- \rightleftharpoons HNO_2 + H_2O$	0.94
$2Hg^{2+} + 2e^- \rightleftharpoons Hg_2^{2+}$	0.905
$ClO^- + H_2O + 2e^- \rightleftharpoons Cl^- + 2OH^-$	0.90
$Hg^{2+} + 2e^- \rightleftharpoons Hg$	0.851
$1/2O_2 + 2H^+(10^{-7}mol \cdot L^{-1}) + 2e^- \rightleftharpoons H_2O$	0.815
$2NO_3^- + 4H^+ + 2e^- \rightleftharpoons N_2O_4 + 2H_2O$	0.81
$Ag^+ + e^- \rightleftharpoons Ag$	0.7991
$Hg_2^{2+} + 2e^- \rightleftharpoons 2Hg$	0.7961
$Fe^{3+} + e^- \rightleftharpoons Fe^{2+}$	0.771
$O_2 + 2H^+ + 2e^- \rightleftharpoons H_2O_2$	0.682
$MnO_4^- + 2H_2O + 3e^- \rightleftharpoons MnO_2 + 4OH^-$	0.588
$MnO_4^- + e^- \rightleftharpoons MnO_4^{2-}$	0.564
$IO_3^- + 2H_2O + 4e^- \rightleftharpoons IO^- + 4OH^-$	0.56
$I_2 + 2e^- \rightleftharpoons 2I^-$	0.5355

续表

电极反应	$\varphi^{\ominus}/V$
$I_3^- + 2e^- \rightleftharpoons 3I^-$	0.5338
$Cu^+ + e^- \rightleftharpoons Cu$	0.522
$Cu^{2+} + 2e^- \rightleftharpoons Cu$	0.3402
$VO^{2+} + 2H^+ + e^- \rightleftharpoons V^{3+} + H_2O$	0.337
$Hg_2Cl_2 + 2e^- \rightleftharpoons 2Hg + 2Cl^-$	0.2682
$AgCl + e^- \rightleftharpoons Ag + Cl^-$	0.2223
$SbO^+ + 2H^+ + 3e^- \rightleftharpoons Sb + H_2O$	0.212
$Cu^{2+} + e^- \rightleftharpoons Cu^+$	0.158
$Sn^{4+} + 2e^- \rightleftharpoons Sn^{2+}$	0.15
$S + 2H^+ + 2e^- \rightleftharpoons H_2S(aq)$	0.141
$S_4O_6^{2-} + 2e^- \rightleftharpoons 2S_2O_3^{2-}$	0.09
$AgBr + e^- \rightleftharpoons Ag + Br^-$	0.0713
$2H^+ + 2e^- \rightleftharpoons H_2$	0.000
$Fe^{3+} + 3e^- \rightleftharpoons Fe^-$	−0.036
$Ag_2S + 2H^+ + 2e^- \rightleftharpoons 2Ag + H_2S$	−0.0366
$O_2 + H_2O + 2e^- \rightleftharpoons HO_2^- + OH^-$	−0.076
$CrO_4^{2-} + 4H_2O + 3e^- \rightleftharpoons Cr(OH)_3 + 5OH^-$	−0.12
$Pb^{2+} + 2e^- \rightleftharpoons Pb$	−0.1263
$Sn^{2+} + 2e^- \rightleftharpoons Sn$	−0.1364
$O_2 + 2H_2O + 2e^- \rightleftharpoons H_2O_2 + OH^-$	−0.146
$AgI + e^- \rightleftharpoons Ag + I^-$	−0.1519
$Ni^{2+} + 2e^- \rightleftharpoons Ni$	−0.23
$Co^{2+} + 2e^- \rightleftharpoons Co$	−0.28
$Cd^{2+} + 2e^- \rightleftharpoons Cd$	−0.4026
$Cr^{3+} + e^- \rightleftharpoons Cr^{2+}$	−0.440
$Fe^{2+} + 2e^- \rightleftharpoons Fe^-$	−0.4402
$2CO_2 + 2H^+ + 2e^- \rightleftharpoons H_2C_2O_4$	−0.49
$S + 2e^- \rightleftharpoons S^{2-}$	−0.508
$2SO_3^{2-} + 3H_2O + 4e^- \rightleftharpoons S_2O_3^{2-} + 6OH^-$	−0.58
$Zn^{2+} + 2e^- \rightleftharpoons Zn$	−0.7628
$SO_4^{2-} + H_2O + 2e^- \rightleftharpoons SO_3^{2-} + 2OH^-$	−0.92
$Sn(OH)_6^{2-} + 2e^- \rightleftharpoons HSnO_2^- + 3OH^- + H_2O$	−0.96

续表

电极反应	$\varphi^{\ominus}$/V
$Mn^{2+}+2e^- \rightleftharpoons Mn$	−1.029
$ZnO_2^{2-}+2H_2O+2e^- \rightleftharpoons Zn+4OH^-$	−1.216
$H_2AlO_3^-+H_2O+3e^- \rightleftharpoons Al+4OH^-$	−2.35
$Mg^{2+}+2e^- \rightleftharpoons Mg$	−2.375
$Na^++e^- \rightleftharpoons Na$	−2.7109
$Ca^{2+}+2e^- \rightleftharpoons Ca$	−2.76
$Sr^{2+}+2e^- \rightleftharpoons Sr$	−2.89
$Ba^{2+}+2e^- \rightleftharpoons Ba$	−2.90
$K^++e^- \rightleftharpoons K$	−2.924
$Li^++e^- \rightleftharpoons Li$	−3.045

附录 12　条件电极电位(298.15 K)

电极反应	条件电极电位/V	反应介质
$H_3AsO_4+2H^++2e^- \rightleftharpoons H_3AsO_3+H_2O$	0.58	1 mol·L^{-1} HCl
$AsO_4^{3-}+2H_2O+2e^- \rightleftharpoons AsO_2^-+4OH^-$	0.08	1 mol·L^{-1}NaOH
$Ce^{4+}+e^- \rightleftharpoons Ce^{3+}$	1.4587	0.5 mol·L^{-1} H_2SO_4
$Cr_2O_7^{2-}+14H^++6e^- \rightleftharpoons 2Cr^{3+}+7H_2O$	1.00	1 mol·L^{-1} HCl
	1.08	3 mol·L^{-1} HCl
	1.08	0.5 mol·L^{-1} H_2SO_4
	1.11	2 mol·L^{-1} H_2SO_4
	1.15	4 mol·L^{-1} H_2SO_4
	1.025	1 mol·L^{-1} $HClO_4$
$Fe^{3+}+e^- \rightleftharpoons Fe^{2+}$	0.770	1 mol·L^{-1} HCl
	0.747	1 mol·L^{-1} $HClO_4$
$Fe^{3+}+e^- \rightleftharpoons Fe^{2+}$	0.438	1 mol·L^{-1} H_3PO_4
	0.679	0.5 mol·L^{-1} H_2SO_4
$Fe(Ph)_3^{3+}+e^- \rightleftharpoons Fe(Ph)_3^{2+}$	1.056	2 mol·L^{-1} H_2SO_4
$Hg_2Cl_2+2e^- \rightleftharpoons 2Hg+2Cl^-$	0.3337	0.1 mol·L^{-1}KCl
	0.2807	1 mol·L^{-1}KCl
	0.2415	饱和 KCl 溶液
$I_3^-+2e^- \rightleftharpoons 3I^-$	0.5446	0.5 mol·L^{-1} H_2SO_4
$I_2(aq)+2e^- \rightleftharpoons 2I^-$	0.6276	0.5 mol·L^{-1} H_2SO_4
$MnO_4^-+8H^++5e^- \rightleftharpoons Mn^{2+}+4H_2O$	1.45	1 mol·L^{-1} $HClO_4$
$Sn^{4+}+2e^- \rightleftharpoons Sn^{2+}$	0.070	0.1 mol·L^{-1} HCl
	0.139	1 mol·L^{-1} HCl

附录 13　一些常见配离子的稳定常数

配离子	$K^{\ominus}_{稳}$	$\lg K^{\ominus}_{稳}$	配离子	$K^{\ominus}_{稳}$	$\lg K^{\ominus}_{稳}$
1∶1			1∶4		
$[NaY]^{3-}$	4.57×10^{1}	1.66	$[CdCl_4]^{2-}$	3.09×10^{2}	2.49
$[AgY]^{3-}$	2.00×10^{7}	7.30	$[Cd(SCN)_4]^{2-}$	3.80×10^{2}	2.58
$[MgY]^{2-}$	4.90×10^{8}	8.69	$[Co(SCN)_4]^{2-}$	1.00×10^{3}	3.00
$[CaY]^{2-}$	4.90×10^{10}	10.96	$[CdI_4]^{2-}$	3.02×10^{6}	6.48
$[FeY]^{2-}$	2.14×10^{14}	14.33	$[Cd(NH_3)_4]^{2+}$	1.29×10^{7}	7.11
$[CdY]^{2-}$	3.16×10^{16}	16.50	$[Zn(NH_3)_4]^{2+}$	2.88×10^{9}	9.46
$[NiY]^{2-}$	4.68×10^{18}	18.67	$[Cu(NH_3)_4]^{2+}$	1.70×10^{13}	13.23
$[CuY]^{2-}$	6.38×10^{18}	18.80	$[Cu(en)_2]^{2+}$	3.98×10^{19}	19.60
$[HgY]^{2-}$	6.30×10^{21}	21.80	$[HgCl_4]^{2-}$	1.26×10^{15}	15.10
$[FeY]^{-}$	1.26×10^{25}	25.10	$[Zn(CN)_4]^{2-}$	1.00×10^{6}	16.00
$[CoY]^{-}$	1.00×10^{36}	36.00	$[Cu(CN)_4]^{2-}$	2.00×10^{27}	27.30
1∶2			$[HgI_4]^{2-}$	6.80×10^{29}	29.83
$[Ag(NH_3)_2]^{+}$	1.60×10^{7}	7.23	$[Hg(CN)_4]^{2-}$	1.00×10^{41}	41.00
$[Ag(en)]^{+}$	6.31×10^{7}	7.80	$[Ni(CN)_4]^{2-}$	2.0×10^{31}	31.30
$[Ag(SCN)_2]^{-}$	3.71×10^{7}	8.60	1∶6		
$[Cu(NH_3)_2]^{+}$	7.41×10^{10}	10.87	$[Co(NH_3)_6]^{2+}$	1.29×10^{5}	5.11
$[Ag(CN)_2]^{-}$	1.00×10^{21}	21.00	$[Cd(NH_3)_6]^{2+}$	1.29×10^{7}	7.11
$[Cu(CN)_2]^{-}$	1.00×10^{24}	24.00	$[Ni(NH_3)_6]^{2+}$	1.10×10^{8}	8.04
$[Au(CN)_2]^{-}$	2.00×10^{38}	38.30	$[Co(NH_3)_6]^{3+}$	1.41×10^{35}	35.15
$[Ag(S_2O_3)_2]^{3-}$	2.88×10^{13}	13.46	$[AlF_6]^{3-}$	6.92×10^{19}	19.84
1∶3			$[Fe(CN)_6]^{3-}$	1.00×10^{42}	42.00
$[Fe(SCN)_3]$	2.00×10^{3}	3.30	$[Fe(CN)_6]^{4-}$	1.00×10^{35}	35.00
$[Al(C_2O_4)_3]^{3-}$	2.00×10^{16}	16.30	$[Co(CN)_6]^{3-}$	1.00×10^{64}	64.00
$[Fe(C_2O_4)_3]^{3-}$	1.58×10^{20}	20.20	$[FeF_6]^{3-}$	1.00×10^{16}	16.00

附录 14　常见离子和化合物的颜色

离子及化合物颜色	离子及化合物颜色	离子及化合物颜色
Ag_2O 褐色	Ag_2CrO_4 砖红色	$Ag_2S_2O_3$ 白色
AgCl 白色	$Ag_2C_2O_4$ 白色	$Ag_3[Fe(CN)_6]$橙色
Ag_2CO_3 白色	AgCN 白色	$Ag_4[Fe(CN)_6]$白色
Ag_3PO_4 黄色	AgSCN 白色	AgBr 淡黄色

续表

离子及化合物颜色	离子及化合物颜色	离子及化合物颜色
AgI 黄色	$[CuI_2]^-$ 黄色	CuI 白色
Ag_2S 黑色	$[Cu(NH_3)_4]^{2+}$ 深蓝色	CuS 黑色
Ag_2SO_4 白色	CdO 棕灰色	CrO_3 暗红色
$Al(OH)_3$ 白色	$Cd(OH)_2$ 白色	CaO 白色
$BaSO_4$ 白色	$CdCO_3$ 白色	$Ca(OH)_2$ 白色
$BaSO_3$ 白色	CdS 黄色	$CaSO_4$ 白色
BaS_2O_3 白色	$[Cr(H_2O)_6]^{2+}$ 天蓝色	$CaCO_3$ 白色
$BaCO_3$ 白色	$CoCl_2 \cdot 2H_2O$ 紫红色	$Ca_3(PO_4)_2$ 白色
$Ba_3(PO_4)_2$ 白色	$CoCl_2 \cdot 6H_2O$ 粉红色	$Fe_2(SiO_3)_3$ 棕红色
$BaCrO_4$ 黄色	CoS 黑色	FeC_2O_4 淡黄色
Ba_2O_4 白色	$CoSO_4 \cdot 7H_2O$ 红色	$Fe_3[Fe(CN)_6]_2$ 蓝色
$BiOCl$ 白色	$CoSiO_3$ 紫色	$Fe_4[Fe(CN)_6]_3$ 蓝色
BiI_3 白色	$Cr(OH)_3$ 灰绿色	$[Fe(H_2O)_6]^{2+}$ 浅绿色
Bi_2S_3 黑色	$CrCl_3 \cdot 6H_2O$ 绿色	$[Fe(H_2O)_6]^{3+}$ 淡紫色
Bi_2O_3 黄色	Cr_2O_3 绿色	$[Fe(CN)_6]^{4-}$ 黄色
$Bi(OH)_3$ 黄色	$Cr_2(SO_4)_3 \cdot 6H_2O$ 绿色	$[Fe(CN)_6]^{3-}$ 红棕色
$BiO(OH)$ 灰黄色	$Cr_2(SO_4)_3$ 桃红色	$[Fe(SCN)_n]^{3-n}$ 血红色
$BiO(OH)CO_3$ 白色	$Cr_2(SO_4) \cdot 18H_2O$ 紫色	Fe_2O_3 棕红色
$CaHPO_4$ 白色	$[Cr(H_2O)_6]^{3+}$ 蓝紫色	$Fe(OH)_2$ 白色
$CaSO_3$ 白色	CrO_2^- 绿色	$Fe(OH)_3$ 红棕色
$[Co(H_2O)_6]^{2+}$ 粉红色	CrO_4^{2-} 黄色	$FeCl_3 \cdot 6H_2O$ 黄棕色
$[Co(NH_3)_6]^{2+}$ 黄色	$Cr_2O_7^{2-}$ 橙色	FeS 黑色
$[Co(NH_3)_6]^{3+}$ 橙黄色	CuO 黑色	$[Fe(NO)]SO_4$ 深棕色
$[Co(SCN)_4]^{2-}$ 蓝色	Cu_2O 暗红色	$FeCO_3$ 白色
CoO 灰绿色	$Cu(OH)_2$ 淡蓝色	$FePO_4$ 浅黄色
Co_2O_3 黑色	$Cu(OH)$ 黄色	FeO 黑色
$Co(OH)_2$ 粉红色	$CuCl$ 白色	Fe_2S_3 黑色
$Co(OH)Cl$ 蓝色	$CuSO_4 \cdot 5H_2O$ 蓝色	HgO 红(黄)色
$Co(OH)_3$ 褐棕色	$Cu_2(OH)_2SO_4$ 浅蓝色	Hg_2Cl_2 白黄色
$[Cu(H_2O)_4]^{2+}$ 蓝色	$Cu_2(OH)_2CO_3$ 蓝色	Hg_2I_2 黄色
$[CuCl_2]^-$ 白色	$Cu_2[Fe(CN)_6]$ 红棕色	HgS 红或黑
$[CuCl_4]^{2-}$ 黄色	$Cu(SCN)_2$ 黑绿色	Hg_2SO_4 白色

续表

离子及化合物颜色	离子及化合物颜色	离子及化合物颜色
$Hg_2(OH)_2CO_3$ 红褐色	$NaAc \cdot Zn(Ac)_2 \cdot 3UO_2(Ac)_2 \cdot 9H_2O$	Sb_2O_3 白色
I_2 紫色	黄色	Sb_2O_5 淡黄色
I_3^- 棕黄色	$Ni(CN)_2$ 浅绿色	$Sb(OH)_3$ 白色
$K_2Na[Co(NO_2)_6]$黄色	$Na_3[Fe(CN)_5NO] \cdot 2H_2O$ 红色	SbOCl 白色
$K_3[CO(NO_2)_6]$黄色	$(NH_4)_3PO_4 \cdot 12MoO_3 \cdot 6H_2O$ 黄色	SbI_3 黄色
$[Mn(H_2O)_6]^{2+}$浅红色	$[Ni(H_2O)_6]^{2+}$亮绿色	Sn(OH)Cl 白色
MnO_4^{2-} 绿色	$[Ni(NH_3)_6]^{2+}$蓝色	SnS 棕色
MnO_4^- 紫红色	NiO 暗绿色	$[Ti(H_2O)_6]$紫色
MnO_2 棕色	$NiSiO_3$ 翠绿色	$TiCl_3 \cdot 6H_2O$ 紫或绿
$Mn(OH)_2$ 白色	$PbCl_2$ 白色	TiO_2^{2+} 橙红色
MnS 肉色	PbI_2 黄色	VO^{2+}蓝色
$MnSiO_3$ 肉色	PbS 黑色	$[V(H_2O)_6]^{3+}$绿色
$MgNH_4PO_4$ 白色	$PbSO_4$ 白色	VO_2^+ 黄色
$MgCO_3$ 白色	$PbCO_3$ 白色	V_2O_5 红棕，橙
$Mg(OH)_2$ 白色	$PbCrO_4$ 黄色	$[V(H_2O)_6]^{2+}$蓝紫色
$(NH_4)_2Na[CO(NO_2)_6]$黄色	PbC_2O_4 白色	ZnS 白色
$NaBiO_3$ 黄棕色	$PbMoO_4$ 黄色	$Zn_2(OH)_2CO_3$ 白色
$(NH_4)_2Fe(SO_4)_2 \cdot 6H_2O$ 蓝绿色	PbO_2 棕褐色	ZnC_2O_4 白色
$(NH_4)_2Fe(SO_4)_2 \cdot 12H_2O$ 浅紫色	$PbBr_2$ 白色	$ZnSiO_3$ 白色
$Ni(OH)_2$ 淡绿色	Pb_3O_4 红色	ZnO 白色
$Ni(OH)_3$ 黑色	$Pb(OH)_2$ 白色	$Zn_3[Fe(CN)_6]_2$ 黄褐色
$Na[Sb(OH)_6]$白色	SnS_2 黄色	$Zn_2[Fe(CN)_6]$白色
NiS 黑色	$Sn(OH)_4$ 白色	$Zn(OH)_2$ 白色

附录 15　某些试剂的配制

试剂名称	浓度	配制方法
三氯化铋	$0.1\ mol \cdot L^{-1}$	31.6 g $BiCl_3$ 溶于 330 mL 6 $mol \cdot L^{-1}$ HCl 中，加水稀释至 1 L
三氯化锑	$0.1\ mol \cdot L^{-1}$	22.8 g $SbCl_3$ 溶于 30 mL 6 $mol \cdot L^{-1}$ HCl 中，加水稀释至 1 L
三氯化铁	$1\ mol \cdot L^{-1}$	90 g $FeCl_3 \cdot 6H_2O$ 溶于 80 mL 6 $mol \cdot L^{-1}$ HCl 中，加水稀释至 1 L
三氯化铬	$0.5\ mol \cdot L^{-1}$	44.5 g $CrCl_3 \cdot 6H_2O$ 溶于 40 mL 5 $mol \cdot L^{-1}$ HCl 中，加水稀释至 1 L

续表

试剂名称	浓度	配制方法
氯化亚锡	0.1 mol·L^{-1}	22.6 g $SnCl_2 \cdot 2H_2O$ 溶于 330 mL 16 mol·L^{-1} HCl 中，加水稀释至 1 L，加入数粒纯锡
硝酸汞	0.1 mol·L^{-1}	33.4 g $Hg(NO_3)_2 \cdot 0.5H_2O$ 溶于 1 L 0.6 mol·L^{-1} HNO_3 中
硝酸亚汞	0.1 mol·L^{-1}	56.1 g $Hg_2(NO_3)_2 \cdot 2H_2O$ 溶于 1 L 0.6 mol·L^{-1} HNO_3 中，并加入少许金属汞
硫化钠	2 mol·L^{-1}	240 g $Na_2S \cdot 9H_2O$ 及 40 g NaOH 溶于一定量水中，稀释至 1 L
硫化铵	3 mol·L^{-1}	在 200 mL 浓氨水中通入 H_2S，直至不再吸收为止，然后加入 200 mL 浓氨水，稀释至 1 L
硫酸氧钛 $TiOSO_4$	0.1 mol·L^{-1}	19 g 液态 $TiCl_4$ 溶于 220 mL 1∶1 H_2SO_4 中，再用水稀释至 1 L（注意：液态 $TiCl_4$ 在空气中强烈发烟，因此必须在通风橱中配制）
钼酸铵 $(NH_4)_6Mo_7O_{24}$	0.1 mol·L^{-1}	124 g $(NH_4)_6Mo_7O_{24} \cdot 4H_2O$ 溶于 1 L 水中，将所得溶液倒入 1 L 6mol·L^{-1} NHO_3 中，放置 24 h，取其澄清液
硝酸银-氨溶液		1.7 g $AgNO_3$ 溶于水中，加 17 mL 浓氨水，稀释至 1 L
氯水		在水中通入氯气直至饱和
溴水		在水中滴入液溴直至饱和
碘水	0.1 mol·L^{-1}	2.5 g 碘和 3 g KI 溶于尽可能少量的水中，加水稀释至 1 L
镁试剂		0.01 g 对硝基苯偶氮间苯二酚溶于 1 L 1 mol·L^{-1} NaOH 溶液中
淀粉溶液	1%	将 1 g 淀粉和少量冷水调成糊状，倒入 100 mL 沸水中，煮沸后冷却
奈斯勒试剂		115 g HgI_2 和 80 g KI 溶于水中，稀释至 500 mL，加入 500 mL 6 mol·L^{-1} NaOH 溶液静置后，取其清液，保存在棕色瓶中
二苯硫腙		溶解 0.1 g 二苯硫腙于 1000 mL CCl_4 或 $CHCl_3$ 中
铬黑 T		将铬黑 T 和烘干的 NaCl 按 1∶100 的比例研细，均匀混合，储于棕色瓶中
钙指示剂		将钙指示剂和烘干的 NaCl 按 1∶50 的比例研细，均匀混合，储于棕色瓶中
紫脲酸铵指示剂		1 g 紫脲酸铵加 100 g 氯化钠，研匀
亚硝酰铁氰化钠 $Na_2[Fe(CN)_5NO]$	1%	1 g 亚硝酰铁氰化钠溶于 100 mL 水中，如溶液变成蓝色，则需重新配制（只能保存数天）
甲基橙	0.1%	1 g 甲基橙溶于 1 L 热水中
石蕊	0.5%～1%	5～10 g 石蕊溶于 1 L 水中
酚酞	0.1%	1 g 酚酞溶于 900 mL 乙醇与 100 mL 水的混合液中

续表

试剂名称	浓度	配制方法
淀粉-碘化钾		0.5%淀粉溶液中含 0.1 mol·L^{-1}碘化钾
丁二酮肟		1 g 丁二酮肟溶于 100 mL 95%乙醇中
甲醛		1 份 40%甲醛溶液与 7 份水混合

附录 16　常见化合物的相对分子质量

化合物	相对分子质量	化合物	相对分子质量	化合物	相对分子质量
Ag_3AsO_4	462.52	$BaCl_2$	208.24	$CrCl_3$	158.35
AgBr	187.77	$BaCl_2 \cdot 2H_2O$	244.27	$CaSO_4$	136.14
AgCl	143.32	$BaCrO_4$	253.32	CH_3COOH	60.052
AgCN	133.89	BaO	153.33	$CrCl_3 \cdot 6H_2O$	266.45
AgSCN	165.95	$Ba(OH)_2$	171.34	$Cr(NO_3)_3$	238.01
Ag_2CrO_4	331.73	$BaSO_4$	233.39	Cr_2O_3	151.99
AgI	234.77	$BiCl_3$	315.34	CuCl	98.999
$AgNO_3$	169.87	BiOCl	260.43	$CuCl_2 \cdot 2H_2O$	170.48
$AlCl_3$	133.34	$CdCO_3$	172.42	$CuCl_2$	134.45
$AlCl_3 \cdot 6H_2O$	241.43	$CdCl_2$	183.32	CuSCN	121.62
$Al(NO_3)_3$	213.00	CdS	144.47	CuI	190.45
$Al(NO_3) \cdot 9H_2O$	375.13	$Ce(SO_4)_2$	332.24	$Cu(NO_3)_2$	187.56
Al_2O_3	101.96	$Ce(SO_4)_2 \cdot 4H_2O$	404.30	$Cu(NO_3)_2 \cdot 3H_2O$	241.60
$Al(OH)_3$	78.00	$CoCl_2$	129.84	CuO	79.545
$Al_2(SO_4)_3$	342.14	$CoCl_2 \cdot 6H_2O$	237.93	Cu_2O	143.09
$Al_2(SO_4)_3 \cdot 18H_2O$	666.41	$Co(NO_3)_2$	132.94	CuS	95.61
As_2O_3	197.84	$Co(NO_3)_2 \cdot 6H_2O$	291.03	$CuSO_4$	159.60
As_2O_5	229.84	CoS	90.99	CO_2	44.01
As_2S_3	246.02	$CoSO_4$	154.99	$CuSO_4 \cdot 5H_2O$	249.68
$BaCO_3$	197.34	$CoSO_4 \cdot 7H_2O$	281.10	CaO	56.08
BaC_2O_4	225.35	$CO(NH_2)_2$	60.06	$CaCO_3$	100.09

续表

化合物	相对分子质量	化合物	相对分子质量	化合物	相对分子质量
CaC_2O_4	128.10	HI	127.91	H_2CO_3	62.025
$CaCl_2$	110.99	HIO_3	175.91	$H_2C_2O_4$	90.035
$CaCl_2 \cdot 6H_2O$	219.08	HNO_3	63.013	$H_2C_2O_4 \cdot 2H_2O$	126.07
$Ca(NO_3)_2 \cdot 4H_2O$	236.15	HNO_2	47.013	HCl	36.461
$Ca(OH)_2$	74.09	H_2O	18.015	HgS	232.65
$Ca_3(PO_4)_2$	310.18	H_2O_2	34.015	HF	20.006
CH_3COONH_4	77.083	H_3PO_4	97.995	KBr	119.00
CH_3COONa	82.034	H_2S	34.08	$KBrO_3$	167.00
$CH_3COONa \cdot 3H_2O$	136.08	H_2SO_3	82.07	KCl	74.551
$Cu(C_2H_3O_2)_2 \cdot 3Cu(AsO_2)_2$	1013.80	H_2SO_4	98.07	$KClO_3$	122.55
Fe_2O_3	159.69	$Hg(CN)_2$	252.63	$KClO_4$	138.55
Fe_3O_4	231.54	$HgCl_2$	271.50	KCN	65.116
$Fe(OH)_3$	106.87	Hg_2Cl_2	472.09	$KSCN$	97.18
FeS	87.91	HgI_2	454.40	K_2CO_3	138.21
Fe_2S_3	207.87	$Hg_2(NO_3)_2$	525.19	K_2CrO_4	194.19
$FeSO_4$	151.9	$Hg_2(NO_3)_2 \cdot 2H_2O$	561.22	$K_2Cr_2O_7$	294.18
$FeSO_4 \cdot 7H_2O$	278.01	$Hg(NO_3)_2$	324.60	$K_3Fe(CN)_6$	329.25
$FeSO_4 \cdot (NH_4)_2SO_4 \cdot 6H_2O$	392.13	HgO	216.59	$K_4Fe(CN)_6$	368.35
$FeCl_2$	126.75	$HgSO_4$	296.65	$KFe(SO_4)_2 \cdot 12H_2O$	503.24
$FeCl_2 \cdot 4H_2O$	198.81	Hg_2SO_4	497.24	$KHC_2O_4 \cdot H_2O$	146.14
$FeCl_3$	162.21	H_3AsO_3	125.94	$KHSO_4$	136.16
$FeCl_3 \cdot 6H_2O$	270.30	H_3AsO_4	141.94	KI	166.00
$FeNH_4(SO_4)_2 \cdot 12H_2O$	482.18	H_3BO_3	61.83	KIO_3	214.00
$Fe(NO_3)_3$	241.86	HBr	80.912	$KIO_3 \cdot HIO_3$	389.91
$Fe(NO_3)_3 \cdot 9H_2O$	404.00	HCN	27.026	$KMnO_4$	158.03
FeO	71.846	$HCOOH$	46.026	$KNaC_4H_4O_6 \cdot 4H_2O$	282.22

续表

化合物	相对分子质量	化合物	相对分子质量	化合物	相对分子质量
KNO_3	101.0	Na_3PO_4	163.94	$Na_2CO_3 \cdot 10H_2O$	286.14
KNO_2	85.104	Na_2S	78.04	$Na_2C_2O_4$	134.00
K_2O	94.196	NO	30.006	NaClO	74.442
KOH	56.106	NO_2	46.006	NaCl	58.443
K_2SO_4	174.25	$Na_2S \cdot 9H_2O$	240.18	$NaHCO_3$	84.007
$KAl(SO_4)_2 \cdot 12H_2O$	474.38	Na_2SO_3	126.04	P_2O_5	141.94
$MgSO_4 \cdot 7H_2O$	246.47	NH_3	17.03	$PbCl_2$	278.10
$MnCO_3$	114.95	Na_2SO_4	142.04	$PbCrO_4$	323.20
$MnCl_2 \cdot 4H_2O$	197.91	$Na_2S_2O_3$	158.10	$Pb(CH_3COO)_2$	325.30
$Mn(NO_3)_2 \cdot 6H_2O$	287.04	NH_4Cl	53.491	$Pb(CH_3COO)_2 \cdot 3H_2O$	379.30
MnO	70.937	$Na_2S_2O_3 \cdot 5H_2O$	248.17	PbI_2	461.00
MnO_2	86.937	$(NH_4)_2CO_3$	96.086	$Pb(NO_3)_2$	331.20
MnS	87.00	$NiCl_2 \cdot 6H_2O$	237.69	PbO	223.20
$MnSO_4$	151.00	NH_4SCN	76.12	PbO_2	239.20
$MnSO_4 \cdot 4H_2O$	223.06	NiS	90.75	$Pb_3(PO_4)_2$	811.54
$MgCO_3$	84.314	NH_4HCO_3	79.055	PbS	239.30
$MgCl_2$	95.211	$NiSO_4 \cdot 7H_2O$	280.85	$PbSO_4$	303.30
$MgCl_2 \cdot 6H_2O$	203.30	$(NH_4)_2MoO_4$	196.01	$PbCO_3$	267.20
MgC_2O_4	112.33	NH_4NO_3	80.043	PbC_2O_4	295.22
$Mg(NO_3)_2 \cdot 6H_2O$	256.41	$(NH_4)_2HPO_4$	132.06	SO_3	80.06
$MgNH_4PO_4$	137.32	$(NH_4)_2S$	68.14	SO_2	64.06
MgO	40.304	$(NH_4)_2SO_4$	132.13	$SbCl_3$	228.11
$Mg(OH)_2$	58.32	NH_4VO_3	116.98	Sb_2O_3	291.50
$Mg_2P_2O_7$	222.55	$(NH_4)_3PO_4 \cdot 12MoO_3$	1876.53	$SbCl_5$	299.02
$Na_2HPO_4 \cdot 12H_2O$	358.14	Na_3AsO_3	191.89	Sb_2S_3	339.68
$NaH_2Y \cdot 2H_2O$	372.24	$Na_2B_4O_7$	201.22	SiF_4	104.08
$NaNO_2$	68.995	$Na_2B_4O_7 \cdot 10H_2O$	381.37	SiO_2	60.084
$NaNO_3$	84.995	$NaBiO_3$	279.97	$SnCl_2$	189.62
Na_2O	61.979	NaCN	49.007	$SnCl_4$	260.52
Na_2O_2	77.978	NaSCN	81.07	$SnCl_2 \cdot 2H_2O$	225.65
NaOH	39.997	Na_2CO_3	105.99	$SnCl_4 \cdot 5H_2O$	350.596

续表

化合物	相对分子质量	化合物	相对分子质量	化合物	相对分子质量
SnO_2	150.71	$SrSO_4$	183.68	$Zn(NO_3)_2$	189.39
SnS	150.776	$UO_2(CH_3COO)_2 \cdot 4H_2O$	424.15	$Zn(NO_3)_2 \cdot 6H_2O$	297.48
$SrCO_3$	147.63	ZnC_2O_4	153.40	ZnO	81.38
SrC_2O_4	175.64	$ZnCl_2$	136.29	ZnS	97.44
$SrCrO_4$	203.61	$Zn(CH_3COO)_2$	183.47	$ZnSO_4$	161.44
$Sr(NO_3)_2$	211.63	$Zn(CH_3COO)_2 \cdot 2H_2O$	219.50	$ZnSO_4 \cdot 7H_2O$	287.54
$Sr(NO_3)_2 \cdot 4H_2O$	283.69	$ZnCO_3$	125.39		

附录 17　常用基准物质及其干燥条件与应用

名称	分子式	干燥后组成	干燥条件	标定对象
碳酸氢钠	$NaHCO_3$	Na_2CO_3	270～300 ℃	酸
无水碳酸钠	Na_2CO_3	Na_2CO_3	260～270 ℃	酸
硼砂	$Na_2B_4O_7 \cdot 10H_2O$	$Na_2B_4O_7 \cdot 10H_2O$	放在含 NaCl 和蔗糖饱和液的干燥器中	酸
乙二酸	$H_2C_2O_4 \cdot 2H_2O$	$H_2C_2O_4 \cdot 2H_2O$	室温空气干燥	碱或 $KMnO_4$
邻苯二甲酸氢钾	$KHC_8H_4O_4$	$KHC_8H_4O_4$	110～120 ℃	碱
重铬酸钾	$K_2Cr_2O_7$	$K_2Cr_2O_7$	140～150 ℃	还原剂
溴酸钾	$KBrO_3$	$KBrO_3$	130 ℃	还原剂
碘酸钾	KIO_3	KIO_3	130 ℃	还原剂
铜	Cu	Cu	室温空气干燥	还原剂
三氧化二砷	As_2O_3	As_2O_3	放在含浓 H_2SO_4 的干燥器中	氧化剂
乙二钠	$Na_2C_2O_4$	$Na_2C_2O_4$	130 ℃	氧化剂
碳酸钙	$CaCO_3$	$CaCO_3$	110 ℃	EDTA
锌	Zn	Zn	室温干燥器中保存	EDTA
氧化锌	ZnO	ZnO	900～1000 ℃	EDTA
氯化钠	NaCl	NaCl	500～600 ℃	$AgNO_3$
氯化钾	KCl	KCl	500～600 ℃	$AgNO_3$
硝酸银	$AgNO_3$	$AgNO_3$	120 ℃	氯化物
氟化钠	NaF	NaF	铂坩埚中 500～550 ℃下保存 40～50 min 后，H_2SO_4 干燥器中冷却	

附录 18 常见阳离子与常用试剂反应总表

离子	离子颜色	HCl	H_2SO_4	NaOH 适量	NaOH 过量	$NH_3 \cdot H_2O$ 适量	$NH_3 \cdot H_2O$ 过量	$(NH_4)_2CO_3$ 适量	$(NH_4)_2CO_3$ 过量	H_2S 0.3 mol·L^{-1} [H^+]	$(NH_4)_2S$ 适量	$(NH_4)_2S$ 过量	KI 适量	KI 过量	K_2CrO_4（弱酸性介质）
Mg^{2+}	无色			$Mg(OH)2\downarrow$（白色）	难溶	$Mg(OH)_2$	难溶	$[Mg(OH)_2]_2CO_3\downarrow$（白色）							
Ba^{2+}	无色		$BaSO_4\downarrow$（白色）	$Ba(OH)_2\downarrow$（白色）[Ba^{2+}]较大时才沉淀	难溶			$BaCO_3\downarrow$（白色）	难溶						$BaCrO_4\downarrow$（黄色）
Sr^{2+}	无色		$SrSO_4\downarrow$（白色）	$Sr(OH)_2\downarrow$（白色）[Sr^{2+}]较大时才沉淀	难溶			$SrCO_3\downarrow$（白色）	难溶						
Ca^{2+}	无色		$CaSO_4\downarrow$（白色）（溶解度较大）	$Ca(OH)_2\downarrow$（白色）[Ca^{2+}]较大时才沉淀	难溶			$CaCO_3\downarrow$（白色）							
Al^{3+}	无色			$Al(OH)_3\downarrow$（白色）	$[Al(OH)_4]^-$（无色）	$Al(OH_)3\downarrow$	难溶	$Al(OH)_3\downarrow$	难溶		$Al(OH_3)\downarrow$	难溶			
Sn^{2+}	无色			$Sn(OH)_2\downarrow$（白色）	$[Sn(OH)_4]^{2-}$（无色）	$Sn(OH)_2\downarrow$	难溶	$Sn(OH_2)\downarrow$	难溶	$SnS\downarrow$（褐色）	$SnS\downarrow$	难溶			
Sn(Ⅳ)	无色			$Sn(OH)_4\downarrow$（白色）	$[Sn(OH)_4]^{2-}$（无色）	$Sn(OH)_4\downarrow$	难溶	$Sn(OH)_4\downarrow$	难溶	$SnS_2\downarrow$（黄色）	$SnS_2\downarrow$	SnS_3^{2-}	$SnI_2\downarrow$（橙色）	难溶	

续表

离子	离子颜色	HCl	H_2SO_4	NaOH 适量	NaOH 过量	$NH_3 \cdot H_2O$ 适量	$NH_3 \cdot H_2O$ 过量	$(NH_4)_2CO_3$ 适量	$(NH_4)_2CO_3$ 过量	H_2S 0.3 mol·L^{-1} $[H^+]$	$(NH_4)_2S$ 适量	$(NH_4)_2S$ 过量	KI 适量	KI 过量	K_2CrO_4（弱酸性介质）
Pb^{2+}	无色	$PbCl_2$↓（白色）	$PbSO_4$↓（白色）	$Pb(OH_2)$↓（白色）	$Pb(OH_2)$↓（无色）	$Pb(OH_2)$↓或碱式盐沉淀	难溶	$[Pb(OH)]_2CO_3$↓	难溶	PbS↓（黑色）	PbS↓	难溶	PbI_2↓（黄色）	$[PbI_4]^{2-}$（无色）	$PbCrO_4$↓（黄色）
Sb^{3+}	无色			$Sb(OH)_3$↓（白色）	$[Sb(OH)_4]^-$（无色）	$Sb(OH)_3$↓	难溶	$Sb(OH)_3$↓	难溶	Sb_2S_3↓（橙红）	Sb_2S_3↓	SbS_3^{2-}	SbI_3↓黄色（溶于酸）	难溶	
Sb(V)	无色			H_3SbO_4↓（白色）	难溶	H_3SbO_4↓	难溶	H_3SbO_4↓	难溶	Sb_2S_5↓（橙红）	Sb_2S_5↓	SbS_4^{2-}	析出 I^2（酸性介质）	难溶	
Bi^{3+}	无色			$Bi(OH)_3$↓	难溶	$Bi(OH)_3$↓	难溶	$Bi(OH)CO_3$↓（白色）	难溶	Bi_2S_3↓（黑褐色）	Bi_2S_3↓	难溶	BiI_3↓（黑色）	$[BiI_4]^-$（黄色）	$(BiO)_2Cr_2O_7$↓
Cu^{2+}	蓝色			$Cu(OH)_2$↓（浅蓝色）	$[Cu(OH)_4]^{2-}$（蓝色）	碱式盐↓（蓝色）	$[Cu(NH_3)_4]^{2+}$（深蓝色）	$[Cu(OH)]_2CO_3$↓（浅蓝色）	$[Cu(OH_3)_4]^{2+}$	CuS↓（黑色）	CuS↓	难溶	Cu_2I_2（白）$+I^2$（溶液呈棕黄色）	难溶	
Ag^+	无色	AgCl↓	Ag_2SO_4（白色）$[Ag^+]$较大才能沉淀	Ag_2O（暗褐色）	难溶	Ag_2O↓	$[Ag(NH_3)_2]^+$（无色）	Ag_2CO_3↓（无色）	$[Ag(NH_3)_2]^+$	Ag_2S↓（黑色）	Ag_2S↓	难溶	AgI↓（黄色）	难溶	Ag_2CrO_4↓（砖红色）

续表

离子	离子颜色	HCl	H_2SO_4	NaOH		$NH_3 \cdot H_2O$		$(NH_4)_2CO_3$		H_2S	$(NH_4)_2S$		KI		K_2CrO_4（弱酸性介质）
				适量	过量	适量	过量	适量	过量	0.3 mol·L^{-1} [H^+]	适量	过量	适量	过量	
Zn^{2+}	无色			$Zn(OH)_2\downarrow$（白色）	$[Zn(OH)_4]^{2-}$（无色）	$Zn(OH)_2\downarrow$	$[Zn(NH_3)_4]^{2+}$（无色）	$[Zn(OH)]_2CO_3\downarrow$（无色）	$[Zn(NH_3)_4]^{2+}$		$ZnS\downarrow$（白色）	难溶			
Cd^{2+}	无色			$Cd(OH)_2\downarrow$（白色）	难溶	$Cd(OH_2)\downarrow$	$[Cd(NH_3)_4]^{2+}$	$[Cd(NH_3)_4]^{2+}$	难溶	$CdS\downarrow$（黄色）	$CdS\downarrow$	难溶		$[CdI_4]^{2-}$（无色）	
Hg^{2+}	无色			$HgO\downarrow$（红色或黄色）	难溶	$HgNH_2Cl$（白色）在硝酸汞溶液中则生成 $HgO \cdot NH_2NgNO_3\downarrow$（白色）	难溶	$HgCO_3 \cdot 3H_2O\downarrow$（红棕色）	难溶	$HgS\downarrow$（黑色）	$HgS\downarrow$	难溶	HgI_2（橘红色）	$[HgI_4]^{2-}$（无色）	
Hg_2^{2+}	无色	$Hg_2Cl_2\downarrow$（白色）	$Hg_2SO_4\downarrow$（白色）	$Hg_2O\downarrow$（黑色）$\rightarrow HgO+Hg$	难溶	$HgO \cdot NH_2HgNO_3\downarrow + Hg\downarrow$	难溶	$Hg_2CO_3\downarrow$（浅黄色）$\rightarrow HgO+Hg\downarrow$	难溶	$HgS\downarrow + Hg\downarrow$	$HgS\downarrow + Hg$	难溶	$Hg_2I_2\downarrow$（黄绿色）	$[HgI_4]^{2-} + Hg\downarrow$	$HgCrO_4\downarrow$（红褐色）
Cr^{3+}	蓝紫			$Cr(OH)_3\downarrow$（灰绿色）	$[Cr(OH)_4]^-$（绿色）	$Cr(OH)_3\downarrow$	微溶	$Cr(OH)_3\downarrow$	难溶		$Cr(OH)_3\downarrow$	难溶			
Mn^{2+}	肉色（离子浓度低时近似无色）			$Mn(OH)_2\downarrow$（肉色）$\rightarrow MnO(OH)_2\downarrow$（棕色）	难溶	$Mn(OH)_2\downarrow \rightarrow MnO(OH)_2\downarrow$	难溶	$MnCO_3\downarrow$（肉色）	难溶		$MnS\downarrow$（肉色）	难溶			

续表

离子	离子颜色 \ 试剂	HCl	H_2SO_4	NaOH		$NH_3 \cdot H_2O$		$(NH_4)_2CO_3$		H_2S	$(NH_4)_2S$		KI		K_2CrO_4（弱酸性介质）
				适量	过量	适量	过量	适量	过量	0.3 mol·L^{-1} $[H^+]$	适量	过量	适量	过量	
Fe^{2+}	浅绿色			$Fe(OH)_2\downarrow$（白色）$\to FeO(OH)\downarrow$（红棕色）	难溶	$Fe(OH)_2\downarrow \to FeO(OH)\downarrow$	难溶	$[Fe(OH)]_2CO_3\downarrow$（白色）$\to FeO(OH)\downarrow$	难溶		$FeS\downarrow$（黑色）	难溶			
Fe^{3+}	浅黄			$FeO(OH)\downarrow$	难溶	$FeO(OH)\downarrow$	难溶	$FeO(OH)\downarrow$	难溶		$Fe_2S_3\downarrow$	难溶	Fe^{2+}并析出I_2，溶液呈棕黄色	同左	
Co^{2+}	粉红色			$Co(OH)_2\downarrow$（粉红色）$\to CoO(OH)\downarrow$（褐色）	难溶	碱式盐沉淀（蓝色）	$[Co(NH_3)_6]^{2+}$（土黄色）$\to [Co(NH_3)_6]^{3+}$（红棕色）	$[Co(OH)]_2CO_3\downarrow$（粉红色）	$[Co(NH_3)_6]^{2+} \to [Co(NH_3)_6]^{3+}$		$CoS\downarrow$（黑色）	$CoS\downarrow$（黑色）			
Ni^{2+}	苹果绿色			$Ni(OH)_2\downarrow$（绿色）	难溶	碱式盐沉淀（浅绿色）	$[Ni(NH_3)_6]^{2+}$（蓝色）	$[Ni(OH)]_2CO_3\downarrow$（绿色）	$[Ni(NH_3)_6]^{2+}$（蓝色）		$NiS\downarrow$（黑色）	$NiS\downarrow$（黑色）			$K_2Ni(CrO_4)_2 \cdot 2H_2O\downarrow$（黄色）

附录 19　常见阴离子与常用试剂反应总表

试剂 离子	稀 H_2SO_4 或稀 HCl	$BaCl_2$ 中性或酸性溶液	$BaCl_2$ 酸性溶液或生成 Ba^{2+} 盐沉淀后加酸	$AgNO_3$ 中性或微酸性溶液	$AgNO_3$ 稀 HNO_3 中	I_2-淀粉	$KMnO_4$	KI-淀粉
SO_4^{2-}		$BaSO_4\downarrow$（白色）	$BaSO_4\downarrow$（白色）	$Ag_2SO_4\downarrow$（白色）浓缩液中析出，溶于大量水				
SO_3^{2-}	$SO_2\downarrow$	$BaSO_3\downarrow$（白色）	溶解放出 $SO_2\uparrow$	$Ag_2SO_3\downarrow$（白色）		SO_4^{2-} 蓝色褪去	SO_4^{2-} $KMnO_4$ 紫红色褪去	
$S_2O_3^{2-}$	$SO_2\downarrow+S_2\downarrow$	$BaS_2O_3\downarrow$（白色）	溶解放出 $SO_2\uparrow$ $+S\downarrow$	$Ag_2S_2O_3\downarrow$ $\rightarrow Ag_2S\downarrow$ 颜色由白→黄→棕→黑	$S\downarrow$	$S_4O_6^{2-}$ 蓝色褪去	SO_4^{2-} $KMnO_4$ 紫红色褪去	
CO_3^{2-}	$CO_2\downarrow$	$BaCO_3\downarrow$（白色）	溶解放出 $CO_2\uparrow$		$CO_2\uparrow$			
PO_4^{3-}		$Ba_3(PO_4)_2\downarrow$（白色）	溶解	$Ag_3PO_4\downarrow$（黄色）				
SiO_3^{2-}	$H_2SiO_3\downarrow$（白色凝胶）	$BaSiO_3\downarrow$（白色）	$H_2SiO_3\downarrow$	$Ag_2SiO_3\downarrow$（黄色）	$H_2SiO_3\downarrow$			
Cl^-				$AgCl\downarrow$（白色）	$AgCl\downarrow$		Cl_2 $KMnO_4$ 紫红色褪去	
Br^-				$AgBr\downarrow$（淡黄色）	$AgBr\downarrow$	Br_2 $KMnO_4$ 紫红色褪去		
I^-				$AgI\downarrow$（黄色）	$AgI\downarrow$	I_2 $KMnO_4$ 紫红色褪去		

续表

试剂 / 离子	稀 H_2SO_4 或稀 HCl	$BaCl_2$		$AgNO_3$		I_2-淀粉	$KMnO_4$	KI-淀粉
		中性或酸性溶液	酸性溶液或生成 Ba^{2+} 盐沉淀后加酸	中性或微酸性溶液	稀 HNO_3 中			
S^{2-}				$Ag_2S\downarrow$（黑色）	$Ag_2S\downarrow$	$S\downarrow$ 蓝色褪去	$S\downarrow$ $KMnO_4$ 紫红色褪去	
NO_3^-								
NO_2^-	$NO_2\uparrow$ $+NO\uparrow$			$AgNO_2\downarrow$（浅黄色）			$NO\uparrow$ $KMnO_4$ 紫红色褪去	NO_3^- KI^- 淀粉液变蓝